Das Vorstellungsgespräch zur Ausbildung

Kurt Guth
Marcus Mery
Andreas Mohr

Das Vorstellungsgespräch zur Ausbildung

Die häufigsten Fragen, die besten Antworten – sicher zum Ausbildungsplatz

Kurt Guth · Marcus Mery · Andreas Mohr
Das Vorstellungsgespräch zur Ausbildung
Die häufigsten Fragen, die besten Antworten
– sicher zum Ausbildungsplatz

Ausgabe 2025

2. Auflage

Ein großer Dank für die fachliche Unterstützung geht an: Herrn Witold Wegner, Geschäftsführer eines IT-Unternehmens, Herrn Michael Waitz von der KfW IPEX-Bank und Herrn Asim Demir, Inhaber des Kfz-Meisterbetriebs „Auto Service Demir" in Rodgau.

Umschlaggestaltung: s.b. design

Konzept und Gestaltung: s.b. design

Layout: bitpublishing

Bildnachweis: Archiv des Verlages
Grafiken: s.b. design
Lektorat: Virginia Kretzer

Bibliografische Information der Deutschen Nationalbibliothek
Die Deutsche Nationalbibliothek verzeichnet diese Publikation in der Deutschen Nationalbibliografie; detaillierte bibliografische Daten sind im Internet über http://dnb.dnb.de abrufbar.

Gedruckt auf chlorfrei gebleichtem Papier

© 2025 Ausbildungspark Verlag GmbH
Bettinastraße 69, 63067 Offenbach
Printed in Germany

Satz: bitpublishing, Schwalbach
Druck: mediaprint solutions, Paderborn

ISBN 978-3-95624-000-3

Das Werk, einschließlich aller seiner Teile, ist urheberrechtlich geschützt. Jede Verwertung außerhalb der engen Grenzen des Urheberrechtsgesetzes ist ohne Zustimmung des Verlages unzulässig und strafbar. Das gilt insbesondere für Vervielfältigungen, Übersetzungen, Mikroverfilmungen und die Einspeicherung und Verarbeitung in elektronischen Systemen.

Inhaltsverzeichnis

Gestatten: Azubi! – Ein Vorwort · 14
Vorbereitung: der Schlüssel zum Erfolg · 14
Was bringt Ihnen dieses Buch? · 15

Gut vorbereitet · 19

Die Einladung · 20
Souverän am Telefon · 20
Die Bestätigungs-E-Mail · 23
Verschieben oder absagen? · 24

Gesucht: Bewerber mit Profil · 26
Erwartungen – auf beiden Seiten · 26
Das Gehaltsthema · 30
Was will ich, was kann ich? · 32
Harte Fakten und Soft Skills · 33

Das Jobinterview im Schnelldurchlauf · · · · · · · · · · · · · · · · · 37
Phase 1: Begrüßung und Einstieg · 38
Phase 2: der Kern des Gesprächs · 39
Phase 3: Ausklang und Abschied · 40
Die Interviewtypen · 40
Die Fragentypen · 41

Wie treten Sie überzeugend auf? · 47
Information ist Trumpf · 47
Gut in Form: das Outfit · 49
Auf alle Fälle pünktlich: die Anreise · 51
Vom Empfang zum Besprechungsraum · · · · · · · · · · · · · · · · · 54
Die Körperhaltung · 58
Stressige Situationen meistern · 60
Ihr(e) Gesprächspartner · 61

Häufige Beurteilungsfehler · 63
So vermeiden Sie die gefährlichsten Fallen · · · · · · · · · · · · · · · · · · 66

Das Rollenspiel: den Ernstfall üben · 67
Realistische Durchführung· 67
Faires Feedback · 68

Die häufigsten Fragen, die besten Antworten · · · · · · · 71

Das gezielte Interview-Training· 72
Vorsicht, Falle: Darauf sollten Sie achten!· 73

Warming-up: Eröffnungsfragen · 74
„Wie war Ihre Anreise, haben Sie den Weg gut gefunden?" · · · · · · · · · · · · 75
„Mit dem Wetter haben wir ja richtig Glück heute, oder?" · · · · · · · · · · · 77
„Wie geht es Ihnen?" · 79
„Möchten Sie etwas trinken, darf ich Ihnen ein Glas Wasser oder einen Kaffee anbieten?" · 81

Freunde, Freizeit, Interessen · 84
„Haben Sie Hobbys?" · 85
„Verbringen Sie Ihre Freizeit lieber in Gesellschaft oder lieber alleine?" · · 87
„Haben Sie einen großen Freundeskreis?" · 89
„Was schätzen Sie an Ihren Freunden?" · 91
„Treiben Sie Sport?" · 93
„Was sind Ihre Lieblingssportarten?" · 95
„Beim Fußball muss man bestimmt einiges einstecken können. Kommt es da auch mal zu Verletzungen?" · 97
„Lesen Sie gerne, haben Sie Interesse an Literatur?" · · · · · · · · · · · · · · 99
„Was genau lesen Sie denn? Können Sie uns ein Buch empfehlen?" · · · · 101
„Was machen Sie, um mal so richtig zu entspannen, wie bauen Sie Stress ab?" · 103
„Wie machen Sie am liebsten Urlaub? Reisen Sie gerne oder bleiben Sie lieber daheim?" · 105
„Sind Sie Mitglied in einem Verein?" · 107

„Gibt es Bereiche, in denen Sie besonders engagiert sind?" · · · · · · · · · · · 109
„Wie würden Sie sich selbst charakterisieren?" · · · · · · · · · · · · · · · · · · 111
„Was ist Ihnen im Leben wirklich wichtig?" · 113
„Haben Sie Vorbilder?" · 115
„Welchen Traum haben Sie?" · 117

Internet, Social Media · 120
„Sind Sie oft im Internet? Was interessiert Sie da besonders?" · · · · · · · · · · 121
„Was halten Sie von Sozialen Netzwerken im Internet?" · · · · · · · · · · · · · · 123
„Auf Ihrem Profilfoto zeigen Sie sich sichtlich vergnügt in einem
Nachtclub. Feiern Sie denn gerne?" · 125
„In Anschreiben und Lebenslauf betonen Sie Ihr starkes soziales
Engagement. Auf Ihrer Profilseite finden wir dazu gar nichts. Können
Sie uns das erklären?" · 127
Ihr Profil im Social Web: Chancen und Risiken · 129

Schule und Werdegang, Lücken im Lebenslauf · · · · · · · · · · · 132
„Erzählen Sie uns doch bitte kurz etwas über Ihren schulischen und
beruflichen Werdegang!" · 133
„Was haben Sie denn eigentlich im Zeitraum zwischen … und …
gemacht? In Ihrem Lebenslauf haben wir dazu gar nichts gefunden." · 135
„Welche Rolle haben Sie in der Klasse eingenommen?" · · · · · · · · · · · · · · · 137
„Was waren Ihre Lieblingsfächer?" · 139
„In welchen Fächern hatten Sie die meisten Probleme? Und warum
war das so?" · 141
„In Mathematik steht eine 5 in Ihrem Zeugnis. Wie erklären Sie
sich das?" · 143
„Wie wollen Sie Ihre Schwächen in Englisch ausgleichen?" · · · · · · · · · · · · 145
„Laut Ihrem Zeugnis hatten Sie im letzten Jahr über 20 Fehltage. Wie
kam es dazu?" · 147
„Warum haben Sie die Schule gewechselt?" · 149
„Warum haben Sie kein Abitur gemacht/nicht studiert?" · · · · · · · · · · · · 151
„Haben Sie während Ihrer Schulzeit bereits Berufserfahrung
gesammelt? Was haben Sie dabei gelernt?" · 153
„Was hat Sie bei der Wahl Ihres Praktikums motiviert?" · · · · · · · · · · · · · · 155

„Was haben Sie in Ihrem Praktikum genau gemacht?" · · · · · · · · · · · · · · · · · 157
„Sie haben schon einmal eine Ausbildung begonnen, aber nach
   wenigen Wochen abgebrochen. Warum?" · 159

Berufswahl · 162

„Warum haben Sie sich gerade für diesen Beruf entschieden? Was
   reizt Sie daran?" · 163
„Wo und wie haben Sie sich über den Beruf informiert?" · · · · · · · · · · · · · 165
„Haben Sie sich auch auf andere Stellen beworben?" · · · · · · · · · · · · · · · · · 167
„Wie steht Ihr Partner, wie stehen Ihre Eltern und Freunde zu
   Ihrer Bewerbung?" · 169
„Welche Rolle haben Ihre Eltern bei Ihrer Berufswahl gespielt?" · · · · · · · · 171

Berufsbild · 174

„Was wissen Sie über den Beruf des/der …?" · 175
„Was qualifiziert Sie denn für den Beruf?" · 178
„Was sind Ihrer Meinung nach die Vor- und Nachteile des Berufs?" · · · · · 181
„Würden Sie sich als geborene/n … bezeichnen?" · · · · · · · · · · · · · · · · · · · 184
„Wissen Sie, was ein … ist?" (Fachwissensfrage) · 187
„Bitte verkaufen Sie mir eines unserer Produkte. Gehen Sie davon aus,
   dass ich das Produkt nicht kenne." · 190

Branche, Betrieb und Ausbildungsverlauf · · · · · · · · · · · · · · · · · · · 192

„Warum haben Sie sich gerade bei unserem Unternehmen
   beworben? Was reizt Sie daran, wie kam es dazu?" · · · · · · · · · · · · · · · · · · 193
„Was wissen Sie über unser Unternehmen? Vielleicht können Sie uns
   ein paar Daten und Fakten nennen." · 196
„Was wissen Sie über unsere Branche?" · 199
„Wie ist unser Unternehmen organisiert? Wo könnten Sie arbeiten?" · · · 202
„Haben Sie sich schon einmal eine unserer Filialen angesehen? Was
   ist Ihnen da aufgefallen?" · 204
„Stellen Sie sich vor, Sie wären unser Kunde: Welche Vor- und
   Nachteile sehen Sie in unseren Angeboten?" · 207
„Welche Erwartungen hätten Sie als Kunde an uns?" · · · · · · · · · · · · · · · · 209
„Was erwarten Sie von uns, was erwarten Sie von der Ausbildung?" · · · 212

„Wie stellen Sie sich die Ausbildung bei uns vor? Was würde Sie denn besonders interessieren?" ············214
„Wie stellen Sie sich Ihre ersten Tage bei uns vor?" ···················216
„Was glauben Sie, wie Ihr typischer Arbeitstag bei uns aussehen könnte?" ············219

Arbeitseinstellung ·········222

„Welche Werte und Eigenschaften sind für Sie besonders wichtig im Beruf, und warum ist das so?" ············223
„Nennen Sie mir bitte drei Eigenschaften, die auf Ihre Person zutreffen. Wie zeigen sich diese Eigenschaften?" ············225
„Welche Aufgaben übernehmen Sie besonders gerne?" ············227
„Gibt es Tätigkeiten, die Sie gar nicht mögen?" ············229
„Was macht in Ihren Augen ein optimales Arbeitsumfeld aus?" ········231
„Wie arbeiten Sie, wenn Sie unter Zeitdruck stehen?" ···················233
„Können Sie mir eine Situation schildern, in der Sie sehr gestresst waren? Wie sind Sie damit umgegangen?" ············235
„Was machen Sie, wenn Ihnen jemand eine Anweisung gibt?" ·········237
„Wie stehen Sie zum Thema Überstunden? Wären Sie dazu bereit?" ···239
„Wie reagieren Sie auf Veränderungen?" ············241
„Was treibt Sie an, wie schöpfen Sie Ihre Motivation?" ···············243
„Würden Sie im Beruf riskante Entscheidungen treffen?" ············245

Sozialkompetenz: Teamverhalten und Konfliktfähigkeit····248

„Wie werden Sie von anderen Leuten eingeschätzt, zum Beispiel von Ihren Klassenkameraden?" ············249
„Wie kommen Sie mit Ihren Lehrern und Mitschülern zurecht?" ········251
„Was heißt für Sie ‚Teamarbeit'?" ············253
„Arbeiten Sie lieber im Team oder lieber alleine?" ···················255
„Fällt Ihnen eine Situation ein, in der Sie erfolgreich im Team gearbeitet haben?" ············257
„Wie verhalten Sie sich als Teil eines Teams? Sind Sie eher ein Anführer oder ein Mitläufer?" ············259
„Mit welchen Menschen würden Sie gern zusammenarbeiten – und mit welchen nicht so gern?" ············261

„Womit gehen Ihnen andere Menschen am meisten auf die Nerven?" ··263
„Wie verhalten Sie sich, wenn Sie mit einem Kollegen überhaupt
nicht klarkommen?" ··265
„Was machen Sie, wenn Ihr Lehrer oder Ihr bester Freund anderer
Meinung ist als Sie?" ···267
„Was bedeutet Kritik für Sie?" ···269
„Wie reagieren Sie auf Kritik? Was ist, wenn man Sie zu
Unrecht kritisiert?" ···271
„Können Sie uns einen Fall nennen, in dem Sie kritisiert wurden?" ·····273
„Wie reagieren Sie in Konfliktsituationen?" ···························275

Stärken und Schwächen, Selbsteinschätzung ··············· 278

„Welche Stärken haben Sie, und in welchen Situationen zeigt
sich das?" ···279
„Wie unterscheiden Sie sich von Ihren Mitbewerbern?" ················281
„Was würden Sie als Ihren größten Erfolg bezeichnen?" ···············283
„Wo sehen Sie Ihre Schwächen?" ···285
„Was macht Sie an sich unzufrieden, wie würden Sie sich
gern verändern?" ···287
„Irren ist menschlich – jeder macht doch mal einen Fehler, oder
nicht?! Sind Sie deswegen in Konflikt mit anderen geraten?" ··········289
„Wie gehen Sie mit eigenen Fehlern um? Können Sie mir ein
Beispiel geben?" ···291
„Wie reagieren Sie auf Misserfolge?" ···································293
„Was würden Sie als Ihren größten Misserfolg, als Ihre größte
Niederlage bezeichnen?" ··295

Allgemeinbildung und besondere Qualifikationen ········· 298

„Verfolgen Sie die Nachrichten? Was interessiert Sie besonders?" ······299
„Welche Zeitungen oder Zeitschriften lesen Sie?" ·····················301
„Was sagen Sie zu Ihren Fremdsprachenkenntnissen? Wie nutzen Sie
diese Kenntnisse?" ··303
„Könnten Sie sich mit Kunden oder Kollegen auf
Englisch unterhalten?" ··305
„Wie haben Sie sich Ihre PC-Kenntnisse angeeignet?" ················307

„Welche Software nutzen Sie wofür? Welche PC-Kenntnisse würden
Sie gern vertiefen?" 309

Stressfragen 312
„Können Sie uns sagen, warum wir uns für Sie entscheiden sollten?
Bis jetzt sind wir noch nicht überzeugt." 313
„Wer hat Ihnen denn diese Hose ausgesucht?" 315
„Warum stellen Sie sich so in den Vordergrund? Machen Sie das
immer so?" 317
„Ihr Schulabschluss ist über ein halbes Jahr her. Warum bewerben Sie
sich erst jetzt? Haben Sie es woanders nicht geschafft?" 319
„Finden Sie nicht, dass Sie schon etwas zu alt für eine
Ausbildung sind?" 321
„Sie legen Wert auf Teamwork, sagen Sie. Warum können Sie nicht
selbstständig arbeiten?" 323

Berufliche Zukunft 326
„Wo sehen Sie sich in drei bis fünf Jahren?" 327
„Wie lange möchten Sie denn bei uns bleiben?" 329
„Wie flexibel sind Sie? Würden Sie für die Ausbildung umziehen?" 331
„Haben Sie einen Plan B, wenn es mit der Ausbildung bei uns
nicht klappt?" 333

Zum Gesprächsausklang 336
„Welchen Eindruck haben Sie durch das Gespräch von unserem
Betrieb gewonnen?" 337
„Haben Sie sich vor der aktuellen Bewerbung schon einmal bei
uns beworben?" 339
„Kennen Sie jemanden, der bei uns arbeitet? Was haben Sie denn von
ihm erfahren?" 341

Fragen, die Sie selbst stellen können 343
Unproblematische Themen 343

Unerlaubte Fragen und heikle Situationen · · · · · · · · · · · · · · · · 345
Welche Fragen müssen Sie nicht beantworten? · 345
Wie retten Sie sich aus der Klemme? · 349

Wann kommt die Zusage? · 351
Geschickt nachhaken · 351
Nachfass-Schreiben: ja oder nein? · 352
Wichtige Angaben für den Ausbildungsvertrag · 353

Wie geht es weiter? · 355

Das Assessment Center – Casting für den Job · · · · · · · · · · · · 356
Die Bausteine eines ACs · 356
Worauf achten die Prüfer? · 357

AC-Aufgabenblock 1: Kurzvortrag und Präsentation · · · · · · · 359
Die Selbstvorstellung · 359
Ergebnis- und Themenpräsentationen · 360
„Ähmm, also …" – 10 Tipps für eine überzeugende Rede · · · · · · · · · · · · 360

AC-Aufgabenblock 2: Gruppenaufgaben · · · · · · · · · · · · · · · · · 365
Die richtige Strategie: zielorientiertes Teamwork · · · · · · · · · · · · · · · · · · 365
Die Vorstellungsrunde · 367
Die Gruppendiskussion · 367
Die Gruppenarbeit · 369
Das Rollenspiel · 371
Das Mittagessen · 372

AC-Aufgabenblock 3: Einzelaufgaben · · · · · · · · · · · · · · · · · · · 373
Die Postkorbübung · 373
Das Abschlussgespräch · 374

Gute Tage, schlechte Tage: Absage, und jetzt? · · · · · · · · · · · · 376
Wie gehe ich mit einer Absage um? · 376
Wie sage ich einem Unternehmen ab? · 376

Gestatten: Azubi! – Ein Vorwort

Wer ist der Mensch auf dem Bewerbungsfoto wirklich? Im Vorstellungsgespräch wollen die Personalverantwortlichen des Betriebs genau das herausfinden. Dabei steht einiges mehr zur Debatte als die nüchternen Daten und Fakten aus Schulzeugnis und Lebenslauf – auch die vielbeschworene „Chemie" muss stimmen. Die Personaler interessiert: Ist der Kandidat der richtige für uns, passt er fachlich und persönlich ins Team? Die Neugier beruht verständlicherweise auf Gegenseitigkeit: Auch als angehender Azubi möchte man ein genaues Bild von dem Ort gewinnen, an dem man möglicherweise seine Lehrjahre verbringt. Der erste Schritt in die berufliche Zukunft kann schließlich wegweisend sein.

Vorbereitung: der Schlüssel zum Erfolg

Gratulation – wenn Sie die Einladung zum Vorstellungsgespräch in der Tasche haben, konnten Ihre Bewerbungsunterlagen die Personaler überzeugen. Vielleicht haben Sie sogar schon einen Eignungstest gemeistert? Auf jeden Fall sind Sie der angestrebten Stelle bereits einen großen Schritt näher gekommen und konnten so manchen Mitbewerber hinter sich lassen. Doch noch sind Sie nicht am Ziel.

Während sich Anschreiben und Lebenslauf in aller Ruhe bis zur Makellosigkeit „aufpolieren" lassen, heißt es im Auswahlinterview, sich in der unmittelbaren Interaktion zu beweisen. „Wie geht es Ihnen heute, haben Sie den Weg zu uns gut gefunden?" Was so (vermeintlich) harmlos beginnt, entwickelt sich schnell zu einem lebhaften Wechselspiel von Fragen und Antworten. Dabei gilt es, jederzeit einen klaren Kopf zu behalten, denn Stolperfallen lauern überall: Oft werden die wahren Hintergründe einer Frage von den Interviewern geschickt verschleiert. Und der Bewerber-Knigge für Etikette und Umgangsformen umfasst neben altbekannten Stilregeln auch zahlreiche weniger verbreitete Do's und Dont's.

Kurz und knapp: Ein Vorstellungsgespräch erfordert Vorbereitung. Nur wer weiß, was ihn erwartet, kann sicher und souverän auftreten und die Interviewer von sich überzeugen.

Was bringt Ihnen dieses Buch?

Wer sich um eine Ausbildung bewirbt, stellt sich im Auswahlverfahren oft dem ersten Vorstellungsgespräch seiner Karriere. Dieses Handbuch richtet sich speziell an Berufseinsteiger. Praxisnah und verständlich beleuchtet es sämtliche Facetten des Bewerbungsinterviews, vom Einladungs-Telefonat über die Kleiderwahl bis zum finalen Händeschütteln.

Auf den folgenden Seiten machen Sie Bekanntschaft mit den über 100 häufigsten Arbeitgeberfragen – und den besten Antworten. Zu jeder Frage verraten Musterbeispiele und Kommentare, wie Sie die Hintergedanken der Interviewer entschlüsseln und Ihre eigenen Antworten gezielt und ausgewogen formulieren. Sie erfahren, wie Sie Lücken im Lebenslauf elegant überbrücken, gefährliche Stressfragen entschärfen, Fettnäpfchen weiträumig umgehen und auch in heiklen Situationen die richtigen Worte finden, um Ihre Stärken ins rechte Licht zu rücken.

Für nähere Informationen zu Berufsbildern, Einstellungstests und Assessment-Centern besuchen Sie uns unter www.ausbildungspark.com. Dort steht Ihnen auch unser Büchersortiment mit zahlreichen Publikationen zu branchenspezifischen Auswahlverfahren bereit.

Eine gute Vorbereitung und viel Erfolg im Vorstellungsgespräch wünscht

Ihr Ausbildungspark-Team

Sicher durch den Einstellungstest!

Der Testtrainer zur optimalen Vorbereitung auf alle Arten von Einstellungstests, Eignungs- und Fähigkeitstests. Mit über 2.500 Aufgaben aus allen Kategorien.

Testerfolg ist keine Glückssache!

Testtrainer
548 Seiten • ISBN 978-3-941356-03-0
24,95 €

Kontakt

Ausbildungspark Verlag GmbH
Kundenbetreuung
Bettinastraße 69
63067 Offenbach

Telefon +49 (69) 40 56 49 73
Telefax +49 (69) 43 05 86 02
E-Mail: kontakt@ausbildungspark.com
Internet: www.ausbildungspark.com

Kapitel 1

Gut vorbereitet

Die Einladung **20**
   Souverän am Telefon 20
   Die Bestätigungs-E-Mail 23
   Verschieben oder absagen? 24

Gesucht: Bewerber mit Profil **26**
   Erwartungen – auf beiden Seiten 26
   Das Gehaltsthema 30
   Was will ich, was kann ich? 32
   Harte Fakten und Soft Skills 33

Das Jobinterview im Schnelldurchlauf **37**
   Phase 1: Begrüßung und Einstieg 38
   Phase 2: der Kern des Gesprächs 39
   Phase 3: Ausklang und Abschied 40
   Die Interviewtypen 40
   Die Fragentypen 41

Wie treten Sie überzeugend auf? **47**
   Information ist Trumpf 47
   Gut in Form: das Outfit 49
   Auf alle Fälle pünktlich: die Anreise 51
   Vom Empfang zum Besprechungsraum 54
   Die Körperhaltung 58
   Stressige Situationen meistern 60
   Ihr(e) Gesprächspartner 61
   Häufige Beurteilungsfehler 63
   So vermeiden Sie die gefährlichsten Fallen 66

Das Rollenspiel: den Ernstfall üben **67**
   Realistische Durchführung 67
   Faires Feedback 68

Die Einladung

Im Prinzip beginnt die Gesprächsvorbereitung bereits mit dem Abschicken der Bewerbungsunterlagen. Denn ab dann läuft die „heiße Phase", in der Sie jederzeit mit einer Nachricht von Betriebsseite rechnen müssen: Gelegentlich meldet sich die Sekretärin, in der Regel jedoch ein Vertreter der Personalabteilung – oft derselbe, der als Ansprechpartner in der Stellenausschreibung steht. Wie schnell und auf welchem Weg man Kontakt zu Ihnen aufnimmt, das lässt sich leider nicht vorhersagen. Viele Personalverantwortliche laden vorzugsweise per E-Mail zum Interview, manche per Brief, andere greifen lieber zum Telefon. Clevere Kandidaten sind auf alles gefasst.

Souverän am Telefon

Die wichtigste Voraussetzung eines gelungenen Telefongesprächs (und trotzdem oft vergessen): Wer einen Anruf erwartet, der sollte auch erreichbar sein. Es gibt keine Garantie, dass ein unter chronischer Zeitnot leidender Personaler noch ein zweites oder drittes Mal anruft – und selbst wenn, wird er es nicht unbedingt mit Begeisterung tun. Haben Sie im Bewerbungsschreiben Ihre Mobilfunknummer angegeben? Dann lassen Sie das Handy eingeschaltet, sofern Sie das Gespräch annehmen und in einer ruhigen Umgebung führen können. Aktivieren Sie unbedingt Ihre Mailbox bzw. den Festnetz-Anrufbeantworter, ändern Sie gegebenenfalls den saloppen Begrüßungsspruch.

Die Gesprächsführung

Ein Phänomen, das jeder kennt: Man hört eine schwungvolle Stimme im Radio – und ist sofort überzeugt, dass der Mensch am Mikrofon gerade ziemlich gute Laune hat. Dahinter steckt pure Absicht. Ein Nachrichtensprecher beispielsweise möchte mit einem besonders tiefen, sonoren Vortrag ganz bewusst seine Seriosität untermauern, während der Moderator einer Popsendung fröhlich plaudernd jugendliche Frische demonstriert. Die Profis vom Rundfunk wissen eben: Stimmen transportieren Stimmungen! Nicht anders ist das bei einem Telefonat.

Es kann sich durchaus lohnen, das eigene Telefonieverhalten von Freunden oder Angehörigen überprüfen zu lassen, bevor es ernst wird. Wer jedenfalls im entscheidenden Augenblick mit einem unpersönlichen „Hallo" oder „Ja bitte" abhebt oder ein schwer verständliches „Müller" in den Hörer brummt, verspielt damit seine erste Chance, einen guten Eindruck zu machen. Der Anrufer schlussfolgert sofort, wie fragwürdig solch ein Gesprächsverhalten auf Kunden und Kollegen wirken würde.

Besser ist es, den Gesprächspartner freundlich und gut verständlich zu begrüßen:

„Frank Müller, guten Tag?"

„Müller, guten Tag?"

„Frank Müller, guten Morgen?"

Für den weiteren Gesprächsverlauf gilt die Faustregel: Die Dialogebene bestimmt der Anrufer. Meist möchte er nur kurz und knapp die Formalitäten klären – die Einladung aussprechen, die Rahmendaten übermitteln. Nur selten geht das Bestätigungstelefonat von Sachlichkeit in Small Talk über. Schlägt der Gesprächspartner allerdings eine dementsprechend ungezwungene Tonart an, empfiehlt es sich, auf angemessene Art und Weise darauf einzusteigen.

Halten Sie Stift und Notizpapier parat: In einem Bestätigungsgespräch werden Sie mit nützlichen Informationen versorgt – fragen Sie gegebenenfalls nach.

Wichtig sind …

- **Zeit, Adresse und Anfahrtsweg:** Die Grundlagen jeder Verabredung – wann und wo findet sie statt?

- **Genauer Treffpunkt vor Ort:** Sollen Sie sich am Empfang melden oder woanders? Werden Sie dort abgeholt oder machen Sie sich allein auf den Weg zum Besprechungsraum?

- **Name des Anrufers:** Nützlich, wenn Sie im weiteren Verlauf noch einmal auf das Bestätigungsgespräch zurückkommen möchten.

> ¬ **Gesprächsteilnehmer:** Fragen Sie nach, welche Betriebsvertreter zum Bewerbungsgespräch erscheinen werden. Erkundigen Sie sich höflich nach Name und Position („Ist Frau XY die Ausbildungsverantwortliche? Vertritt Herr YZ die Personalabteilung?").
>
> ¬ **Unterlagen:** Erwartet man, dass Sie bestimmte Dokumente mitbringen, zum Beispiel Ihren Personalausweis?

Am Ende des Gesprächs bedankt sich der Bewerber noch einmal für die soeben ausgesprochene Einladung. Die Freude über die frohe Botschaft muss dabei nicht verheimlicht werden. Sollte man sich nicht ganz sicher sein, eine wichtige Information korrekt notiert zu haben, bietet sich nun außerdem die vorerst letzte Gelegenheit zum Fakten-Abgleich:

> *„Vielen Dank für die Einladung. Natürlich komme ich gerne, ich freue mich sehr auf das Gespräch. Zeit und Ort habe ich mir aufgeschrieben. Ich werde mich dann am Montag, dem 23. Juni, um 09:50 Uhr am Empfang Ihrer Niederlassung in der Schadecker Straße 71 melden."*

Der Initiativanruf

Die Einladung kam per Post oder E-Mail? Darauf können Sie mit einem Initiativanruf reagieren. Wer zum Hörer greift, um den vorgeschlagenen Gesprächstermin zu bestätigen, signalisiert dem Personaler großes Interesse und hohe Motivation. Den Namen des Ansprechpartners und seine Durchwahl – zumindest die Nummer der Zentrale – dürften Sie im Einladungsschreiben finden.

In manchen Fällen sollte man eine schriftliche Einladung sogar unbedingt telefonisch bestätigen. Wenn der genannte Termin schon in greifbarer Nähe liegt, entscheidet nämlich womöglich nur der Zufall, ob eine Bestätigungsmail bis zum Tag X überhaupt noch Beachtung findet. Melden Sie sich zum Beispiel so:

> *„Guten Tag Frau Lauth, hier spricht Frank Müller. Es geht um meine Bewerbung zur Ausbildung als Bürokaufmann. Herzlichen Dank für Ihre Einladung zum Vorstellungsgespräch! ... Da es bis zum vorgeschlagenen Termin ja nicht mehr lange*

> *hin ist, wollte ich Ihnen meine Zusage sicherheitshalber direkt per Telefon übermitteln. Ich komme dann am 23. Juni um 10:00 Uhr in Ihre Niederlassung in der Schadecker Straße 71 …"*

Die Bestätigungs-E-Mail

Telefonate erlauben den persönlichen, direkten Austausch. Aber Mails lassen sich besser vorbereiten. Gerade Bewerber, die sich nicht „telefonsicher" genug fühlen, bestätigen den vorgeschlagenen Interviewtermin daher mit Vorliebe auf dem digitalen Weg.

Eine überzeugende Bestätigungs-E-Mail ist höflich im Ton, sauber in der Form und grammatisch makellos. Inhaltlich kommt es nicht auf besonderen Einfallsreichtum an; idealerweise bringt man sein Anliegen ohne Umschweife in wenigen Absätzen sachlich auf den Punkt. Dem Text vorangestellt wird eine eindeutige Betreffzeile, die dem Empfänger sofort zeigt, worauf sich das Schreiben bezieht. Die korrekte namentliche Anrede („Sehr geehrte/r Herr/Frau …") und die übliche Schlussformel „Mit freundlichen Grüßen" dürfen natürlich nicht fehlen. Am Ende einer „offiziellen" E-Mail steht stets eine vollständige Signatur: dazu gehören Name und Vorname, Wohnanschrift, Telefonnummer und eine (seriöse) E-Mail-Adresse. Signaturen können Sie im Optionen-Menü Ihres Mailprogramms einrichten.

Zu viel Zeit sollte man sich zum Ausformulieren des Schreibens allerdings nicht nehmen, um den Ansprechpartner nicht unnötig lange auf die Folter zu spannen. Ein Richtwert: Vom Einladungseingang bis zum Abschicken der Antwortmail sollte höchstens ein Tag vergehen.

> Bitte **nicht zu extravagant**: Auch im unkomplizierten elektronischen Postverkehr sind Abkürzungen („MfG", „z. B.") tabu, ganz zu schweigen von Smileys, schmückenden Schriftfarben, ausgefallenen Formatierungen oder anderen überflüssigen Dekorationselementen.

Ein Vorschlag für eine Bestätigungs-E-Mail:

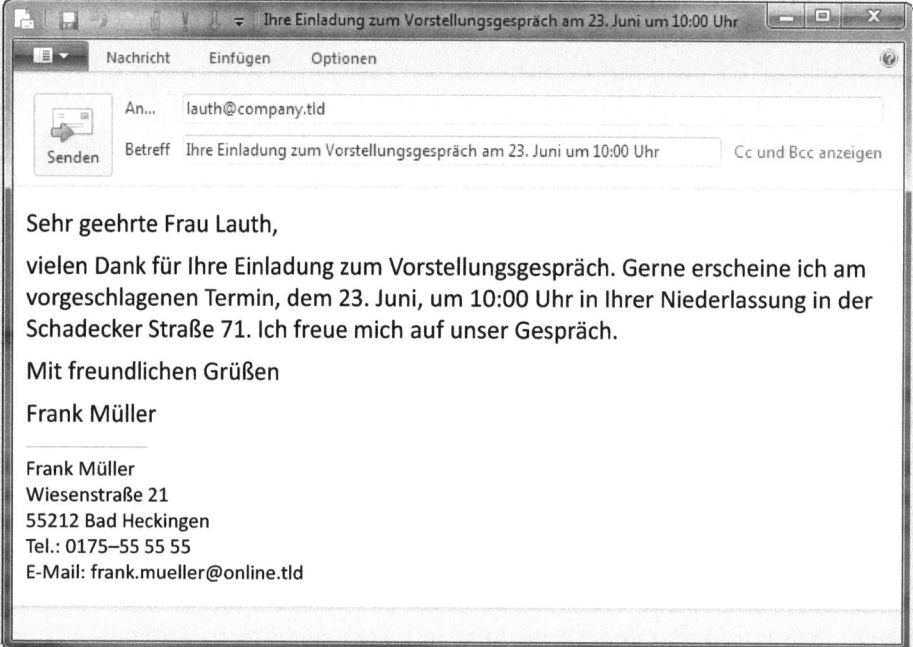

Verschieben oder absagen?

Für den Wunschberuf sollten auch unangenehme Gesprächszeiten nicht zu strapaziös sein. Das entsprechende Engagement, die nötige Flexibilität werden heutzutage meist schlichtweg vorausgesetzt. Was aber, wenn Sie einen Termin beim besten Willen nicht einhalten können? Kinobesuche mit dem neuen Schwarm oder wichtige Fußballmatches rechtfertigen eine Verlegung natürlich nicht, doch bei schwerwiegenden gesundheitlichen oder privaten Gründen liegt die Sache anders. Versuchen Sie in solchen Härtefällen, schnellstmöglich einen neuen Termin zu vereinbaren. Innerhalb der Auswahlphase ist eine Verlegung in der Regel möglich.

Definitiv ablehnen sollte man eine Einladung nur mit einem sicheren Plan B in der Hinterhand. Allein die vage Hoffnung auf ein attraktiveres Ausbildungsangebot eines anderen Betriebs reicht nicht: Wer zu hoch pokert und vorschnell absagt, steht am Ende womöglich mit leeren Händen da! Außerdem profitieren gerade Berufseinsteiger von jedem absolvierten Auswahlinterview. Learning by doing – Gesprächserfahrung sammelt man nur in Gesprächen.

Steht die Absage-Entscheidung felsenfest? Dann gilt es, den Betrieb umgehend zu benachrichtigen, damit er sich darauf einrichten kann. Die schlechteste Alternative: die Angelegenheit kommentarlos auf sich beruhen lassen und hoffen, dass sie im Lauf der Zeit in Vergessenheit gerät. Eine formelle Absage ist nicht nur ein Gebot der Höflichkeit, sondern auch ein Beleg für strategische Weitsicht. Vielleicht kreuzen sich die Wege von Bewerber und Personaler irgendwann doch noch einmal? Taktvoll vorgehen, heißt daher die Devise; Vorwürfe und Kritik bleiben außen vor. Ein Absageschreiben drückt stets das Bedauern aus, ein an sich interessantes Ausbildungsangebot leider nicht annehmen zu können.

Ein Formulierungsbeispiel:

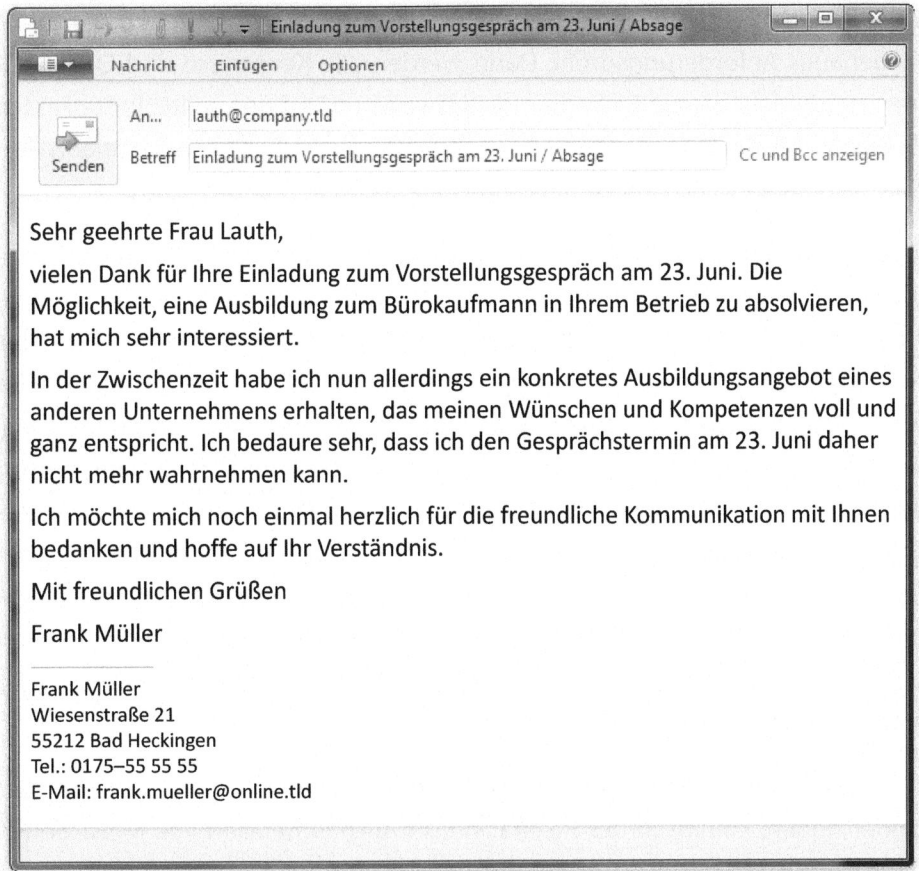

Gesucht: Bewerber mit Profil

Fragen über Fragen – im Vorstellungsgespräch bekommen Sie es mit der geballten Neugier der Unternehmensvertreter zu tun. Die entscheidenden Fragen haben Sie sich aber bestimmt schon selbst gestellt: Warum will ich diesen Ausbildungsplatz? Wieso wäre ich gut in diesem Job? Sicher haben Sie darauf auch schlagkräftige Antworten gefunden. Und damit ganz beiläufig bereits die Weichen auf Erfolg gestellt. Denn um Ihre Kompetenzen und Ihre Motivation geht es den Personalern, wenn sie eines herauszufinden versuchen: Sind Sie der bzw. die Richtige für die Stelle?

Erwartungen – auf beiden Seiten

Wenn ein Unternehmen eine Lehrstelle ausschreiben will, erstellt es dafür zuerst ein genaues Anforderungsprofil. Darin werden alle Kenntnisse und Qualifikationen gebündelt, die ein Bewerber idealerweise mitbringen sollte: harte Fakten – Schulabschluss, Zeugnisnoten etc. – ebenso wie die heute so wichtigen Soft Skills, also persönliche Fähigkeiten und charakterliche Kompetenzen.

Ob ein Kandidat für die Position grundsätzlich infrage kommt, klären die Betriebe im ersten Auswahlschritt anhand der Bewerbungsmappe. Doch nur anhand von Anschreiben, Lebenslauf und Zeugnissen lässt sich keine hieb- und stichfeste Personalentscheidung treffen. Was, wenn sich ein fachlich hervorragender Bewerber mit exzellenten Noten am Ende als sozialer Problemfall entpuppt? Oder ein glänzend aufpoliertes Anschreiben nur über Lücken im Lebenslauf hinwegtäuscht? Daher möchten sich die Personaler im Vorstellungsgespräch unter vier Augen von der Tauglichkeit eines Kandidaten überzeugen. Das Interesse beruht dabei auf Gegenseitigkeit: Natürlich möchte man auch als angehender Azubi ein möglichst unverfälschtes Bild desjenigen Betriebs gewinnen, in dem man eventuell die nächsten Arbeitsjahre verbringt. Der erste Schritt in die berufliche Zukunft kann schließlich wegweisend sein.

Dass das Traumunternehmen und der Wunschkandidat hollywoodreif zueinander finden, kommt in der Realität nur in Ausnahmefällen vor. Meist gehen

beide Seiten Kompromisse ein. Bauen Sie daher keine Luftschlösser: Geht man mit illusorischen Vorstellungen ins Bewerbungsgespräch, ist die Enttäuschung vorprogrammiert – und ein an sich attraktives Angebot erscheint grundlos als zweitklassige Wahl.

> Machen Sie sich vor dem Bewerbungsgespräch nüchtern und sachlich klar, welche Erwartungen Sie mit der Ausbildung verbinden: Was ist unbedingt **wichtig**, was wäre **wünschenswert**?

Betriebe interessiert ...

... besitzt der Kandidat das nötige Rüstzeug an schulischen und persönlichen Qualifikationen?

... bringt er den nötigen „Biss" mit, zeigt er Lernwillen und Interesse?

... passt er vom Typ, vom Charakter her zum Unternehmen?

... kann er das Team langfristig verstärken?

Bewerber fragen sich ...

... fühle ich mich im Betrieb wohl?

... bekomme ich hier die Ausbildung, die ich haben will?

... wie hoch sind die Chancen, nach der Ausbildung übernommen zu werden?

... kann ich mir vorstellen, langfristig im Betrieb zu bleiben?

Das Gehaltsthema

Das liebe Geld – ein heißes Eisen, an dem sich schon so mancher berufserfahrene Kandidat im Jobinterview die Finger verbrannt hat. Lehrstellen-Bewerber sollten es besser gar nicht erst anpacken. Ausbildungsvergütungen sind tariflich geregelt, da gibt es normalerweise wenig zu verhandeln. Außerdem vertreten die meisten Ausbilder die Einstellung: Als Berufseinsteiger sollte man erst einmal durch Leistung überzeugen. Und sich vor dem Gespräch ausreichend informieren – die gültigen Tarifvereinbarungen finden sich meist im Internet, ebenso wie die Besoldungsordnungen des öffentlichen Dienstes. Auch bei Bekannten oder bei der örtlichen Industrie- und Handelskammer kann man sich vorab über Verdienstthemen erkundigen.

Zum Vergleich ein Überblick über die durchschnittlichen tariflichen Ausbildungsvergütungen 2022 (in Euro), aufgeschlüsselt nach Ausbildungsjahren (AJ):

Ausbildungsberuf	Alte Bundesländer				Neue Bundesländer			
	1. AJ	2. AJ	3. AJ	4. AJ	1. AJ	2. AJ	3. AJ	4. AJ
Anlagenmechaniker/in für Sanitär-, Heizungs- und Klimatechnik	785	836	905	967	k. A.			
Automobilkaufmann/-frau	887	935	1.011	–	820	848	901	–
Bankkaufmann/-frau	1.135	1.193	1.262	–	1.132	1.189	1.257	–
Elektroniker/in (Handwerk)	832	895	963	1.036	830	933	1.024	1.110
Elektroniker/in für Betriebstechnik	1.003	1.078	1.163	1.245	969	1.036	1.117	1.184
Fachinformatiker/in (alle Fachrichtungen)	1.002	1.071	1.146	–	989	1.029	1.113	–
Fachkraft für Lagerlogistik	985	1.061	1.142	–	926	986	1.065	–
Fachlagerist/in	979	1.055	–		891	972	–	
Fachverkäufer/in im Lebensmittelhandwerk	713	792	924	–	680	756	884	–
Friseur/in	551	648	771	–	339	426	479	–
Gärtner/in	956	1.043	1.145	–	960	1.049	1.141	–

Beruf								
Hotelfachmann/-frau	944	1.058	1.177	–	882	979	1.093	–
Industriekaufmann/-frau	991	1.066	1.158	–	945	1.013	1.082	–
Industriemechaniker/in	1.014	1.075	1.156	1.226	991	1.051	1.118	1.183
Kaufmann/-frau für Büromanagement (Industrie und Handel)	968	1.057	1.156	–	941	1.018	1.116	–
Kaufmann/-frau für Groß- und Außenhandelsmanagement	1.024	1.095	1.174	–	964	1.025	1.104	–
Kaufmann/-frau für Spedition und Logistikdienstleistung	947	1.030	1.111	–	848	950	1.040	–
Kaufmann/-frau für Versicherungen und Finanzen	1.119	1.194	1.278	–	1.120	1.191	1.278	–
Kaufmann/-frau im Einzelhandel	950	1.047	1.167	–	897	984	1.101	–
Koch/Köchin	949	1.059	1.171	–	896	1.006	1.102	–
Kfz-Mechatroniker/in (Handwerk)	881	938	1.014	1.071	821	852	896	948
Maler/in und Lackierer/in	682	752	916	–	680	751	916	–
Maschinen- und Anlagenführer/in	988	1.056	–	–	938	999	–	–
Mechatroniker/in	1.007	1.074	1.157	1.228	972	1.038	1.108	1.179
Medizinische/r Fachangestellte/r	905	967	1.037	–	910	971	1.040	–
Metallbauer/in	792	865	940	1.007	639	714	809	855
Sozialversicherungs-fachangestellte/r	1.068	1.122	1.179	–	1.085	1.152	1.215	–
Tischler/in	722	845	948	–	619	765	919	–
Verkäufer/in	953	1.050	–	–	893	977	–	–
Verwaltungsfachangestellte/r	1.064	1.115	1.161	–	1.066	1.117	1.163	–
Zahnmedizinische/r Fachangestellte/r	891	940	1.001	–	k. A.			
Zerspanungsmechaniker/in	1.010	1.068	1.146	1.214	1.002	1.059	1.121	1.179

Quelle: Bundesinstitut für Berufsbildung (2022)

Was will ich, was kann ich?

In der schriftlichen Bewerbung haben Sie Ihre Fähigkeiten bereits angedeutet; im Bewerbungsgespräch können Sie nachlegen. Damit dies gelingt, machen Sie sich vorher noch einmal die berufsrelevanten Schlüsselqualifikationen klar: Welche Kompetenzen braucht man in dem Beruf? Warum sind gerade Sie für den Job geeignet? Überlegen Sie, welche Kenntnisse Sie einbringen können. Sind Sie der geborene Tüftler, den es auch zu Hause ständig an die Werkbank zieht? Ein Zahlengenie? Ein Musterbeispiel in Sachen Ordnung und Organisation? Nur wer sich mit seinen Fähigkeiten und Interessen intensiv auseinandergesetzt hat, kann im Auswahlinterview zielgerichtet antworten.

Stichpunkte zur Selbsteinschätzung

- Welche Talente habe ich? Wie kann ich sie beruflich einsetzen?
- Welche fachlichen Kenntnisse habe ich?
- Welche praktischen Erfahrungen habe ich gemacht (Schule, Praktika, Nebenjobs, ehrenamtliche Tätigkeit…)?
- Welche Hobbys habe ich?
- Was kann ich besonders gut, was liegt mir eher nicht?

Bei der Suche nach den eigenen Talenten hilft sowohl der Blick auf den bisherigen Werdegang – Schule, Nebenjobs, Praktika – als auch auf den Privatbereich. Wer zu Hause immer schon die jüngeren Geschwister oder die Nachbarskinder beaufsichtigt hat, darf sich beispielsweise ein gewisses Verantwortungsbewusstsein bescheinigen. Ist man hobbymäßig als Kassenwart im Sportverein aktiv, lässt das auf Zuverlässigkeit und Vertrauenswürdigkeit schließen. Neben der ehrlichen Selbstbewertung bringt auch die Fremdeinschätzung durch Familie, Freunde oder Bekannte wertvolle Erkenntnisse.

Aus den prägnantesten Charakterzügen können Sie ableiten, inwiefern Sie die Vorstellungen der Personaler erfüllen. Nur extrem selten liegt ein Kandidat in allen stellenrelevanten Bereichen bei 100 Prozent – das ist auch gar nicht nötig, um den Job zu bekommen. Den Ausschlag geben die Kernkompetenzen, kombiniert mit dem Willen, vorhandene Schwächen auszubügeln.

Harte Fakten und Soft Skills

„Finden Sie nicht auch, dass die Kooperation im Team das A und O des Arbeitslebens ist?"

„Wir suchen durchsetzungsfähige Menschen mit Selbstvertrauen, die zu ihrer Meinung stehen – gehören Sie dazu?"

Wer würde darauf schon „nein" antworten? Besonders schlau wäre das sicher nicht. Aber beide Male entschlossen zu bejahen ist kaum besser. Denn hier handelt es sich um zwei Paradebeispiele einer klassischen Fangfrage: Entweder, Sie sind ein absoluter Teamplayer – dann können Sie bei Frage 1 beherzt zustimmen, müssen aber Frage 2 zumindest relativieren. Oder Sie preschen gern mutig voran, wenn's sein muss alleine – dann wiederum sind Sie wahrscheinlich nicht gerade der Kompromissbereiteste. Wer überall uneingeschränkt zustimmt, widerspricht sich selbst und weckt damit Zweifel an seiner Glaubwürdigkeit.

Zugegeben, das war nicht ganz fair. Doch mit diesen und vielen anderen Trickfragen ist im Vorstellungsgespräch zu rechnen, mehr dazu finden Sie im Kapitel „Das Jobinterview im Schnelldurchlauf", Abschnitt „Die Fragentypen". Viele Eigenschaften lassen sich nach dem oben angewendeten Schema gegeneinander ausspielen, und niemand kann alles perfekt. Wichtig ist zu wissen, worauf es den Personalverantwortlichen hauptsächlich ankommt. Unterschiedliche Berufe haben unterschiedliche Kompetenz-Schwerpunkte – Stichwort: Anforderungsprofil.

Je nach Beruf und Stelle bewerten die Personaler Ihre Eignung in den folgenden Bereichen:

Berufliches Basiswissen

Das fachliche Know-how für den Beruf lernen Sie natürlich während der Ausbildung. Doch ein gewisses Grundwissen über die Branche, den Betrieb und typische Tätigkeiten sollte bereits vorhanden sein. Am eindrucksvollsten lassen sich die einschlägigen Vorkenntnisse durch Erfahrungen aus Praktika und Nebenjobs belegen. Punkten können Sie auch mit den in der Vorbereitung angeeigneten Daten und Fakten über das Unternehmen. Und nicht zu vergessen: Die Personaler achten natürlich sehr genau darauf, wie man in den ausbildungsrelevanten Schulfächern abgeschnitten hat.

Kommunikationsstärke

Fällt es Ihnen leicht, Kontakte zu knüpfen? Oder halten Sie sich lieber zurück? Können Sie sich einbringen, Ihre eigene Meinung verständlich machen? Auf gute Beziehungen zu Ihren Kollegen sind Sie in jeder Branche angewiesen. In vielen Ausbildungsberufen sollten Sie darüber hinaus in der Lage sein, mit völlig Unbekannten schnell auf eine gemeinsame Wellenlänge zu kommen.

Teamfähigkeit

Teamfähigkeit heißt, produktiv mit anderen Menschen zusammenarbeiten zu können. Eine Gruppe ist mehr als nur die Summe ihrer Mitglieder – wenn alle an einem Strang ziehen. Die verschiedenen Temperamente unter einen Hut zu bringen und alle Fähigkeiten sinnvoll einzubinden, ist die wichtigste Grundlage erfolgreichen Teamworks. Gelingt das nicht, hat man anstelle von Teamplayern am Ende nur einen versprengten Haufen an Einzelgängern.

Selbstbewusstsein

Sturheit, Arroganz, Egoismus, Eitelkeit – all das ist mit Selbstbewusstsein nicht gemeint. Wörtlich genommen, steht dieser Schlüsselbegriff schlicht und einfach für eine realistische Wahrnehmung der eigenen Persönlichkeit. Wer selbstbewusst ist, kennt also nicht nur seine Fähigkeiten, sondern auch seine Grenzen. Freilich schadet es im Geschäftsleben nicht, wenn man aus der Selbsteinstufung seines Wissens und Könnens auch etwas Verantwortungsbereitschaft und das nötige Quäntchen Durchsetzungsvermögen ableiten kann.

Konfliktfähigkeit

Meinungsverschiedenheiten sind im Berufsalltag nichts Seltenes. Und auch nichts besonders Schlimmes: Denn dadurch kommen existierende Probleme offen auf den Tisch, was vernünftige und tragfähige Lösungen ermöglicht. Konflik-

te sind dazu da, dass man aus ihnen lernt – dabei kommt es auf ein besonnenes, zielgerichtetes Vorgehen an.

Zuverlässigkeit

Zuverlässigkeit hat viele Erscheinungsformen: zum Beispiel Ordnung, Disziplin, Pünktlichkeit und Pflichtbewusstsein. Mit zuverlässigen, aufrechten Menschen arbeitet man gerne zusammen. Aber auch hier gibt es Schattenseiten. Manchmal ist eben Spontanität gefragt, das schnelle Umschalten zu anderen Methoden, das Ausweichen auf alternative Lösungswege. Penible Perfektionisten, die jeden Schritt im Voraus planen wollen, haben es dann schwer.

Belastbarkeit

Wohl kaum ein Azubi bleibt von Stress verschont. Beispiel Einzelhandel: Lange Öffnungszeiten und Samstagsarbeit fordern dem Personal einiges ab – vom alljährlichen Weihnachtstrubel gar nicht zu reden! In allen Branchen wird zudem erwartet, dass Lehrlinge bei anstrengenden Aufgaben mit anpacken, sei es auch „nur" zum Pakete-Verteilen in der Poststelle. In Technik- oder Handwerksberufen steht körperlicher Einsatz ohnehin auf der Tagesordnung. Nur wer belastbar ist, bleibt auf Dauer leistungsfähig, ansonsten drohen Überforderung, Ärger und Frustration.

Arbeitseffizienz

Mit den vorhandenen Ressourcen das optimale Ergebnis erzielen – das ist das Geheimnis der Arbeitseffizienz. Wer seine Aufgaben analytisch plant, umsichtig koordiniert und Probleme zielgerichtet löst, spart auf Dauer viel Zeit, Material und Geld. Verständlich, dass Personaler aller Branchen diese Fähigkeit besonders interessant finden.

Flexibilität

Im Job bekommen Sie es mit den unterschiedlichsten Aufgaben zu tun, und viele Vorgänge laufen parallel ab? Dann sind Multitasking-Fähigkeit und gedankliche Beweglichkeit gefragt. Sie werden variabel in der Früh-, Mittel- oder Spätschicht eingesetzt? Dann sollten Sie Ihren Tagesablauf entsprechend anpassen können. Das Persönlichkeitsmerkmal Flexibilität findet sich in den Stellenanzeigen der Privatwirtschaft nicht seltener als in denen des öffentlichen Dienstes.

Motivation

Wer motiviert ist, zeigt Eigeninitiative. Er entwickelt neue Ideen und reißt andere mit – auch wenn das niemand ausdrücklich verlangt hat. Hohes Engagement sieht jeder Arbeitgeber gern. Umso leichter lässt sich die nötige Energie aufbringen, wenn die berufliche Motivation stimmt: das heißt, wenn die Berufswahl aus echter Überzeugung getroffen wurde und nicht aus Verlegenheit.

Einfühlungsvermögen

Dieser zentrale Aspekt der sozialen Intelligenz besteht darin, nachvollziehen zu können, was andere gerade fühlen oder meinen. Denn die gleiche Sprache zu sprechen, heißt noch nicht, einander wirklich zu verstehen. Nur wer sich in die Situation seines Gegenübers – Kunden, Kollegen, Vorgesetzten – hineinversetzen und dessen Stimmung richtig einschätzen kann, ist in der Lage, angemessen zu handeln.

> Orientieren Sie sich an den aufgeführten Kompetenzbereichen und erstellen Sie ein individuelles **Stärken/Schwächen-Profil**. Was zeichnet Sie aus? Welche Schwachpunkte könnten die Interviewer ansprechen, wie würden Sie am geschicktesten darauf reagieren?

Das Jobinterview im Schnelldurchlauf

Der generelle Ablauf eines Jobinterviews lässt sich in der Regel genauso gut vorhersagen wie die gestellten Fragen. Das nahezu universalgültige Muster: Nach dem anfänglichen Small Talk erhält der Bewerber die Chance zur Selbstdarstellung, anschließend präsentiert sich der Betrieb, zum Schluss verabschiedet man sich. Von Anfang bis Ende kreisen die Gedanken der Teilnehmer um die alles entscheidende Frage: Wie gut passen Ausbildungsbetrieb und Ausbildungsbewerber zusammen?

Grundsätzlich stehen im Interview drei Aspekte zur Debatte:

- **Leistungsvermögen:** Gefragt sind berufsrelevante Kenntnisse, Motivation und die Fähigkeit, die eigenen Stärken auch unter Druck zu 100 Prozent einzubringen.

- **Persönlichkeit:** Die Chemie muss stimmen! Ein Kandidat sollte nicht nur fachlich, sondern auch persönlich gut ins Team passen.

- **Lernbereitschaft:** Niemand kann alles – daher kommt es auf den Willen an, sich wichtige Kompetenzen anzueignen. Unnötig zu erwähnen, dass genau das der Sinn und Zweck einer Berufsausbildung ist!

Mit etwas rhetorischem Geschick finden sich immer Wege, kleinere Makel ins Positive zu drehen. Schwächen in der Zeitorganisation beispielsweise lassen sich als ausgeprägter Arbeitseifer verkaufen, ein Mangel an Kreativität kann zu einem starken Hang zur Gründlichkeit werden usw. Doch geben Sie kein Image vor, mit dem Sie sich nicht identifizieren können – Personaler haben ein äußerst feines Gespür für derartige Ungereimtheiten.

Phase 1: Begrüßung und Einstieg

Die Anfangsphase des Bewerbungsgesprächs dient dem gegenseitigen Abtasten: Man begrüßt sich, führt etwas Small Talk und sucht einen Gesprächseinstieg.

Dauer: ca. 3–5 Minuten

Den Gesprächsauftakt bildet die obligatorische Begrüßungsrunde. Merken Sie sich die Namen der Anwesenden, um sie später persönlich ansprechen zu können – das macht einen guten Eindruck. Üblicherweise lassen die Gesprächspartner ein paar unverfängliche Bemerkungen fallen, zum Beispiel zur Anreise, zur Umgebung, zum Wetter, zu den Räumlichkeiten oder ähnlich neutralen Themen. Steigen Sie darauf ein. Erzählen Sie etwas über die Schönheit der Stadt, das interessante Firmengebäude, die Ankunft in der Empfangshalle, die Zug- oder Autofahrt. Dabei liegt die Initiative bei den Interviewern, Sie müssen die Unterhaltung nicht an sich reißen.

Die Small Talk-Phase gibt Ihnen Gelegenheit, in der Interviewsituation anzukommen und sich langsam in Form zu reden – freundlich, unkompliziert und zuvorkommend. Denken Sie aber daran, dass die Personaler bereits voll bei der Sache sind: Derbe Kommentare, plumpe Witzeleien, Anreiseprobleme, private Krisen oder politische Streitfälle gehören nicht an den Besprechungstisch. Bleiben Sie positiv! Die ersten warmen Worte sollen das Eis brechen und ein angenehmes Gesprächsklima schaffen.

Zur Überleitung auf den ernsten Teil der Verabredung wird man Ihnen wahrscheinlich den weiteren Gesprächsablauf vorstellen.

Phase 2: der Kern des Gesprächs

Im Hauptteil des Gesprächs präsentieren sich Betrieb und Bewerber. Beide Parteien können gezielt nachfragen und die Unterhaltung vertiefen.

Dauer: ca. 15–40 Minuten

Nun stellen Ihre Gesprächspartner Ausbildung und Berufsalltag genauer vor und erhoffen Aufklärung: Was qualifiziert Sie für die ausgeschriebene Stelle, warum wollen Sie Ihre Ausbildung ausgerechnet in diesem Betrieb absolvieren? Mithilfe von Anschreiben und Lebenslauf haben sich die Interviewer schon eine ungefähre Vorstellung von Ihnen gemacht, die sie jetzt mit der Realität aus Fleisch und Blut abgleichen. Wenn – wie fast immer – bei der Lektüre der Bewerbungsunterlagen Fragen aufgekommen sind, werden sie nun geklärt. Haben Sie bereits einen Einstellungstest hinter sich gebracht? Dann kann das Ergebnis ebenfalls zur Sprache kommen.

Bereiten Sie sich darauf vor, einen kompakten Überblick über Ihren bisherigen Werdegang zu geben: Schule, Praktika, Nebenjobs, Fremdsprachenkenntnisse, Auslandsaufenthalte – was für den Job relevant ist, bringen Sie in Ihren Antworten unter. Schritt für Schritt steigt die Intensität des Interviews, mehr und mehr geht es ins Detail. Die Berufswahl, persönliche Stärken und Schwächen, berufliche Vorkenntnisse, das Arbeitsverhalten und viele andere Aspekte werden gründlich unter die Lupe genommen.

An geeigneten Stellen lassen sich bereits jetzt eigene Fragen einflechten – aber lieber nicht zum Thema Gehalt: Was Sie zukünftig verdienen, können Sie mühelos im Internet, durch Broschüren oder auf anderen Wegen in Erfahrung bringen. Ausbildungsgehälter richten sich nach den offiziellen Tarifvereinbarungen oder – im Falle einer Beamtenausbildung – nach den geltenden Besoldungsordnungen des öffentlichen Dienstes. Eventuelle Unklarheiten in punkto Vergütung sprechen Sie besser an anderer Stelle an.

> Lesen Sie sich Ihre **Bewerbungsunterlagen** vor dem Interview noch einmal genau durch. So wissen Sie, auf welchem Stand Ihre Gesprächspartner sind.

Phase 3: Ausklang und Abschied

Abschließend besprechen Betriebsvertreter und Bewerber das weitere Vorgehen und verabschieden sich.

Dauer: ca. 5–10 Minuten

„Ist alles geklärt, möchten Sie noch etwas von uns wissen"? So oder ähnlich werden die Interviewer die Schlussphase des Gesprächs einläuten. Sprechen Sie nun an, was in der vorangegangenen Unterhaltung noch nicht beantwortet worden ist; greifen Sie eventuell auf Ihren Notizblock zurück.

Wenn nichts Wichtiges mehr im Raum steht, werden Ihre Gesprächspartner sicher zum nächsten Punkt ihrer Tagesordnung übergehen wollen und zielstrebig auf die Verabschiedung hinsteuern: Die Gelegenheit für Sie, sich freundlich für das Gespräch zu bedanken. In besonders guter Erinnerung bleiben Sie, wenn Sie noch einmal Ihr Interesse am Ausbildungsplatz betonen. Dabei können Sie sich auch gleich nach der weiteren Vorgehensweise erkundigen:

> *„Vielen Dank, dass Sie sich so viel Zeit genommen haben, Frau Lauth. Ich habe viel Neues erfahren und fühle mich in meiner Entscheidung bestärkt. Die Ausbildung in Ihrem Betrieb interessiert mich nach wie vor sehr. Deswegen würde ich mich sehr über eine Zusage freuen. Wann kann ich denn ungefähr mit einer Antwort von Ihnen rechnen?"*

Die Interviewtypen

Grundsätzlich gibt es drei unterschiedliche Gesprächsformen, die Ihnen mal größere, mal geringere Einflussmöglichkeiten einräumen.

Offene Interviews

Offene Interviews erinnern an ganz normale Unterhaltungen: Die Interviewer lenken das Gespräch intuitiv nach eigenen Erfahrungen und Interessen. Durch geschickte Zwischenfragen und Antworten kann der Bewerber dabei mühelos eigene Schwerpunkte setzen und vorteilhafte Punkte hervorheben.

- **Vorteil:** Sie können das Gespräch mitsteuern.
- **Nachteil:** Das Gespräch hängt stark von der Persönlichkeit der Interviewer ab; die vergleichsweise zwanglose Atmosphäre kann zum Leichtsinn verleiten.

Standardisierte Interviews

Im Gegensatz zum offenen Interview werden hier alle relevanten Themen vorher festgelegt und in einen Fragenkatalog gepackt. Standardisierte Interviews folgen einem Punkt-für-Punkt-Plan, der es den Personalern ermöglicht, die Qualitäten aller Kandidaten relativ mühelos zu vergleichen.

- **Vorteil:** Es geht um genau vorgegebene Sachfragen, persönliche Präferenzen spielen keine Rolle.
- **Nachteil:** Durch die starre Gesprächssituation kann das standardisierte Interview statisch, gestelzt oder verkrampft wirken.

Halbstandardisierte Interviews

Dieser Mischtyp aus offenem und standardisiertem Interview vereint die Vorteile beider Gesprächsformate: Zum einen können die Interviewer anhand einer festen Gliederung alle wichtigen Informationen abfragen, zum anderen haben Bewerber und Personaler etwas Spielraum für individuelle Akzente.

- **Vorteil:** Sie können eigene Schwerpunkte setzen, interessante Themen vertiefen und andere kurz halten.
- **Nachteil:** Wenn Sie eigene Themen besonders betonen, können Aspekte unter den Tisch fallen, die den Personalern wichtig sind.

Die Fragentypen

Welche Fragen konkret auf Sie zukommen können, erfahren Sie im nächsten Kapitel. Der folgende Überblick erläutert die verschiedenen Fragenformen, die im

Bewerbungsgespräch üblich sind. Für jede Spielart gibt es eine angemessene Antwortstrategie.

Alternativfragen

Teamfähig oder durchsetzungsstark, diszipliniert oder kreativ, zielstrebig oder flexibel? Eine nicht ganz faire Auswahl, denn das Wörtchen „oder" soll Sie aufs Glatteis führen. Wieso sollte ein kreativer Kopf nicht auch die nötige Disziplin mitbringen können? Interpretieren Sie derartige Auswahlfragen also besser nicht im Sinne von „entweder – oder" sondern wie ein „sowohl – als auch". Sie müssen sich nicht eindeutig auf eine Seite schlagen.

Frage:
„Würden Sie sich eher als zielstrebig oder als flexibel beschreiben?"

Antwort:
„Ich würde es so sagen: Flexibilität ist wichtig, damit man sich auf neue Umstände einstellen kann und für andere Ideen oder Lösungsansätze offen bleibt. Dabei sollte man aber das Ziel nicht aus den Augen verlieren. Zielstrebigkeit und Flexibilität schließen sich für mich nicht aus."

Informationsfragen

Zielt nicht jede Frage auf Informationen ab? In gewisser Weise schon. Doch Informationsfragen – der häufigste Fragentyp im Vorstellungsgespräch – sind wirklich am erfragten Detail interessiert, weniger an der Reaktion des Antwortenden. Informationsfragen sind meist kurz und bündig; ebenso sollte die Antwort ausfallen. Denn wer eine exakte Auskunft erwartet, möchte sie nicht mühsam im Wortschwall des Antwortenden suchen müssen.

Frage:
„Was haben Sie in der Zeit seit Ihrem Schulabschluss gemacht?"

Antwort:
„Hauptsächlich habe ich mich mit meiner Bewerbung bei Ihnen beschäftigt und mich auf den Einstellungstest vorbereitet. Direkt nach dem Abitur war ich für einen Monat auf Sprachreise in Neuseeland."

Verunsicherungsfragen

Sagt der Kandidat die Wahrheit? Hat er vorhin nicht noch etwas ganz anderes behauptet? Wenn die Interviewer nicht so recht schlau werden aus den Auskünften eines Bewerbers, greifen sie zu Verunsicherungsfragen. Dadurch fühlen sie der Aufrichtigkeit eines Bewerbers diskret auf den Zahn – er kann die vorherigen Aussagen nun entweder bestätigen oder relativieren, ohne sein Gesicht zu verlieren.

Frage:
„Sind Sie wirklich davon überzeugt, dass Ihre Kenntnisse in Rechtschreibung und Grammatik für die Ausbildung angemessen sind?"

Bestätigende Antwort:
„Ja, ich hatte in Deutsch immerhin eine 2+ im Abschlusszeugnis. Ich denke, das zeigt, dass ich in Rechtschreibung und Grammatik ziemlich sicher bin."

Relativierende Antwort:
„Vielleicht muss ich meine Aussage von vorhin ein bisschen geraderücken: Ich war nie besonders gut in Rechtschreibung und Grammatik, mir lagen eher themenbezogene Aufsätze und Interpretationen. Ich arbeite aber daran, meine Defizite auszugleichen."

Fangfragen

Fangfragen nähern sich einem Thema „durch die Hintertür". Oft wirken sie auf den ersten Blick völlig harmlos, bevor sie sich bei genauerem Hinsehen als brandgefährlich entpuppen. Wer das eigentliche Ziel einer Fangfrage schnell identifiziert, kann sich eine angemessene Antwort zurechtlegen. Im folgenden Beispiel möchte der Interviewer natürlich nicht gemütlich über Hobbys plaudern, sondern Flexibilität und Leistungsbereitschaft ergründen.

Frage:
„Ihrer Bewerbung konnte ich entnehmen, dass Sie intensiv Sport treiben und zudem in einer Band spielen. Haben Sie denn viele Auftritte und Wettkämpfe?"

Antwort:
„Sie haben Recht, ich spiele Fußball im Verein, fahre Fahrrad und spiele in einer Big-

band. Meine Hobbys sind aber nur Hobbys, der Job hat Priorität. Für die Ausbildung schalte ich in der Freizeit einen Gang zurück, wenn es nötig sein sollte."

Gegenfragen

Ist dem Interviewer eine Zwischenfrage unangenehm, möchte er sie – aus welchen Gründen auch immer – nicht beantworten, kann er mit einer Gegenfrage kontern. Ungeschickte Fragen kommen so als Bumerang zum Fragesteller zurück, die eigentliche Angelegenheit bleibt ungeklärt. Da sich die rhetorischen Gegenangriffe nicht völlig vermeiden lassen, sollte man darauf gefasst sein und sich nicht aus der Ruhe bringen lassen.

Frage des Bewerbers:
„Ich habe von einem Freund gehört, dass die Ausbildung bei Ihnen sehr schwer sein soll. Stimmt das?"

Gegenfrage des Interviewers:
„Was wissen Sie denn so über die Tätigkeiten, die ein Auszubildender bei uns auszuführen hat?"

Motivierende Fragen

Motivierende Fragen erzeugen eine positive Stimmung und animieren den Kandidaten, aus sich herauszugehen. Meist ist der Interviewer auf einen interessanten Punkt im Lebenslauf gestoßen, den er nun vertiefen möchte. Eine gute Chance, sich persönlich zu geben, ohne den Blick für das Wesentliche – die Bewerbung, den Beruf – zu verlieren.

Frage:
„Sie tanzen in Ihrer Freizeit Salsa und sind Mitglied in einem Tanzverein. Da würde es sich doch anbieten, für die nächste Firmenfeier einen kleinen Auftritt zu organisieren, was meinen Sie?"

Antwort:
„Im Prinzip natürlich gerne. Wenn sich dafür neben der Ausbildung genug Zeit findet – klar, warum nicht?"

Schockfragen

Schock- oder Angriffsfragen sollen den Bewerber aus der Reserve locken. Dahinter steckt weder schlechte Laune noch böser Wille, sondern nacktes Kalkül: Wie reagiert der Kandidat? Lässt er sich aus der Ruhe bringen, wird er vielleicht sogar aggressiv? Sachlichkeit und Souveränität sind hier die Schlüssel zum Erfolg.

Frage:
"Wollen Sie oder können Sie darauf keine klare Antwort geben?"

Antwort:
"Sie werden mir sicher Recht geben, dass dieses Thema zu wichtig ist, um es mit einer simplen Antwort zu erledigen. Lassen Sie mich das genauer erläutern …"

Mehrfachfragen

Manchmal folgen gleich mehrere Fragen unmittelbar nacheinander, oft garniert mit Zusatzinfos. Solche Fragebatterien belasten das Kurzzeitgedächtnis und verleiten dazu, sich im Durcheinander von Fragen und Informationen zu verheddern. Anstatt alles auf einmal beantworten zu wollen, sollte man nur einen – am besten den günstigsten – Teilaspekt aufgreifen. Meist geben sich die Interviewer damit fürs Erste zufrieden.

Frage:
"Ihren Bewerbungsunterlagen ist zu entnehmen, dass Sie sich sozial engagieren und ein Teamplayer sind. Was verstehen Sie eigentlich unter Teamarbeit? Wir legen sehr großen Wert auf einen freundlichen und kooperativen Umgang miteinander. Das spiegelt sich auch in unserem respektvollen Auftritt dem Kunden gegenüber wider. Welche Rolle würden Sie denn am ehesten in einem Team übernehmen? Welche Qualifikationen bringen Sie dafür mit?"

Antwort:
"Sie haben gefragt, was Teamarbeit bedeutet. Ich würde es so definieren: Teamarbeit gelingt, wenn jedes Teammitglied seine Fähigkeiten koordiniert einbringt und zusammen mit den anderen auf ein gemeinsames Ziel hinarbeitet. Dabei kommt es vor allem auf zwei Dinge an, nämlich auf Abstimmung und Kommunikation. Was war noch gleich Ihr zweiter Aspekt?"

Projektive Fragen

Ein Griff in die psychologische Trickkiste: Projektive Fragen fordern dazu auf, sich selbst aus der Perspektive eines anderen zu betrachten. Über Dritte spricht man freier und ehrlicher – so fällt vor allem zurückhaltenden Kandidaten die Eigendarstellung leichter. Dabei gilt es, aufzupassen und sich nicht in Widersprüche hineinzureden. Die Antwort „Meine Eltern machen sich berechtigte Sorgen, der Beruf ist schließlich sehr gefährlich!" wäre im folgenden Beispiel ungeschickt.

Frage:
„Was denken Ihre Eltern über Ihre Entscheidung, sich bei der Polizei zu bewerben?"

Antwort:
„Natürlich kennen meine Eltern nicht nur die Vorteile des Berufs. Die Medien berichten ja fast täglich über gefährliche Einsätze. Aber ich habe viel mit meiner Mutter und mit meinem Vater gesprochen und sie stehen voll und ganz hinter mir. Sie wissen, dass ich mich bei der Polizei bewerbe, weil ich mir darüber viele Gedanken gemacht habe und von dem Beruf überzeugt bin."

Suggestivfragen

Suggestivfragen legen einem die erwartete Antwort bereits auf die Zunge. Solche rhetorischen Kunststücke sind in einem Vorstellungsgespräch eher unüblich: Schließlich sollen sich die Bewerber eigene Gedanken zum Thema machen und keine vorgefertigten Meinungen mechanisch wiederkäuen. In der Verführung zum „Nachplappern" liegt die größte Gefahr einer Suggestivfrage.

Frage:
„Für eine Ausbildung zur Verkäuferin wäre jemand, der Schwächen in Englisch hat, bei uns kaum an der richtigen Stelle, denken Sie nicht auch?"

Antwort:
„Da stimme ich Ihnen zum Teil zu: Englisch ist die Weltsprache Nr. 1, gerade hier im Stadtzentrum werden Sie bestimmt viele Kunden haben, die man auf Englisch beraten muss. Das geht nicht, wenn man die Sprache nicht flüssig spricht oder wenn man Verständnisprobleme hat. Wie gut man im Schriftlichen ist, finde ich im Vergleich zum Mündlichen aber nicht so wichtig."

Wie treten Sie überzeugend auf?

Eine Umfrage des US-Karriereportals „Vault" unter 105 Personalverantwortlichen förderte vor einigen Jahren Erstaunliches zu Tage: 30 Prozent der Bewerber erscheinen eine Viertelstunde zu spät zum Jobinterview – 9 Prozent sogar eine geschlagene Stunde. 87 Prozent der Personaler kritisierten die Kleiderwahl, 43 Prozent den mangelnden Respekt und ebenso viele die schwache Ausdrucksfähigkeit ihrer Prüflinge. Und 59 Prozent meinten, dass sich die Bewerber-Manieren in den vergangenen Jahren ganz allgemein verschlechtert hätten. Im Umkehrschluss heißt das: Wer sich an die konventionellen Verhaltenscodes und die ungeschriebenen Do's und Dont's hält, verschafft sich wichtige Pluspunkte.

Information ist Trumpf

Von der Einladung bis zum Gesprächstermin bleibt Ihnen mal mehr, mal weniger Zeit zur Vorbereitung. Machen Sie sich am besten so früh wie möglich schlau über Ihren potenziellen Arbeitgeber. Sammeln Sie Fakten – zur Firma, zum Tätigkeitsprofil, zum Ausbildungsverlauf. Nahezu alle Betriebe präsentieren sich heutzutage auf eigenen Firmenhomepages, die Arbeitsagentur liefert ausführliche Berufsbilder, die Stellenanzeige informiert über Ausbildungsdetails, Suchmaschinen leiten Sie im Internet zu aktuellen Unternehmensnews.

Hervorragende Gelegenheiten zum ersten „Beschnuppern" der Arbeitsstelle bieten Tage der offenen Tür, Berufsinformationsmessen oder ähnliche Veranstaltungen. Dort können Sie nicht nur Kontakte knüpfen, sondern sich auch mit dem meist reichlich vorhandenen Infomaterial versorgen! Auf Ihren Besuch können Sie sich im Bewerbungsinterview ausgezeichnet beziehen und so Sachkenntnis und Motivation beweisen.

Nützliche Informationsquellen

- **Die Homepage**
  Der Online-Auftritt des Betriebs verrät, wie er von Außenstehenden gesehen werden möchte. Schnell und unkompliziert findet man hier die wichtigsten

Informationen: Wie ist das Unternehmen organisiert? Wie viele Mitarbeiter und Niederlassungen gibt es? Welchen Zielen und Leitlinien folgt die Firma? Gibt sie sich konservativ oder eher kreativ, international oder mit regionalem Akzent? Welche Produkte werden angeboten, welche Kundenkreise angesprochen? Im News- oder Pressebereich kann man sich zudem über aktuelle Entwicklungen auf dem Laufenden halten.

¬ **Berichte im Internet**
Fahnden Sie über eine Suchmaschine online nach aktuellen Berichten über Ihren möglichen zukünftigen Arbeitgeber. Wann stand er zuletzt in den Schlagzeilen? Worum ging es?

¬ **Berufsbildungsmessen**
Auf Berufsbildungsmessen und ähnlichen Veranstaltungen stehen Betriebsvertreter zu Ausbildungsfragen Rede und Antwort: ideal für Sie, um einen ersten positiven Eindruck zu hinterlassen. Im Auswahlgespräch können Sie auf Ihren Messebesuch zurückkommen und so Ihr Engagement unterstreichen.

¬ **Tage der offenen Tür**
Vor allem größere Unternehmen öffnen hin und wieder ihre Pforten für die interessierte Allgemeinheit. Nutzen Sie diese Chance, einen Blick in das Betriebsinnere zu werfen. Sie lernen dabei mit Sicherheit viel über das Unternehmen und die Firmenkultur. Und treffen eventuell sogar auf den Ausbildungsverantwortlichen oder einen Ansprechpartner der Personalabteilung.

¬ **Verwandte, Freunde und Bekannte**
Kennen Sie jemanden, der in dem betreffenden Betrieb oder in der Branche arbeitet? Dann fragen Sie ihn nach seinen Erfahrungen. Aber Vorsicht: Eindrücke aus erster Hand können ebenso hilfreich wie subjektiv verzerrt und unzuverlässig sein. Und prahlen Sie im Interview lieber nicht mit einer firmeninternen Informationsquelle – wer weiß, wie Ihre Kontaktperson im Unternehmen dasteht.

¬ **Prospekte, Flyer und Broschüren**
Prospekte, Flyer und Broschüren sind äußerst aufschlussreiche Dokumente. Denn sie enthalten nicht nur zentrale Daten und Fakten: Als Instrumente der

unternehmensoffiziellen Eigendarstellung spiegeln sie auch das betriebliche Selbstbild hervorragend wider. An das Infomaterial gelangen Sie bei Messen, bei Tagen der offenen Tür – oder durch einen Anruf bei der Presse-/PR-Abteilung.

¬ **Filialen**
In den Filialen des Betriebs erkunden Sie die Atmosphäre live und unverfälscht. Der Hausbesuch vor Ort zeigt Ihnen, wie der Betrieb aus Kundensicht aussieht: Als angehende Kauffrau im Einzelhandel könnten Sie beispielsweise vorab auskundschaften, wie die Verkaufsfläche aufgeteilt, die Ware angeordnet oder das Sortiment aufgestellt ist. Die Abläufe hinter den Kulissen bleiben dabei natürlich verborgen.

Gut in Form: das Outfit

Im Bewerbungsgespräch müssen Sie auch äußerlich eine gute Figur machen: von den Haarspitzen bis zu den Schuhsohlen. Selbst exzellente Zeugnisse und hervorragende Referenzen sind schnell vergessen, wenn das Erscheinungsbild Anlass zur Sorge gibt. Ein morgendlicher Sprung unter die Dusche ist daher Pflicht, geschnittene Fingernägel und geputzte Zähne wissen die Personaler ebenfalls zu schätzen.

Was die Garderobe angeht, gelten je nach Betrieb und Ausbildungsberuf unterschiedliche Dresscodes. So besteht die alternativlose Pflichtkombination für Bankbewerber aus Anzug mit Krawatte – was unter anderem im Elektro-Handwerk wiederum ziemlich übertrieben wäre. Vielerorts liegt man als angehender Azubi mit Stoffhose und Sakko vollkommen auf der sicheren Seite. In punkto Accessoires und Farbgebung setzt man am besten auf schlichte Eleganz; nur in Kreativbereichen darf der Look gern etwas auffälliger sein.

Orientierung bei der Kleiderwahl bietet die Außendarstellung des Unternehmens, z. B. in Broschüren oder auf der Website. Im Zweifel gilt: lieber etwas konservativer als zu extravagant. Schuhe, Hose und Oberteil sind stets stilvoll aufeinander abzustimmen. Empfehlenswert ist ein ähnlich geschmackssicheres Outfit wie auf dem Bewerbungsfoto: Erstens steigert das den Wiedererkennungswert, und zweitens scheint das Bild nicht allzu schlecht angekommen zu sein – immerhin hat man Sie zum Interview eingeladen.

Ziehen Sie Ihre Gesprächsmontur probeweise einige Tage vorher an. Werden Flecken, Laufnähte, fehlende Knöpfe oder einschnürende Gürtel erst am Interviewtag bemerkt, gerät dank solcher Kleinigkeiten leicht der gesamte Zeitplan aus dem Takt. Durch einen prüfenden Blick in den Spiegel erfahren Sie zugleich am eigenen Leib, dass im Sprichwort „Kleider machen Leute" mehr als nur ein kleines Körnchen Wahrheit steckt: Ein gut gewählter Dress verleiht Sicherheit und Selbstvertrauen, sitzt wie eine zweite Haut und lenkt nicht vom Wesentlichen ab. Sie haben im Vorstellungsgespräch schließlich Besseres zu tun, als über Ihre Kleidung nachzudenken.

Körperschmuck: Ringe, Piercings & Co.

Piercings und Tätowierungen sind nicht überall gern gesehen. Ein großflächiges Tribal-Tattoo auf dem Hals zum Beispiel verträgt sich kaum mit dem vertrauenswürdigen Erscheinungsbild, das von einem Bankangestellten erwartet wird. An manchen Arbeitsplätzen stellen lange Ketten, Armbänder, Ohrringe oder Metallpiercings sogar ernsthafte Gesundheitsgefahren dar, da sie sich in Werkzeugen und Maschinen verfangen können. Für das Vorstellungsgespräch entfernen Sie auffälligen Körperschmuck am besten oder überdecken ihn zumindest durch geeignete Kleidung.

Stylingtipps für Frauen

Wo Seriosität besonders großgeschrieben wird, erwartet man Kostüm oder Rock, dazu passend Bluse oder Blazer, beides in gedecktem Schwarz, Blau, Beige oder Braun. Geht es im Betrieb etwas weniger formell zu, dürfen Bluse und Blazer auch mit einer dunklen Jeans kombiniert werden. Die häufigsten Modesünden beim Prüfungstermin: übertrieben hohe Schuhe, überdosiertes Parfüm, üppiger Schmuck, zu viel Gepäck (z. B. Hand- und Aktentasche), verführerische oder aufdringliche Kleidung (tiefer Ausschnitt; kurzer Rock, der über den Knien endet).

Stylingtipps für Männer

Je nach betriebsüblichem Dresscode greifen Bewerber zum Anzug oder zu Stoffhose bzw. dunkler Jeans und Sakko. Dazu trägt Mann ein frisch gebügeltes Langarm-Oberhemd und geputzte dunkle Schuhe. Mit weißen Socken erscheinen Sie höchstens zum Tennis; Turnschuhe, Kurzarmhemden und ähnlich legere Freizeitmode sind ebenfalls fehl am Platz, auch bei sommerlichen Temperaturen. Achten Sie auf eine saubere Rasur, legen Sie ein dezentes Aftershave oder Parfum auf.

Auf alle Fälle pünktlich: die Anreise

Unpünktlichkeit verzeiht kaum ein Personaler. Lässt ein Kandidat schon beim Auswahlgespräch auf sich warten, kann es um seine Zuverlässigkeit nicht besonders gut bestellt sein – von seinem Anstandsgefühl ganz zu schweigen. Das Zeitmanagement der Gesprächspartner durcheinander zu bringen, ist rücksichtslos. Planen Sie daher Ihre Anfahrt sorgfältig, fahren Sie die Strecke eventuell ein paar Tage vorher schon einmal ab, machen Sie sich mit den Gegebenheiten vor Ort vertraut. Davon profitieren Sie nicht nur bei der Anreise: Sehenswürdigkeiten und regionale Besonderheiten sind äußerst dankbare Themen zum Gesprächseinstieg. Bei extrem langen Anreisewegen ist es eine Überlegung wert, einen Tag früher anzureisen und in einer Jugendherberge oder einem Hotel zu übernachten: Das schont die Nerven am Gesprächstag und verschafft Spielraum für ein ausgewogenes Frühstück ohne Hektik.

Bei der Anfahrt zum Interviewort federt ein großzügig kalkulierter Zeitpuffer mögliche Störungen und Verzögerungen – Verkehrsstaus, Zugverspätungen, betriebliche Sicherheitskontrollen – ab. Etwa 5–10 Minuten vor dem vereinbarten Zeitpunkt einzutreffen, gehört zum guten Ton und erlaubt Ihnen eine letzte Verschnaufpause zum Entspannen. Stellen Sie unterwegs fest, dass sich eine Verspätung nicht vermeiden lässt, dann geben Sie dem Interviewer möglichst schnell Bescheid. Auch er hat mit Sicherheit ein Handy!

Wenn alles perfekt läuft, kommen Sie eventuell mehr als eine Viertelstunde vor dem verabredeten Termin an. Die erfahrungsgemäß ziemlich eng getakteten Kalender Ihrer Gesprächspartner erlauben aber wahrscheinlich nur wenig Flexibilität. Vertreten Sie sich daher besser noch einmal die Füße, bevor Sie zum Empfang stürmen. Als Bewerber im Lebensmittel-Einzelhandel zum Beispiel können Sie die Zeit äußerst sinnvoll nutzen, indem Sie die Konkurrenzsituation vor Ort sondieren und sich in der Nachbarschaft nach anderen Gemüsehändlern, Metzgern oder Bäckern umsehen. Das Motto „Wer zuerst kommt, mahlt zuerst" gilt im Vorstellungsgespräch jedenfalls nicht.

> Wohnt man nicht im näheren „Einzugsbereich" des Betriebs, wird man fast immer auf die Anreise angesprochen. Hier beweist **Planungstalent und Eigeninitiative**, wer sich eine angemessene Übernachtungsmöglichkeit organisiert und die Stadt bereits auf eigene Faust erkundet hat.

Checkliste:
Diese Unterlagen müssen mit

 Zwei komplette Bewerbungsmappen:
die erste zum Nachschlagen für Sie, die zweite für einen Gesprächsteilnehmer, dem Ihre Unterlagen möglicherweise nicht vorliegen.

 Notizblock und Stift:
Die Gedächtnisstützen helfen, während des Gesprächs wichtige Informationen und eigene Fragen festzuhalten. Das signalisiert zudem Aufmerksamkeit.

 Das Einladungsschreiben:
Wenn Sie eine schriftliche „Eintrittskarte" erhalten haben, öffnet diese Ihnen die Türen und erinnert Sie daran, wann Sie wo auf wen treffen.

 Ein **Zettel mit Fragen**, die Sie im Gespräch gern stellen möchten.

 Die **wichtigsten Informationen**, die Sie über den Betrieb gesammelt und notiert haben.

 Eventuell vom **Betrieb benötigte Unterlagen** (z. B. Personalausweis)

 Eine **exakte Wegbeschreibung** erleichtert die Anreise und schont dadurch Ihre Nerven.

Vom Empfang zum Besprechungsraum

Nach der stressfreien Anfahrt finden Sie sich am vereinbarten Treffpunkt im Firmengebäude ein: In kleinen Filialen könnte das der Kundenschalter sein, in Großbetrieben kommen Sie wahrscheinlich am Empfang an. Nach einem freundlichen „Guten Tag" melden Sie sich dort mit Namen und Anliegen (Termin zum Vorstellungsgespräch). Normalerweise weiß das Empfangsteam dann bereits Bescheid, benachrichtigt den Gesprächspartner per Telefon und beschreibt Ihnen den Weg zum Besprechungsraum. Falls Sie abgeholt werden, bittet man Sie wahrscheinlich, für ein paar Minuten Platz zu nehmen. Auf jeden Fall ist ein höflicher Dank angebracht: Jeder Mitarbeiter – auch am Empfang – zählt zu den potenziellen Informationsquellen eines neugierigen Personalers, der sich nach dem Verhalten „seiner" Kandidaten im Betrieb erkundigt. Apropos Verhalten: Vertreiben Sie sich die Wartezeit im Eingangsbereich besser nicht durch bunte Klatsch- und Tratschmagazine. Blättern Sie lieber in einer seriösen Zeitung oder Zeitschrift, studieren Sie die ausliegenden Informationsbroschüren.

Wenn Sie ein Mitarbeiter zum Besprechungszimmer führt, dürfte er dabei einige Small Talk-Angebote machen – zu den Räumlichkeiten, zur Anreise, zum Wetter etc. Gehen Sie darauf ein. Am Ziel angekommen, wird Ihr Begleiter in der Regel die Tür öffnen und Sie der versammelten Runde vorstellen. Falls Sie auf sich alleine gestellt sind, beweisen Sie Handlungssicherheit: Eine verschlossene Tür wird grundsätzlich erst nach vorherigem Anklopfen und auf ein bestätigendes „Herein" hin geöffnet.

Handys? Aus!

Das Mobiltelefon wird am besten schon vor der Ankunft am Empfang ausgeschaltet. Ein lärmendes Klingeln, ein schrilles Piepen, ja sogar das Summen des Vibrationsalarms würde ab jetzt unangenehm auffallen. Absolutes No-Go: der prüfende Blick aufs Display in Anwesenheit der Betriebsvertreter. Noch schlimmer wäre es freilich, mitten im Jobinterview ein Gespräch anzunehmen – sei es auch nur für ein kurzes „Ich kann jetzt gerade nicht". Kein aus der Luft gegriffenes Szenario, wenn man der eingangs angesprochenen „Vault"-Studie glaubt: 26 Prozent der befragten Personaler gaben zu Protokoll, so etwas schon einmal

erlebt zu haben. Für 68 Prozent von ihnen übrigens Grund genug, um den Kandidaten auf der Stelle zu disqualifizieren.

Die Vorstellung

Schon beim Betreten des Besprechungsraums können Sie die Sympathien für sich gewinnen: Schleichen Sie nicht verschüchtert durch die Tür, sondern treten Sie lächelnd und selbstbewusst ein – aber nicht übertrieben siegessicher. Auf das richtige Maß kommt es an. Dementsprechend bedacht ist auch der Händedruck zwischen „Rambo" und dem „toten Fisch" auszubalancieren. Am angenehmsten fällt dieses Ritual übrigens, wenn die Handflächen weder eiskalt noch schweißnass sind. Ein Tipp: Stecken Sie sich vorher ein Taschentuch in die Hosentasche, daran können Sie Ihre Hand bei Bedarf unauffällig(!) trocknen.

Üblicherweise werden die Betriebsvertreter zur Begrüßung auf Sie zugehen, begonnen mit dem Personalverantwortlichen. Den Willkommensgruß „Herzlich willkommen, Herr Müller, ich bin Caroline Lauth. Ich freue mich, Sie kennen zu lernen" erwidert man in verbindlichem Tonfall:

> *„Guten Tag, Frau Lauth. Ich freue mich auch, Sie kennen zu lernen. Vielen Dank für die Einladung."*

In extrem seltenen Fällen wird erwartet, dass der Bewerber den ersten Schritt macht. Dann ist die Begrüßungs-Reihenfolge eher zweitrangig: Niemand verlangt, dass ein Ausbildungsbewerber die Unternehmenshierarchie so perfekt verinnerlicht hat, dass er sich streng nach Knigge vom ranghöchsten zum rangniedersten Anwesenden vorarbeiten kann. Am einfachsten geht man die Riege der Gesprächsteilnehmer konventionell von links nach rechts durch und eröffnet die Willkommensrunde mit einer namentlichen Selbstvorstellung:

> *„Guten Tag, ich bin Frank Müller."*

Daraufhin wird die angesprochene Person ihren Namen ebenfalls nennen: „Herzlich willkommen, Herr Müller, ich bin Caroline Lauth. Ich freue mich, Sie kennen zu lernen." Diesen freundlichen Willkommensgruß nutzen Sie zu einer dankbaren Entgegnung:

„Ich freue mich auch, Sie kennen zu lernen. Vielen Dank für die Einladung."

Etwas Nervosität wird Ihnen während der Vorstellungsrunde übrigens niemand übelnehmen. Schließlich geht es im Vorstellungsgespräch um eine wichtige Entscheidung. Und nach den ersten Begrüßungsworten legt sich die Anspannung meist von alleine.

Getränke und Gebäck

„Darf ich Ihnen etwas anbieten?" Nachdem Sie Platz genommen haben, wird Sie Ihr „Gastgeber" wahrscheinlich auf ein Glas Wasser oder eine Tasse Kaffee einladen. Sehen Sie dieses Angebot als willkommene erste Gelegenheit, gutes Benehmen und Parkettsicherheit an den Tag zu legen. Mit einer kultivierten Zustimmung liegen Sie bei der Bewirtungsfrage garantiert richtig, nur keine falsche Zurückhaltung:

„Vielen Dank, sehr nett, ich würde ein Glas Wasser nehmen."

Wasser ist grundsätzlich die einfachste Wahl, Kaffee ein bisschen anspruchsvoller: Zum einen will die obligatorische Milch/Zucker-Mischung möglichst geräuschlos mit dem Löffel in der Tasse verteilt werden. Zum anderen schmeckt Kaffee nur, solange er noch einigermaßen warm ist. Möchte man partout nichts trinken, bleibt als einzig akzeptable Antwortalternative nur die höfliche Ablehnung, um nicht schroff oder unterkühlt zu wirken:

„Im Moment nicht, vielen Dank."

Auf manchen Konferenztischen finden sich kleine Leckereien in Form von Keksen. Wie auch bei den Getränken gilt: Greifen Sie nur zu, wenn man Ihnen etwas anbietet, und verkünden Sie keine Extrawünsche. Beim Thema Verpflegung ist maßhalten angesagt. Keksrümel auf dem Sakko oder Schokoladenflecke auf

dem Hemd hinterlassen keinen guten Eindruck – genauso wie allzu gieriges Schlingen oder Sprechen mit vollem Mund.

Körpersprache und Verhalten

„Erfolg beginnt im Kopf!", lautet ein Lieblingssatz vieler Karrieretrainer und Motivationspsychologen. Demnach braucht man also zunächst einmal die richtige „mentale" Grundeinstellung, um im Vorstellungsgespräch gut abzuschneiden. Der Schlüssel dazu ist positives Denken. Glauben Sie an sich und Ihre Fähigkeiten, halten Sie sich vor Augen, was Sie können und gelernt haben. Ihre Bewerbung hat die Personaler bereits überzeugt; mit einer guten Vorbereitung haben Sie im Interview beste Karten. Wichtig ist, dass Sie sich in Ihrer Haut wohl fühlen, um Ihre Stärken authentisch und unverkrampft ausspielen zu können.

Authentizität – im Klartext: Echtheit, Glaubwürdigkeit – ist übrigens ein entscheidendes Stichwort. Vergleichen Sie die Interviewsituation mit einem romantischen Rendezvous: Sie zeigen sich selbstverständlich von Ihrer Schokoladenseite, aber bleiben immer der, der Sie sind. Täuschungsmanöver und Flunkereien wirken erstens unangenehm gekünstelt, zweitens werden sie fast immer entlarvt – spätestens in der Probezeit.

Positiv auftreten, aktiv zuhören

Zu Beginn treten Sie ausgeruht in den Gesprächsraum, nehmen Blickkontakt auf und grüßen höflich in die Runde. Gute Gespräche gelingen in einer angenehmen Atmosphäre: Mit einem freundlichen, sympathischen Auftreten tragen Sie Ihr Scherflein zu einer angenehmen Stimmung bei. Schlechte Laune bleibt besser zu Hause, und von einer möglicherweise unangenehmen Gesprächsführung der Gesprächspartner brauchen Sie sich nicht verunsichern zu lassen – auch die Interviewer kochen nur mit Wasser. Wer sich allerdings wie der sprichwörtliche Sack Mehl auf seinen Stuhl fläzt, wird seine Gegenüber kaum von der eigenen Seriosität überzeugen können. Souveräne Kandidaten pflegen die Kunst des aktiven Zuhörens: Eine aufrechte Sitzhaltung und eine gute Körperspannung signalisieren Aufmerksamkeit und die Motivation, engagiert an der Unterhaltung teilzunehmen.

Hören Sie Ihren Gesprächspartnern konzentriert zu, stellen Sie Blickkontakt her, machen Sie sich eventuell Notizen. Durch gelegentliches Nicken oder ein hin und wieder eingestreutes „Ja" zeigen Sie, dass Sie am Ball bleiben. Fragen Sie ruhig nach, wenn Ihnen etwas unklar ist. Dabei heißt die Devise: Der Ton macht die Musik und ist im Vorstellungsgespräch selbstverständlich ein anderer als im Freundeskreis – achten Sie auf Wortwahl und Tonfall.

Die Sprache

Gewiefte Vortragskünstler kennen eine Reihe rhetorischer Finessen, durch die sie misstrauische Zuhörer im Nu auf ihre Seite ziehen können. Das oberste Gebot jeder mündlichen Rede lautet jedoch ganz simpel: Verständlichkeit. Dazu gehört in erster Linie die deutliche Aussprache – nicht zu laut und nicht zu leise, nicht zu schnell und nicht zu langsam. Durch eine lebhafte, eingängige Sprache mit klar formulierten Sätzen und nachvollziehbaren Argumenten transportiert man den eigenen Enthusiasmus wirksam zum Zuhörer. Besonders in Ausbildungsberufen mit viel Kundenkontakt gilt es, über die Pflicht hinaus auch die Kür zu beherrschen: Setzen Sie die eigene Stimme bewusst ein, variieren Sie Tonfall und -höhe.

Mit Freunden oder Familienmitgliedern können Sie vorab trainieren, wie Sie Ihr Publikum geschickt in den Bann ziehen (schlagen Sie nach im Kapitel „Das Rollenspiel: den Ernstfall üben").

> Falls Ihr Gesprächspartner schon etwas älter sein sollte: Sprechen Sie **besonders deutlich!** Ein in Ehren ergrauter Ausbildungsleiter könnte Ihnen das hoch anrechnen.

Die Körperhaltung

Sie haben einen langen Atem und beißen auch mal die Zähne zusammen? Sie können sich auf Ihr stabiles Rückgrat und Ihr Sitzfleisch verlassen? Wer solche Behauptungen aufstellt, ist zumindest nicht auf den Mund gefallen. Ob die Personaler ihm Glauben schenken, hängt jedoch nicht allein von seinem sprachlichen Talent ab; die Redensarten belegen: Körperzeichen spielen bei der Wahr-

nehmung eines Menschen eine enorm wichtige Rolle – auch auf Gestik und Mimik kommt es an! Die aufrichtigste Motivationsbekundung wirkt automatisch unglaubwürdig, wenn sie verlegen auf den Boden blickend vorgetragen wird.

Bei der Interpretation von Körpersignalen eröffnen sich zum Teil große Spielräume. Überkreuzte Beine zum Beispiel galten früher als eindeutiges Kennzeichen von Distanziertheit oder Ablehnung, heute akzeptiert man sie weithin als völlig „unverdächtige" Wohlfühl-Haltung. Trotzdem bleibt die Position riskant, da sie zum Zusammenkauern, zum ängstlichen „Festklammern" am Unterschenkel oder zum Hochziehen der Schuhsohle verleitet. Ideal ist ein aufrechter Sitz mit etwas Abstand zwischen Rücken und Stuhllehne, wobei die volle Sitzfläche beansprucht wird. Die Füße stehen nicht zu weit auseinander auf dem Boden; ein breitbeiniger V-Sitz gilt als unkultiviert.

Die Gestik

Schon kleine Körpersignale können große Wirkungen haben. So bringt bereits ein hektisches Fußwippen oder nervöses Knibbeln an den Fingernägeln vermeidbare Unruhe an den Gesprächstisch. Neigt man zu derartigen Stressautomatismen, sollte man ihnen entgegenwirken: die Finger locker verschränken, die Fingerkuppen sanft aneinanderlegen, die Füße fest auf den Boden stellen. Keine gute Abhilfe wäre es, die Hände unter dem Tisch zu verstecken oder die Arme vor dem Brustkorb zu verschränken: Offen gezeigte Handflächen stehen für Vertrauen und Aufgeschlossenheit, und erst der kontrollierte Einsatz der Hände verleiht den vorgetragenen Argumenten den richtigen Schwung. Gestikulieren Sie dosiert und versuchen Sie, Verlegenheitshandlungen – am Kopf kratzen, durch die Haare fahren, die Brille hochschieben – auf ein Minimum zu reduzieren. Auf aggressive Dominanzgebärden wie ausgestreckte Zeigefinger oder martialisch geschwungene Fäuste verzichtet man am besten ganz.

Die Mimik

Bitte recht freundlich: Nicht nur aus Höflichkeit sucht der eigene Blick während einer Unterhaltung immer wieder das Gesicht des Gegenübers. Schon minimale Bewegungen der Gesichtsmuskeln verraten viel über die Gemütsregungen „unter der Oberfläche" – Gesichtsausdrücke sprechen Bände! Was Ihnen auf der Stirn geschrieben steht, möchte der Interviewer gern entziffern. Eine natürliche mimische Lebendigkeit, die Ehrlichkeit, Aufgeschlossenheit und Interesse vermittelt, wird ihm dabei entgegenkommen. Einem undurchschaubaren Pokerface oder eingefrorenem Dauerlächeln kann allerdings kein Personaler etwas abgewinnen: Solche aufgesetzte Masken blockieren die offene Kommunikation von Angesicht zu Angesicht.

Stressige Situationen meistern

Lampenfieber – nur was für Anfänger? Falsch: Selbst gestandene Hollywood-Superstars haben vor wichtigen Auftritten Herzklopfen. Eine gewisse Nervosität lässt sich manchmal eben nicht vermeiden, wird auch im Vorstellungsgespräch durchaus akzeptiert und gelegentlich sogar bewusst provoziert: Für die Auswahl von Führungskräften hat man in den Personalabteilungen eigens die Spezialdisziplin des Stressinterviews erfunden, in dem es nur darum geht, den Stellenaspiranten aus der Reserve zu locken. Mit derart forcierten Methoden müssen Ausbildungsbewerber in der Regel nicht rechnen. Mit stressigen Situationen allerdings schon.

Umschalten

Schon unsere Steinzeit-Vorfahren hatten Stress, wenn ihnen plötzlich ein hungriger Säbelzahntiger gegenüberstand. Dann blieb ihnen nur eine Wahl: Kampf oder Flucht? Der Körper rüstet sich für solche Extremsituationen, indem er das Stresshormon Adrenalin in die Blutbahn schüttet – Puls und Blutdruck steigen, Muskeln und Gehirn werden in höchste Alarmbereitschaft versetzt. Glücklicherweise sind selbst grimmig dreinblickende Interviewpartner noch wesentlich harmloser als Säbelzahntiger. Aber die Körperreaktion läuft trotzdem ab. Willkommener Nebeneffekt: Adrenalin macht uns wach und aufmerksam. Zittrigen Händen und weichen Knien beugt man durch Bewegung vor – statt dem Aufzug zum Besprechungsraum die Treppe nehmen, im Sitzen die Beinmuskeln an- und entspannen. Falls trotzdem eine akute Hirnblockade droht: besser nicht die Flucht ergreifen, sondern Zeitschinde-Taktiken einsetzen.

Zeit schinden

Wenn die Zielrichtung einer Frage im Unklaren liegt oder die passende Antwort nicht sofort auf der Zunge liegt: Spielen Sie auf Zeit. Damit es nicht zu einer unangenehmen Schweigeminute kommt, stehen Ihnen mehrere Überbrückungs-Techniken zur Verfügung. Sie können die gestellte Frage in eigenen Worten noch einmal wiederholen („Wenn ich Sie richtig verstanden habe, dann …"), einen abwägenden Vorteil/Nachteil-Abgleich (natürlich zu Ihren Gunsten) anstellen – oder sich auf sicheres Terrain zurückziehen, indem Sie einen thematisch verwandten Aspekt ansprechen: „Ich verstehe Ihre Frage. Dazu möchte ich ganz kurz noch einmal auf meine Antwort von vorhin eingehen …"

Ausweichen

Niemand hört direkten Widerspruch gern. Sind Sie mit einem Argument des Interviewers nicht einverstanden, weil es Sie schlecht dastehen lässt („In einem Praktikum hätten Sie sich unseren Betrieb ja schon einmal ansehen können")? Dann vermeiden Sie lieber den frontalen Konfrontationskurs („Nein, dazu hatte ich damals keine Zeit!"). Gehen Sie erst einmal auf die aufgestellte Behauptung ein, stimmen Sie bedingt zu und liefern Sie anschließend vorteilhafte Informationen, die Sie in ein gutes Licht rücken: „Ich bin mir sicher, dass ich durch ein Praktikum in diesem Unternehmen viele interessante Erfahrungen gesammelt hätte. Allerdings habe ich auch in meinem Praktikum bei der XYZ AG viel gelernt, zum Beispiel …"

Ihr(e) Gesprächspartner

Das Lexikon lehrt: Kommunikation ist die Informationsübertragung von Sender zu Empfänger. So weit, so theoretisch. Im Vorstellungsgespräch kann daraus allerdings ein ganz handfestes praktisches Problem werden: Wie bringen Sie Ihre Botschaft erfolgreich an den Mann bzw. die Frau? Wie entschlüsseln Sie die Signale Ihrer Gesprächspartner richtig? Wer sind Ihre Gesprächspartner überhaupt?

Eventuell haben Sie im Einladungsgespräch bereits erfahren, wer Ihnen gegenübersitzen wird. Falls nicht: Es herauszufinden schadet nicht. Wenn Sie die Namen und Positionen der Gesprächsteilnehmer kennen, geht Ihnen nicht nur die namentliche Begrüßung leichter über die Lippen – Sie können vor allem besser einschätzen, wer mit welchen Absichten über die Stellenvergabe entscheidet.

In kleineren Betrieben bekommen es Bewerber häufig mit nur einem Gesprächspartner zu tun, in größeren Unternehmen findet man sich schnell in einem etwas größeren Kreis wieder. Die Maximalbesetzung besteht in der Regel aus vier Betriebsvertretern. Jeder von ihnen setzt im Jobinterview unterschiedliche Schwerpunkte.

- **Ein Mitglied der Personalabteilung:** Die Personalabteilung kümmert sich um alle möglichen belegschaftsbezogenen Belange, von der Stellenausschreibung bis hin zur Weiterbildung. Für die häufig psychologisch geschulten Fachkräfte zählt über die Fachqualifikationen hinaus insbesondere Ihr Verhalten. Personaler achten auf Glaubwürdigkeit und Soft Skills wie Teamfähigkeit oder Motivation.

- **Der Ausbildungsleiter:** Während der Ausbildung wird Sie der Ausbilder unter seine Fittiche nehmen. Er trägt die Verantwortung für die Azubis im Betrieb und dient als erster Ansprechpartner bei Fragen und Problemen. Daher wird er im Interview wahrscheinlich besonders ambitioniert sein herauszufinden, ob Sie fachlich und persönlich die richtige Wahl sind.

- **Der Bereichs- oder Betriebsleiter:** Vertreter der mittleren bzw. oberen Managementebene legen Wert auf Ihre generelle Passung – oft mit längerfristigem Interesse: Könnte der Betrieb auch nach der Ausbildung von Ihnen profitieren, wären Sie ein Übernahmekandidat? In kleineren Niederlassungen oder Unternehmen mit besonders flacher Organisationsstruktur nimmt unter Umständen bereits der Geschäftsleiter an den Auswahlinterviews teil.

- **Ein Vertreter des Betriebsrats:** Der Betriebsrat ist die unternehmensinterne Arbeitnehmervertretung. Seine Abgesandten stellen sicher, dass der Auswahlprozess objektiv und fair abläuft und die Personalentscheidung nach rein sachlichen Kriterien gefällt wird.

Eine schnelle Internet-Recherche kann Sie zu nützlichen Informationen über Ihre Gesprächspartner führen. Je höher ein Betriebsvertreter in der Firmenhierarchie steht, desto größer ist die Chance, Statements von ihm oder Berichte über ihn im Netz zu finden. So erfahren Sie, welche Themen ihm besonders am Herzen liegen.

> Gehen Sie auf **alle Anwesenden gleichermaßen** ein, auch wenn einer von ihnen im Interview die Initiative übernehmen sollte. Nehmen Sie nicht nur mit der „Hauptfigur" Blickkontakt auf.

Häufige Beurteilungsfehler

Eigentlich sollte es in einem Vorstellungsgespräch ausschließlich darum gehen, ob ein Bewerber die geforderten Kompetenzen mitbringt oder nicht. Eigentlich. Doch Menschen machen Fehler – und auch Personalverantwortliche sind Menschen. Verschiedene Faktoren können selbst die untrüglichste Personaler-Spürnase beeinträchtigen und ihren Scharfsinn im Auswahlgespräch trüben. Gut, dagegen gewappnet zu sein.

Die Vorurteilsfalle

„Alle Langhaarigen sind faul, und Frauen können nicht einparken": zugegeben, zwei ebenso dumme wie offensichtlich falsche Vorurteile. Wie vorbeeinflusst wir selbst eine Situation wahrnehmen, ist uns allerdings oft nicht einmal klar. Im Prinzip können wir nämlich gar nicht anders, als eine Situation vor dem Hintergrund der eigenen Erfahrungen einzuordnen, und so tragen auch die Interviewer ihren „Rucksack" an Vorvermutungen ins Auswahlgespräch: Eine Kandidatin hat dasselbe ausgefallene Hobby wie die Auszubildende vor zwei Jahren, die immer zu spät kam? Schon widmen die argwöhnischen Geister dem Pünktlichkeitsaspekt zumindest unbewusst besondere Aufmerksamkeit. Dass Menschen Vorurteile haben, lässt sich kaum verhindern. Das Beste, was man tun kann: die Annahmen nicht bestätigen – es sei denn natürlich, sie sind positiv.

Der Sympathiefaktor

Sympathisch = gut, unsympathisch = schlecht. Diesen verführerisch einfachen Gleichungen können sich selbst Personaler manchmal nicht entziehen. Entdecken zwei Fußballfans am Gesprächstisch ihr gemeinsames Hobby, ist der Bann eventuell schon gebrochen. Hält es der Personaler mit dem Konkurrenzverein, kann der Schuss wiederum nach hinten losgehen. Was solche Kurzschlüsse mit fachlichen Kompetenzen zu tun haben? Gar nichts. Wer sympathisch erscheint, wird trotzdem meist etwas positiver bewertet. Zu einem gewissen Teil mag das berechtigt sein – damit ein Kandidat ins Team passt, müssen eben auch persönliche, soziale Kompetenzen stimmen. Schwierig wird es, wenn das rein subjektive Bauchgefühl sachliche Auswahlkriterien verdrängt. Mit einem charmanten, einnehmenden Auftritt machen Sie es den Interviewern leicht, Sie als Sympathieträger anzuerkennen.

Der Überstrahlungseffekt

Vom Überstrahlungseffekt oder auch Halo-Effekt spricht man, wenn jemand einzelne Merkmale oder Verhaltensweisen aufs Grundsätzliche überträgt. Aus komplexen Konstellationen werden so überschaubare Verhältnisse – allerdings auf Kosten derjenigen Informationen, die nicht so recht ins vereinfachte Bild passen wollen. Ein Eselsohr am Anschreiben gerät da schnell zum Beleg, dass der Kandidat wohl generell nicht besonders sorgfältig ist. Das Gute am Überstrahlungseffekt: Er lässt sich für eigene Zwecke nutzen. Wer die Anforderungen der Interviewer erfüllt, wer sich angemessen verhält und überzeugend auftritt, kann dadurch eventuell den einen oder anderen Patzer an anderer Stelle vergessen machen.

Die Maßstabsverzerrung

Wie groß ist ein Hühnerei? Im Vergleich zum Huhn relativ klein. Für eine Ameise im Hühnerstall allerdings riesig. Wie gut oder schlecht eine Bewertung ausfällt, hängt nun einmal vom gewählten Bezugsrahmen ab. Und der ist im Vorstellungsgespräch nicht unverrückbar. So kann sich beispielsweise die Leistung des unmittelbar vor Ihnen interviewten Kandidaten unfairerweise auch auf Ihre Be-

wertung auswirken. Manchmal nimmt sich ein Betriebsvertreter gar selbst zum Maßstab und erinnert sich „bestens" daran, früher eigentlich alles ein bisschen besser gekonnt zu haben. Das geeignete Gegenmittel: die Verhältnisse geraderücken, die eigenen Fähigkeiten in den Vordergrund stellen und sie überzeugend untermauern.

Das Knock-out-Kriterium

Wenn Maßstäbe relativ sind: Müsste man da nicht versuchen, möglichst unerschütterliche Standards aufzustellen, die für jeden gleichermaßen gelten? Grundsätzlich kein schlechter Ansatz. Konsequent weitergedacht kann dies jedoch dazu führen, dass bestimmte Aspekte zu stark gewichtet werden. Verstößt man unversehens gegen das vorher aufgestellte K.O.-Kriterium, spielen all die positiven Eindrücke aus den vergangenen Minuten plötzlich nur noch Nebenrollen. K.O.-Kriterien beziehen sich allerdings meist auf zentrale berufsrelevante Gesichtspunkte, die von erfolgversprechenden Kandidaten ohnehin erfüllt werden: Kündigt die Firma beispielsweise einen baldigen Standortwechsel an, sollte der Azubi einen Umzug nicht scheuen.

Die Negativitätsspirale

Bekanntermaßen wartet man an der Supermarktkasse grundsätzlich in der längsten Schlange, während es links und rechts viel zügiger vorangeht. Und natürlich wird die Ampel immer genau dann rot, wenn man es gerade eilig hat. Des Rätsels Lösung: Negative Eindrücke werden oft intensiver wahrgenommen als positive und bleiben eher im Gedächtnis haften. Die Gelegenheiten, in denen es an der Kasse oder im Auto reibungslos voranging, sind einfach schneller wieder vergessen. Im Jobinterview führt das unter Umständen dazu, dass viele Qualitäten von wenigen Makeln in den Schatten gestellt werden. Diese gilt es daher zu vermeiden – durch Pünktlichkeit, gepflegte Erscheinung und aufmerksames Verhalten.

So vermeiden Sie die gefährlichsten Fallen

- Lernen Sie keine Musterantworten auswendig! Besser einige Sekunden Bedenkzeit nehmen und eigene Worte finden, als reflexartig Standardsätze abspulen. Die Personaler kennen alle Floskeln aus dem Effeff.

- Bereiten Sie sich vor: Erstellen Sie ein individuelles Stärken/Schwächen-Profil, informieren Sie sich gründlich über das Unternehmen.

- Erscheinen Sie ausgeruht und pünktlich am vereinbarten Treffpunkt.

- Orientieren Sie sich am branchenüblichen Dresscode.

- Achten Sie auf Körpersprache und Verhalten.

- Hören Sie auf die Untertöne einer Frage: Nicht immer ist auf den ersten Blick klar, worauf die Gesprächspartner wirklich hinauswollen.

- Bleiben Sie beim Thema – antworten Sie konkret, sachlich und verständlich, schweifen Sie nicht ab.

- Stellen Sie eigene Fragen.

- Zeichnen Sie kein maßlos positives Bild von sich: Auf die Fähigkeit zur realistischen Selbsteinschätzung legen die Personalverantwortlichen großen Wert.

- Schärfen Sie Ihr Profil, aber mit Bedacht: Wer seine Persönlichkeit zu „extrem" darstellt, wirkt unreif und unreflektiert. Wer ungreifbar diplomatisch bleibt, verrät hingegen zu wenig von sich.

Das Rollenspiel: den Ernstfall üben

Für viele Ausbildungsbewerber kommt es im Auswahlverfahren zur Premiere: zum ersten Vorstellungsgespräch der gesamten Karriere. Um beim Sprung ins kalte Wasser klaren Kopf zu bewahren, empfiehlt sich eine Generalprobe vorab – üben Sie Ihren Interview-Auftritt in einem Rollenspiel! Zum einen gewinnen Sie dadurch Präsentationssicherheit und Souveränität, können so einen Teil der Anspannung schon im Vorfeld abbauen. Zum anderen trainieren Sie, mit Ihrem Lampenfieber umzugehen und trotz Nervosität die richtigen Formulierungen zu finden. Hat man vorher geübt, was man sagen will, gehen einem die Worte im Interview deutlich leichter über die Lippen.

Realistische Durchführung

Suchen Sie sich einen Freund oder ein Familienmitglied: Sie übernehmen den Part des Bewerbers, Ihr Partner mimt den Interviewer, der Ihnen – ggf. mithilfe des Fragenkatalogs im nächsten Kapitel – realistisch auf den Zahn fühlt. Damit die Bedingungen möglichst wirklichkeitsnah sind, sollte man die komplette Prüfungssituation durchspielen, vom Anklopfen an der Tür bis zur Verabschiedung. Ein Rollentausch, durch den Sie selbst in die Haut des Personalers schlüpfen, kann dabei völlig neue Perspektiven eröffnen: Welche Erwartungen herrschen auf der anderen Seite des Tischs? Wie kommen Körpersprache und -haltung beim Gegenüber an?

Noch besser ist es, wenn Sie mehrere vertrauenswürdige Spielpartner zum Mitmachen gewinnen. Je nach Zusammensetzung der Gesprächsrunde im Jobinterview können dann unterschiedliche Rollen besetzt werden: Betriebsleiter, Ausbilder, Personaler, Betriebsratsvertreter und natürlich Bewerber. Während ein Mitspieler als Fragesteller die Initiative übernimmt, kann ein anderer sich eher auf die Mimik und Gestik des Kandidaten konzentrieren, der dritte bewertet dessen Antworten inhaltlich usw.

Faires Feedback

Nach jeder Frage bzw. nach jedem Fragenblock wird eine kurze Pause für erste, direkte Rückmeldungen eingeplant. Hier kommen die frischen, spontanen Eindrücke der Mitspieler zur Sprache. Haben die Auskünfte des Bewerbers unmittelbar überzeugt? Wenn ja, warum – und wenn nein, warum nicht? Gemeinsam formulierte Musterantworten können im echten Interview als gesprächstaktische Orientierungspunkte dienen. Wer allerdings stur ein festes Rollenschema einstudiert, wird Probleme bekommen: Jedes Bewerbungsgespräch folgt eigenen Regeln, daher ist Flexibilität gefragt. Auswendiglerner fallen darüber hinaus durch mangelnde charakterliche Präsenz und geringe persönliche Überzeugungskraft auf. Und wenn die Interviewer Verdacht schöpfen, haken sie erst recht genauer nach.

Zum Abschluss des Rollenspiels ziehen die Teilnehmer Bilanz. Wurde das Interview – sehr empfehlenswert – mit einer Digitalkamera aufgezeichnet, kann man die Aufnahme jetzt noch einmal Frage für Frage auswerten. Ansonsten stützt sich das Feedback auf die gesammelten Notizen und Beobachtungen. Neben den gelungenen und lobenswerten Szenen schildern die Mitspieler auch Schwächen und machen Verbesserungsvorschläge. Nur eine faire und ehrliche Rückmeldung hilft bei der Vorbereitung auf das echte Auswahlgespräch, pauschale Schönrednerei bringt genauso wenig wie undifferenzierte Negativmeinungen. Konstruktive Kritik richtet sich dabei nie aggressiv gegen den Menschen, sondern bezieht sich sachlich auf konkrete Aspekte.

Kapitel 2

Die häufigsten Fragen, die besten Antworten

Das gezielte Interview-Training · 72

Warming-up: Eröffnungsfragen · · · · · · · · · · · · · · · · · · · 74

Freunde, Freizeit, Interessen · 84

Internet, Social Media · 120

Schule und Werdegang, Lücken im Lebenslauf · · · · · 132

Berufswahl · 162

Berufsbild · 174

Branche, Betrieb und Ausbildungsverlauf · · · · · · · · · 192

Arbeitseinstellung · 222

Sozialkompetenz: Teamverhalten und
Konfliktfähigkeit · 248

Stärken und Schwächen, Selbsteinschätzung · · · · · · 278

Allgemeinbildung und besondere Qualifikationen · 298

Stressfragen · 312

Berufliche Zukunft · 326

Zum Gesprächsausklang · 336

Fragen, die Sie selbst stellen können · · · · · · · · · · · · · 343

Unerlaubte Fragen und heikle Situationen · · · · · · · · 345

Wann kommt die Zusage? · 351

Das gezielte Interview-Training

Mit den Etikette-Regeln im Hinterkopf erscheinen Sie perfekt gekleidet pünktlich am Besprechungsraum: so weit, so gut. Der wichtigste Bestandteil eines Auswahlinterviews ist und bleibt jedoch die folgende Unterhaltung. Für jede Gesprächsphase gibt es eine Fülle typischer Fragen, die in vielen Interviews mehr oder weniger ähnlich auftreten. Der Gesprächsablauf lässt sich in der Regel fast vollständig vorhersagen.

Manchmal zählt vor allem hartes Faktenwissen, an anderer Stelle kommt es eher auf die leisen Untertöne an. Und das wahre Fragenziel bleibt oft im Dunkeln. Wer unvorbereitet ins Gespräch geht, verheddert sich schnell im engmaschigen Fragengeflecht der Interviewer. Dieses Kapitel macht Sie bekannt mit den häufigsten Personalerfragen, den schlagkräftigsten Musterantworten – und so manchem abschreckenden Negativbeispiel. Außerdem wird aufgeschlüsselt, worauf die Interviewer jeweils abzielen und welche Aspekte man besonders beachten sollte.

Mit einem Stift in der Hand können Sie diesen Ratgeber als vollwertiges Coaching-Handbuch nutzen. Unser Tipp zur Vorgehensweise: Lesen Sie zu jeder Frage zuerst die Erläuterungen und decken Sie die Antwortvorschläge ab. Danach formulieren Sie Ihre eigene Antwort und tragen diese in die vorgegebenen Leerfelder ein. Anschließend können Sie Ihre Statements anhand der angegebenen Beispiele und Erläuterungen überprüfen.

Vorsicht, Falle: Darauf sollten Sie achten!

¬ **Lernen Sie keine Standardantworten auswendig!** Nichts langweilt Personaler mehr als einstudierte, auf Stichwort abgespulte Formulierungshülsen. Überzeugungskraft entfalten nur Persönlichkeiten mit Profil, die sich in eigenen Worten in Szene setzen.

¬ **Nicht zu offensichtlich!** Reiben Sie Ihrem Gesprächspartner nicht unter die Nase, dass Sie seine Absichten bereits kennen. Wer auf ein banales „Treiben Sie gerne Sport?" mit einem pathetischen „Ja, ich spiele Hockey und bin auch beruflich ein begeisterter Teamplayer!" herausplatzt, verrät, dass er gut vorbereitet ist. Die Reaktion der Personaler: Sie misstrauen dem Kandidaten und greifen zu härteren Bandagen. Gönnen Sie sich also etwas Bedenkzeit und pflegen Sie die Kunst der leisen Untertöne, der indirekten Anspielung, ohne das Kind immer gleich beim Namen zu nennen. Eine geschicktere Antwort auf die Beispielfrage: „Ich spiele gern Hockey, weil es ein enorm schneller Teamsport ist. Man muss ständig hellwach sein, damit man sich mit seinen Mitspielern abstimmen und wenn nötig für sie einspringen kann."

Warming-up: Eröffnungsfragen

In der Phase des Aufwärmens (engl. „warming-up") pflegen die Interviewpartner die Kunst des Small Talks, des unverfänglichen Geplauders über dies und jenes. Aber Vorsicht: Die erste Entscheidung darüber, ob wir eine Person sympathisch finden oder nicht, fällen wir innerhalb von 90 Sekunden. Nutzen Sie die Zeit, um bei den Interviewern einen guten Eindruck zu hinterlassen, der den Gesprächsverlauf positiv beeinflussen wird.

Das warming-up ist eine sehr angenehme Phase: Sie müssen weder ausufernde Monologe halten noch Ihre Antworten mit detaillierten Fakten spicken. Lassen Sie sich von Ihren Gesprächspartnern leiten, erzählen Sie ein wenig, schaffen Sie Anknüpfungspunkte.

„Wie war Ihre Anreise, haben Sie den Weg gut gefunden?"

Hintergrund
Zu Beginn der Unterhaltung sollen harmlose Fragen die Situation auflockern und eine angenehme Gesprächsatmosphäre erzeugen. Diese Ungezwungenheit sollte Sie jedoch nicht dazu verleiten, in kollegiale oder gar freundschaftliche Verhaltensmuster zu verfallen.

Worauf kommt es an?
Geben Sie sich natürlich, offen und positiv: Die Zugverspätung, die „rote Welle" oder die mühsame Parkplatzsuche müssen nicht griesgrämig ausgebreitet werden. Betonen Sie lieber lächelnd, es – auf welchem Weg auch immer – pünktlich geschafft zu haben. Vielleicht hat es Ihnen geholfen, dass Sie die Route vorab schon einmal abgefahren sind? Mit derartigen Motivationsbeweisen können Sie zusätzlich punkten.

Ihre Antwort:

Musterantworten

+ „Ja, danke. Ich habe mir gestern die Streckenbeschreibung im Internet angeschaut und mir sicherheitshalber gleich noch einen Routenplan ausgedruckt. Damit war es überhaupt kein Problem, den Weg zu finden."

„Ja, auf den Straßen war ja kaum Verkehr, das liegt wohl an den Ferien. Frau Müller vom Sekretariat hatte mir den Weg vorher aber auch ziemlich gut beschrieben."

„Ja, ich habe den Weg vor ein paar Tagen schon einmal abgefahren, das hat sich heute gelohnt. Ein bisschen Glück war auch dabei, da fast direkt vor dem Eingang ein Parkplatz frei geworden ist, als ich kam."

− „Naja, es ging so. Erst kam der Bus nicht, dann ist mir auch noch die Bahn vor der Nase weggefahren. Aber jetzt bin ich ja hier."

Die Schnellkritik: Pech mit den Verkehrsmitteln? Daraus wird im ungünstigen Umkehrschluss eine mangelhafte Zeitplanung. Für eine Verspätung sollte man sich aufrichtig entschuldigen – einmal telefonisch während der Anreise, zum zweiten Mal persönlich bei Interviewbeginn. Umständliche Erklärungsversuche im Nachhinein klingen jedenfalls schnell nach Ausrede. Und wenn man trotz aller Widrigkeiten gar nicht zu spät gekommen ist? Dann betont man statt der schwierigen Reise lieber das glückliche Ende – die pünktliche Ankunft.

„Ja, danke."

Die Schnellkritik: Schlicht und einfach zu kurz! Bei solchen Antworten befürchtet der Personaler, dass das Gespräch womöglich etwas zäh verlaufen wird: Muss man dem Kandidaten jede Kleinigkeit mühsam aus der Nase ziehen?

„Mit dem Wetter haben wir ja richtig Glück heute, oder?"

Hintergrund
Ein Small-Talk-Evergreen: das Wetter. Steigen Sie auf das Gesprächsangebot ein. Es geht hier nicht um das „Was", sondern um das „Wie" Ihrer Antwort. Finden Sie eine gemeinsame Wellenlänge, spielen Sie das Spielchen entspannt und freundlich mit.

Worauf kommt es an?
Fühlen Sie sich nicht unter Zugzwang gesetzt, besonders originelle Ansichten zu Temperatur, Windstärke und Sonnenstand zum Besten geben zu müssen. Erzählen Sie etwas Harmloses, unterstreichen Sie Ihre optimistische Gesprächslaune. Die gilt es übrigens auch bei schlechtem Wetter an den Tag zu legen.

Ihre Antwort:

_____
_____
_____
_____
_____
_____
_____
_____
_____
_____
_____
_____

Musterantworten

+ „Ja, das kann man laut sagen. Wer hätte das gedacht nach dem Gewitter gestern. Ich hatte mich gedanklich schon auf einen Stau vorbereitet. Die Sonne scheint – was will man mehr?"

Unter schlechtem Wetter muss die Stimmung nicht leiden. Den Beweis liefert folgende Antwort auf die Frage: „Das Wetter meint es ja heute gar nicht gut mit uns, oder?"

„Ach, ich finde das gar nicht mal so schlimm, wir hatten ja auch eine ganze Zeit lang schönes Wetter. Den Pflanzen tut ein bisschen Regen bestimmt gut. Aber Sie haben schon recht, ein sonniger Tag wäre mir auch lieber."

− „Ja, Wahnsinn, wie schnell das geht. Gestern noch der Sonnenschein und heute schüttet es wie aus Eimern. Sie haben es bestimmt nicht einfach, es ist nämlich ganz schön schwül hier drin."

Die Schnellkritik: Lobenswert ist der Versuch, eine Brücke zu anderen Gesprächsthemen zu bauen – der flapsige Tonfall passt jedoch ganz und gar nicht. Und wenn jemand über die klimatischen Bedingungen im Firmengebäude klagen darf, dann höchstens die Betriebsvertreter.

„Wie geht es Ihnen?"

Hintergrund
Um diese Standard-Begrüßungsformel kommen Sie selten herum. Möglich sind zwei unterschiedliche Zielrichtungen: Entweder, die Personaler stellen die Frage nach dem Wohlbefinden zwischen Tür und Angel und erwarten bloß eine angemessen knappe Entgegnung. Oder, es handelt sich bereits um eine ausgereifte Gesprächseröffnung – dann dürfen Sie etwas weiter ausholen.

Worauf kommt es an?
Im Alltag beantwortet man diese Höflichkeitsfloskel meist kurz und bündig mit einer anderen Höflichkeitsfloskel: „Danke, gut". Wenn die Personaler die Frage nicht nur nebenbei stellen, könnte Ihnen das allerdings als etwas wortkarg ausgelegt werden. Geben Sie sich dann aufgeschlossen und ehrlich. Sie müssen Ihre Nervosität nicht hinter einer Fassade aus Abgebrühtheit verstecken – jeder Personaler hat Verständnis für eine gewisse Anspannung. Verkneifen Sie sich die saloppe Rückfrage „Super, und Ihnen?". Es handelt sich bei der Ausgangsfrage um eine schlichte Aufmerksamkeitsformel, nicht um eine Einladung zu kumpelhaftem Geplänkel.

Ihre Antwort:

Musterantworten

+ *„Gut, vielen Dank. Ich bin nur ein bisschen nervös. Aber das ist bei mir normal, wenn es um wichtige Entscheidungen geht."*

− *„Danke, es geht mir hervorragend. Ich hoffe, Ihnen auch?"*

Die Schnellkritik: Eine aufgesetzt wirkende Antwort, verbunden mit einer anmaßenden Rückfrage, durch die sich der Kandidat über den Interviewer zu stellen versucht – kein gelungener Einstieg.

„Möchten Sie etwas trinken, darf ich Ihnen ein Glas Wasser oder einen Kaffee anbieten?"

Hintergrund
Das Bewirtungsritual ist zum einen eine Sache der Höflichkeit. Zum anderen gibt Ihnen die Wasser-oder-Kaffee-Zeremonie eine willkommene Gelegenheit, zur Ruhe zu kommen, sich mit der Situation vertraut zu machen und die positiven Signale des Interviewers zu erwidern.

Worauf kommt es an?
Natürlich könnten Sie das Angebot auch ablehnen. Aber warum sollten Sie? Ein „Ja" klingt als Antwort einfach viel besser als ein „Nein", das an dieser Stelle weniger von höflicher Zurückhaltung als von falscher Bescheidenheit zeugt. Darüber hinaus lässt sich mit einem Schluck aus dem Wasserglas später geschickt die ein oder andere Nachdenkpause füllen. Aber verlangen Sie bitte keine individuellen Extras! Die Auswahl gibt der Personaler vor. Falls er nur allgemein nach Getränkewünschen fragt, liegen Sie mit Wasser, Tee oder Kaffee richtig.

Ihre Antwort:
_____
_____
_____
_____
_____
_____
_____
_____
_____

Musterantworten

+ *„Danke sehr, ich würde gern ein Glas Wasser nehmen, wenn es keine Umstände macht."*

„Danke sehr. Kann ich eine Tasse Kaffee bekommen? Das wäre sehr nett."

− *„Danke, ich hätte sehr gern einen Latte macchiato. Aber nur, wenn das möglich ist."*

Die Schnellkritik: Die Relativierung im zweiten Satz ändert nichts am Wesentlichen: Der Personaler hat Wasser und Kaffee angeboten – etwas anderes steht nicht zur Auswahl. Wie soll er auf diesen Sonderwunsch reagieren? Der wahrscheinlichste Fall: Er weist die Bitte freundlich, aber bestimmt zurück und macht sich unvorteilhafte Gedanken über den anstrengenden Bewerber.

Freunde, Freizeit, Interessen

Fragen zum Privatleben gehören zum Standardrepertoire jedes Auswahlinterviews und sollen den Personalern helfen, den Kandidaten als Menschen näher kennen zu lernen. Dementsprechend individuell sind die Antwortmöglichkeiten – was Sie preisgeben wollen und was nicht, entscheiden ganz allein Sie. Das richtige Maß liegt wie so oft zwischen den Extremen: Geben Sie sich weder kumpelhaft-offenherzig noch zugeknöpft-verstockt.

Behalten Sie bei allen folgenden Fragen immer das Leitmotiv der aktiven Erholung im Auge. Die Interviewer möchten hören, dass Sie in der Freizeit Stress abbauen, Energie tanken und Ihren Interessen nachgehen. Ins Grübeln geraten sie hingegen, wenn sich ein Bewerber neben der Arbeit erschöpfenden Strapazen aussetzt.

„Haben Sie Hobbys?"

Hintergrund
Natürlich haben Sie Hobbys – wahrscheinlich stehen sie sogar in Ihrem Lebenslauf! Die Freizeitgestaltung soll den Interviewern etwas über Ihren Charakter verraten: Wer im Sportverein ein echter Teamplayer ist, wird das wohl auch im Beruf sein, ein begeisterter Schachspieler besitzt sicher logisches Denkvermögen, Leseratten verfügen über Textverständnis etc. Darüber hinaus interessiert die Personaler, ob Sie in der Freizeit vom Arbeitsalltag abschalten können, oder ob womöglich zeitintensive Extremsportarten zu chronischer Erschöpfung führen.

Worauf kommt es an?
Im Allgemeinen macht es keinen Unterschied, ob Sie Bandgitarrist sind, in einer Salsa-Combo tanzen oder lieber Fußball spielen. Hauptsache, es handelt sich um unverfängliche Hobbys – die Leidenschaft für Sportwetten, Ego-Shooter oder Kneipenabende fällt selbstredend nicht in diese Kategorie. Beachten Sie die Faktoren „überschaubarer Zeitaufwand", „Stressausgleich" und „gesundheitliche Unbedenklichkeit", und sprechen Sie nur von Dingen, die Sie beherrschen: Widersprüchliche, realitätsferne Selbstdarstellungen halten dem Abgleich mit den Bewerbungsunterlagen und der persönlichen Erscheinung selten stand.

Ihre Antwort:

_____

_____

_____

_____

_____

_____

Kapitel 2 — Die häufigsten Fragen, die besten Antworten

Musterantworten

+ *„An den Wochenenden bin ich meistens mit Freunden unterwegs, dann gehen wir ins Kino oder treffen uns einfach zum Reden und Essen. Unter der Woche lese ich abends oft ein bisschen oder ich mache eine kleine Tour auf dem Rennrad. Dabei kann ich einfach am besten abschalten."*

− *„In der Freizeit habe ich gern meine Ruhe. Daher mache ich nicht so viel, in der Regel sehe ich fern."*

Die Schnellkritik: Übersetzt in Personalerdeutsch: „Ich habe keine Interessen und weiß mit meiner Zeit nichts anzufangen." Eine eindimensionale Antwort, die auf eine eindimensionale, überanstrengte Persönlichkeit schließen lässt – die Sie nicht sind! Grundsätzlich ist Fernsehen kein besonders spannendes Hobby. Will man es trotzdem unbedingt erwähnen, gilt wie beim Thema Literatur: Im Detail liegt die Würze. Sie zappen nicht einfach wahllos durch die Kanäle, sondern verfolgen ganz gezielt Dokumentationen, Wirtschaftsberichte, Literaturverfilmungen …

„Ich lerne viel und bereite mich so gut es geht auf die Ausbildung vor."

Die Schnellkritik: Sitzt hier ein Workaholic, der ständig nur ans Arbeiten denkt? Das kauft einem aller Erfahrung nach kein Interviewer ab. Und falls doch, sieht er den Burn-out schon kommen: Die Aspekte Stressausgleich und Regeneration fehlen völlig.

„Klar habe ich Hobbys, eine ganze Menge sogar: Ich reite seit meiner Kindheit, spiele Basketball im Verein, jogge regelmäßig, reise für mein Leben gern, bin in einem Ruderclub aktiv, treffe mich häufig mit meinen Freunden zum Shopping und sammle Briefmarken."

Die Schnellkritik: Blindwütiger Aktionismus statt aktiver Erholung? Stopp, das ist zu viel des Guten. Man sollte sich schon auf die aussagekräftigsten 2–3 Aktivitäten beschränken. Und wenn es nicht gerade um eine Ausbildung im Verkauf geht, wirkt die Freizeitbeschäftigung „Shopping" doch etwas oberflächlich.

„Verbringen Sie Ihre Freizeit lieber in Gesellschaft oder lieber alleine?"

Hintergrund
Nur keine Missverständnisse: Sie müssen sich hier weder als zwanghafter Teamplayer noch als notorischer Solist präsentieren. In erster Linie wollen die Interviewer einfach etwas über Ihre Freizeitgestaltung erfahren. Ein Faible für Geselligkeit registrieren sie dabei mit Wohlwollen, denn damit verbinden sie wichtige Sozialkompetenzen wie Kontakt- und Kommunikationsfreude. Doch die nötigen Ruhephasen dürfen nicht zu kurz kommen.

Worauf kommt es an?
Gruppenaktivitäten sind prinzipiell gerne gesehen, besonders, wenn der Ausbildungsberuf gesteigerte Teamfähigkeit erfordert. Individuelle Beschäftigungen können wiederum Eigenständigkeit belegen. Meiden Sie aber die Extreme: Wer vor lauter sozialen Verpflichtungen keine freie Minute mehr hat, wird kaum genügend Kräfte für die Ausbildung erübrigen können. Eingefleischte Eigenbrötler wiederum lassen sich nur schwer in die Belegschaft integrieren.

Ihre Antwort:

_____

_____

_____

_____

_____

_____

_____

_____

_____

Musterantworten

„Grundsätzlich verbringe ich meine Freizeit lieber in Gesellschaft. Ich unternehme viel mit meinen Freunden, wir gehen zum Beispiel zusammen klettern oder am Wochenende etwas essen und trinken. Je nachdem, was gerade angesagt ist. Auch als ehrenamtlicher Gemeindehelfer habe ich viel mit Menschen zu tun und lerne ständig neue Leute kennen. Ab und zu brauche ich aber auch Zeit nur für mich, dann lege ich mich in Ruhe hin und höre Musik."

„Haben Sie einen großen Freundeskreis?"

Hintergrund
In vielen Branchen sucht man kontaktfreudige Mitarbeiter, die auf Menschen eingehen und mit ihnen umgehen können. Introvertierte Persönlichkeiten, die sich stark abkapseln, können da unter Umständen in den Verdacht geringer sozialer Kompetenz geraten. Doch Vorsicht, beim Thema Freundeskreis gilt: Qualität vor Quantität.

Worauf kommt es an?
Umfangreiche Kontaktlisten voller flüchtiger Bekannter untermauern die eigene Sozialkompetenz weniger gut als ein paar stabile, verlässliche Beziehungen. Es besteht keine Notwendigkeit, den Freundeskreis künstlich aufzublähen, schon gar nicht durch flüchtige Online-Bekanntschaften aus Sozialen Netzwerken.

Ihre Antwort:

Musterantworten

+ „Ich würde sagen, dass ich viele Bekannte habe. Aber nur wenige wirklich gute Freunde, vielleicht eine Handvoll, die ich regelmäßig treffe und mit denen ich über alles reden kann, was mich gerade beschäftigt."

− „Ja, ich bin ziemlich kontaktfreudig, deswegen habe ich einen extrem großen Freundeskreis. Fast alle Leute aus meiner Schule haben mich bei Facebook auf der Freundesliste."

Die Schnellkritik: Der Versuch in allen Ehren: Zwar lässt sich eine gewisse Kontaktfreude tatsächlich nicht absprechen, doch unter Freundschaften verstehen die Interviewer etwas anderes – nämlich enge, gefestigte und vertrauensgeprägte soziale Beziehungen.

„Was schätzen Sie an Ihren Freunden?"

Hintergrund
Analysieren Sie diese Frage mithilfe des Kapitels „Das Jobinterview im Schnelldurchlauf", Abschnitt „Die Fragentypen". Worum handelt es sich? Richtig, um eine kombinierte Fang- und Projektivfrage – ein wahres Meisterstück fintenreicher Interviewtechnik. In Wahrheit interessieren sich die Gesprächspartner natürlich nicht für Ihre Freunde, sondern einzig und allein für Sie. Und welche Charakterzüge Sie an Ihren Freunden schätzen, sagt viel über Ihre Persönlichkeit aus.

Worauf kommt es an?
Alles, was Sie ab jetzt sagen, kann auf Sie selbst zurückfallen. Ihre Freunde helfen Ihnen aus jeder Patsche? Dann haben Sie wohl schon öfter in der Misere gesteckt. Sie verzeihen Ihnen jeden Fehler? Das Stichwort „Fehler" lässt die Personaler sicher aufhorchen. Achten Sie also darauf, dass Sie sich mit dem Lobgesang auf Ihre Freunde nicht selbst in ein schlechtes Licht rücken. Freundschaften müssen Sie übrigens nicht durch die „rosarote Brille" betrachten; unter guten Freunden kann man Meinungsverschiedenheiten offen ansprechen – Kennzeichen eines reifen Konfliktverhaltens.

Ihre Antwort:

_____

_____

_____

_____

_____

_____

_____

Musterantworten

+ „An meinen Freunden schätze ich besonders ihre Zuverlässigkeit. Sie sind einfach immer da, wenn ich sie brauche; umgekehrt gilt das natürlich auch. Außerdem mag ich ihre offene Art. Man kann alles ansprechen, man kann immer sagen, was einem gerade gefällt oder nicht gefällt. Natürlich sind wir nicht immer einer Meinung, hin und wieder gibt es auch mal Streit, aber das finde ich grundsätzlich nicht schlimm."

− „Ich würde sagen, meine Freunde sehen und verstehen mich so, wie ich bin. Bei ihnen muss ich mich nicht verstellen, ich kann einfach nur ich selbst sein."

Die Schnellkritik: So erfahren die Interviewer relativ wenig über den Kandidaten – nur, dass er glaubt, sich ständig verstellen zu müssen. Warum? Wegen seiner problematischen Persönlichkeit? Schauspielert der Kandidat etwa auch im Bewerbungsgespräch? Zu solchen gefährlichen Spekulationen wäre es an dieser Stelle nicht gekommen, wenn der Stellenaspirant konkrete Eigenschaften genannt hätte.

„Treiben Sie Sport?"

Hintergrund
Aus der sportlichen Aktivität eines Bewerbers wollen die Interviewer vor allem Rückschlüsse auf die Gesundheit ziehen. In manchen Berufen im öffentlichen Dienst – Zoll, Polizei, Feuerwehr, Bundeswehr – sind die körperlichen Anforderungen sogar so hoch, dass ein spezieller Sporttest die Fitness gesondert überprüft. Dann ist das körperliche Leistungsvermögen unmittelbar berufsrelevant.

Worauf kommt es an?
Hier haben Sie es mit einer geschlossenen Frage zu tun, die sich – im Gegensatz zu offenen „wie"- oder „warum"-Fragen – einsilbig mit „ja" oder „nein" beantworten lässt. Rein theoretisch jedenfalls; praktisch würde das den Interviewern natürlich nicht genügen. Verlieren Sie also ein paar Worte mehr über Ihre sportlichen Hobbys und behalten Sie dabei das Gesundheitsthema im Auge. Als mäßig athletischer Sofasportler leiten Sie am besten zu anderen Aktivitäten über, mit denen Sie sich fit halten.

Ihre Antwort:

Musterantworten

„Bis zur B-Jugend habe ich als Kreisläufer in einem Handballverein gespielt. Das wurde mir aber zu aufwändig: zweimal pro Woche Training, jedes Wochenende ein Spiel – ich bin kaum noch zu etwas anderem gekommen, habe viele Freunde fast gar nicht mehr gesehen. Daher habe ich meine Vereinskarriere vor einem Jahr auf Eis gelegt. Zum größten Teil besteht mein Sportprogramm heute aus Radfahren und Basketball."

„Früher war ich regelmäßig rudern. Dazu bin ich in den letzten Monaten aber selten gekommen, wegen der Abschlussprüfung in der Schule hatte ich einfach zu wenig Zeit. In Zukunft möchte ich aber wieder häufiger rudern gehen. Um fit zu bleiben, achte ich im Moment eher auf mein Verhalten im Alltag, zum Beispiel bei der Ernährung. Außerdem versuche ich, so oft es geht zu Fuß unterwegs zu sein."

"Was sind Ihre Lieblingssportarten?"

Hintergrund
Die vom Kandidaten favorisierten Sportarten ordnen die Personaler anhand der Gegensatzpaare Mannschafts-/Einzelsportart und riskant/ungefährlich ein. Zwischen diesen Polen öffnet sich ein weiter Raum zur individuellen Ausschmückung. Betreiben Sie eine ausgefallene Sportart? Dann haben Sie etwas Spannendes zu erzählen und können dadurch an Profil gewinnen. Gesundheitsgefährdende Extremsportarten bringen allerdings Abzüge.

Worauf kommt es an?
Solange es nicht um besonders gefährliche oder zeitintensive Disziplinen geht, schadet sportliche Betätigung Ihren Ausbildungsambitionen grundsätzlich nicht. Im Gegenteil: Sie belegt Gesundheitsbewusstsein und lässt auf gesellschaftliche Teilhabe schließen. Vor allem Mannschaftssportarten bringen beliebte Sozialkompetenzen wie Team- und Kontaktfähigkeit ins Spiel. Individualdisziplinen unterstreichen wiederum, dass man in der Lage ist, etwas eigenständig anzupacken und sich selbst zu motivieren.

Ihre Antwort:

Musterantworten

+ „Meine Lieblingssportarten sind Fußball und Wasserball. Neben der Fitness zählt beim Sport für mich vor allem das Gruppenerlebnis, wenn jeder 100 Prozent gibt und für den anderen einspringt. Das ist beim Wasserball manchmal ganz schön schwierig, wenn der Gegenspieler einen Kopf größer ist ... Irgendwie war ich als Kind schon eine Wasserratte und bin früh zum Vereins-Wasserball gekommen. Meine Fußball-Leidenschaft habe ich mit 14, 15 Jahren erst später entdeckt."

− „Meine Lieblingssportarten sind Hockey und Handball, beides Mannschaftssportarten. Teamgeist ist mir allgemein sehr wichtig, egal ob in der Freizeit oder im Beruf."

Die Schnellkritik: Zu offensichtlich – nach der Teamfähigkeit wurde doch gar nicht gefragt, schon gar nicht im beruflichen Sinne! Der Kandidat scheint ja perfekt vorbereitet zu sein. Dass er dies so deutlich zeigt, könnte ihm zum Verhängnis werden.

„Ich habe drei Lieblingssportarten: Beim Boxen kann ich am besten Aggressionen abbauen, Freeclimbing und Fallschirmspringen sind für mich das pure Abenteuer – der perfekte Ausgleich zum Alltag."

Die Schnellkritik: Die genannten Sportarten gefährden nicht nur die körperliche Unversehrtheit, sondern auch die Ausbildungszusage. Einen Mitarbeiter mit latenten „Aggressionen" möchten die Personaler sicher nicht einstellen, und wer sich in „pure Abenteuer" flüchtet, scheint einen arg unbefriedigenden Alltag zu haben.

„Beim Fußball muss man bestimmt einiges einstecken können. Kommt es da auch mal zu Verletzungen?"

Hintergrund

Vordergründig zollt Ihnen der Interviewer Respekt. Sein dahinterliegendes Interesse gilt jedoch der Verletzungsgefahr. Umkurven Sie diese Stolperfalle, indem Sie ihm seine Bedenken nehmen.

Worauf kommt es an?

Dass Sie als passionierter Fußballer hart im Nehmen sein sollen, lassen Sie am besten so stehen: Natürlich sind Sie nicht zimperlich, selbstverständlich können Sie auf die Zähne beißen – Durchhaltevermögen brauchen Sie schließlich auch im Job. Doch mit der Verletzungsgefahr steigt auch das Risiko, dass Sie als Arbeitskraft hin und wieder ausfallen. Dieser Verdacht lässt die Alarmglocken der Personaler schrillen.

Ihre Antwort:

_____
_____
_____
_____
_____
_____
_____
_____
_____

Musterantworten

+ „Zu Verletzungen kommt es doch beim Fußball meistens dann, wenn jemand seine Grenzen nicht kennt oder wie ein Irrer in jeden Zweikampf geht. Für uns ist Fußball ein Hobby. Wir haben alle unseren Ehrgeiz, aber wissen auch, dass wir keine Leistungssportler sind. Natürlich muss man mit gelegentlichen Schürfwunden oder blauen Flecken rechnen, doch damit kommen wir klar."

− „Gelegentlich. Wir sind alle ziemlich ehrgeizig, da bleibt die eine oder andere Blessur natürlich nicht aus. Mein Motto: Wenn man etwas macht, muss man es auch richtig machen, das heißt mit dem nötigen Einsatz."

Die Schnellkritik: Das Bekenntnis zu Leistungswillen und Gewinnstreben wäre bei einer Frage zum Arbeitsverhalten besser aufgehoben. Im Zusammenhang mit Sport – und insbesondere Sportverletzungen – ist etwas mehr Zurückhaltung angebracht.

„Lesen Sie gerne, haben Sie Interesse an Literatur?"

Hintergrund
Anstatt um Literatur kann es an dieser Stelle auch um Theater, Musik, Film oder anderes gehen – abhängig von Ihren Auskünften zum Freizeitverhalten. Jede Persönlichkeit strahlt in vielfältigen Facetten; kulturelle Vorlieben runden das Charakterprofil eines Bewerbers ab. Generelles Desinteresse an Kultur kann als Zeichen geringer Aufgeschlossenheit und eines engen geistigen Horizonts gewertet werden.

Worauf kommt es an?
Als eingefleischte Leseratte können Sie natürlich begeistert zustimmen. Verlieren Sie ein paar Worte über Ihr Hobby – was fasziniert Sie so an Büchern, was lesen Sie besonders gerne? Falls Ihnen die Lesebegeisterung vollkommen abgeht, dann lenken Sie das Augenmerk der Interviewer sanft auf andere kulturelle Sparten.

Ihre Antwort:

Musterantworten

+ „Ja, ich lese ziemlich viel, vor allem Zeitungen, Krimis und historische Romane. Zeitungen deshalb, damit ich auf dem Laufenden bleibe und weiß, was gerade passiert. Mit einem Krimi oder einem historischen Roman in der Hand kann ich am besten entspannen."

„Für mich ist Lesen hauptsächlich ein Mittel, mich zu informieren. Deswegen lese ich vor allem Zeitungen oder gehe auf Nachrichtenseiten im Internet. Als Hobby ist für mich die Musik viel wichtiger. Nicht nur, weil ich gern Musik höre – ich spiele ja auch selbst ein Instrument."

„Was genau lesen Sie denn? Können Sie uns ein Buch empfehlen?"

Hintergrund
Die fast schon zwingende Fortsetzung, falls der Kandidat bei der vorherigen Frage noch nicht ins Detail gegangen ist. Wer gerade eben eine Lobrede auf die Literatur gehalten hat, sollte jetzt auch Ross und Reiter nennen können: Welches Genre favorisieren Sie? Welches Buch hat Sie besonders beeindruckt, welches lesen Sie gerade? Die zweite Teilfrage ist selbstredend rein rhetorisch: Sie müssen nicht auch noch die Verantwortung für die Abendlektüre Ihrer Gesprächspartner übernehmen.

Worauf kommt es an?
Fühlen Sie sich nicht verpflichtet, einen hochkulturellen Bildungskanon aufbieten zu müssen. Es geht um Ihre individuellen Vorlieben: Lesen Sie lieber historische Romane, Krimis, die Klassiker der Weltliteratur, Zeitungen oder bestimmte Zeitschriften? Warum gefällt Ihnen gerade diese Lektüre? Durch das Interesse an berufsrelevanter Fachliteratur können Sie Extrapunkte sammeln, sollten dann aber mit weiteren detailversessenen Anschlussfragen rechnen. Faustregel: Nennen Sie ein Werk der leichten Literatur, bei dem Sie vom Alltag abschalten können, und ein Buch mit Lerneffekt.

Ihre Antwort:

Musterantwort

„In meiner Freizeit lese ich hauptsächlich Krimis, vor allem von skandinavischen Autoren, die finde ich am spannendsten. Neulich habe ich ‚Der Leopard' von Jo Nesbø gelesen – innerhalb von drei Tagen. Ich musste einfach wissen, wie die Handlung ausgeht. Krimis finde ich gut zum Abschalten, da kommt man auf ganz andere Gedanken. Außerdem mag ich historische Romane, weil man dadurch viel über die Vergangenheit erfährt und einen Eindruck bekommt, wie die Menschen früher gelebt haben. Im Moment lese ich zum Beispiel ‚Der Name der Rose' von Umberto Eco – ein sehr empfehlenswertes Buch."

„Was machen Sie, um mal so richtig zu entspannen, wie bauen Sie Stress ab?"

Hintergrund
Wollen die Personaler wirklich Einzelheiten über Yoga-Kurse, Discoabende oder ausgedehnte Saunabesuche erfahren? Nein. Es geht ihnen vielmehr darum, ob ein Kandidat in der Freizeit den nötigen Ausgleich findet, damit er ausgeruht und konzentriert am Arbeitsplatz erscheinen kann. Mehr steht nicht zur Debatte. Als vom Burn-out bedrohtes Stressopfer sollten Sie sich an dieser Stelle also nicht präsentieren.

Worauf kommt es an?
Weisen Sie auf bisherige „Entspannungserfolge" in stressigen Situationen hin. Wodurch bzw. wobei schalten Sie besonders gut ab, welche Rituale haben Sie entwickelt? Eine gute Antwort verbindet gelungene Entspannungsarbeit mit sinnvoller Freizeitgestaltung – durch Aktivitäten wie Autogenes Training, Musik hören, Saunieren, Yoga, Joggen, Lesen, Schlafen, Reiten, Schwimmen …

Ihre Antwort:

Musterantwort

„Wenn ich extrem viel zu tun habe und sehr gestresst bin, mache ich zum Ausgleich Autogenes Training. Das hat mir mal eine Freundin empfohlen, als es in den Prüfungsphasen in der Schule sehr anstrengend wurde. Ansonsten reicht es mir aber in der Regel, wenn ich mal früher schlafen gehe oder abends noch 1–2 Runden auf dem Fahrrad drehe, damit ich mich erhole."

„Wie machen Sie am liebsten Urlaub? Reisen Sie gerne oder bleiben Sie lieber daheim?"

Hintergrund
Kulturelles Interesse, geistige Aufgeschlossenheit, sprachliche Kompetenzen: Das Reiseverhalten lässt tief blicken. Trips in andere Länder und fremde Kulturkreise sorgen in jedem Auswahlgespräch für einen guten Eindruck, wenn sie nicht gerade zum „Ballermann" auf Mallorca geführt haben. Doch lassen Sie sich nicht durch das Wörtchen „oder" unter Druck setzen – auch in der Heimatregion gibt es meist viel zu entdecken.

Worauf kommt es an?
Sie arbeiten, um zu urlauben? Dieser Eindruck sollte beim Interviewer besser nicht entstehen. In den Ferien tanken Sie vielmehr Energie für den Alltag. Dabei macht es keinen großen Unterschied, ob es Sie eher in die südländische Sonne, zu finnischen Fjorden oder in heimische Gefilde zieht, solange Sie Ihren Gesprächspartnern einen guten Mix aus Entspannung und (kultureller) Aktivität vermitteln können. Allzu hektische Betriebsamkeit ist ebenso verdächtig wie ununterbrochenes phlegmatisches Faulenzen. Wohlgemerkt: Es geht um allgemeine Vorlieben, nicht um Hotelempfehlungen und Bierpreise.

Ihre Antwort:

Musterantworten

+ „Was für mich einen perfekten Urlaub ausmacht: gutes Wetter, eine schöne Gegend, Zeit zum Entspannen und viele Möglichkeiten, etwas zu unternehmen. Am liebsten fahre ich in den Süden ans Meer. Im letzten Jahr war ich zum Beispiel mit Freunden zwei Wochen lang in Spanien an der Costa del Sol, da habe ich Surfen und Tauchen gelernt. Aber auch bei uns zu Hause gibt es eine Menge interessanter Freizeitziele. Am vorletzten Wochenende bin ich zum Beispiel mit dem Rad zu einem alten Bergwerk gefahren, das inzwischen ein Industriedenkmal ist."

– „Mir hat in den letzten Jahren leider meistens die Zeit gefehlt, um groß wegzufahren. Deswegen war ich in den Ferien in der Regel zu Hause."

Die Schnellkritik: Die Mehrfachfrage bietet auch Daheimbleibern genügend Chancen zu glänzen – hier werden sie nicht genutzt. Zwei einfache Wege, die Antwort aufzumöbeln: Mit Blick auf das „Reisen Sie gerne?" kann man die zwar seltenen, aber dennoch vorhandenen Ferienerlebnisse in der Fremde präsentieren. In Bezug auf den zweiten Fragenteil („Oder bleiben Sie lieber daheim?") lassen sich interessante Ferienaktivitäten in der näheren Umgebung beschreiben – Fahrradtouren, Vereinsausflüge, Städtetrips.

„Sind Sie Mitglied in einem Verein?"

Hintergrund
Vereinstätigkeiten sind meist positiv besetzt; sie zeugen von Verantwortungsbewusstsein, sozialem Engagement und Kontaktfreude. Für welche Belange man sich einsetzt, das lässt darüber hinaus Schlüsse auf die Persönlichkeit und berufsrelevante Kompetenzen zu: GTI-Club oder Greenpeace, Feldhockey oder Filmliebhaber, Chor oder Modellbauverein?

Worauf kommt es an?
Eine Vereinstätigkeit kann berufsrelevante soziale Fähigkeiten belegen: nicht nur für Bewerber mit geringer Berufserfahrung interessant, die ansonsten wenig praktische Aktivität nachweisen könnten. Selbstredend sollte die Vereinsarbeit nicht über dem Beruf stehen und gesellschaftlich unbedenklich sein – Kneipenwarte einer Motorradgang hängen ihr Engagement besser nicht an die große Glocke.

Ihre Antwort:

Musterantworten

„Ja, ich bin sogar in zwei Vereinen eingeschriebenes Mitglied. Im TSV Hanau allerdings nur formal, weil ich in der A-Jugend Fußball spiele. Bei den Naturschutzfreunden Hanau e. V. kümmere ich mich ehrenamtlich vor allem um die Organisation von Mitgliederversammlungen."

„Nein, ich bin nicht in einem Verein. Meine Freizeit verbringe ich in erster Linie mit meiner Familie und im Freundeskreis, außerdem spiele ich hobbymäßig Gitarre. Dazu kommen im Moment noch die Schule und mein Nebenjob. Dadurch bin ich eigentlich ziemlich ausgelastet."

„Gibt es Bereiche, in denen Sie besonders engagiert sind?"

Hintergrund
Ob Übungsleiter beim Kinderturnen oder Trainer im Sportverein, ob Gemeindehelfer oder Mitglied der Freiwilligen Feuerwehr: Ehrenamtliches Engagement neben Schule und Beruf kommt fast immer gut an. Nach Möglichkeit sollte es bereits im Lebenslauf angemessen gewürdigt werden. Wie beim Thema Vereinstätigkeit gilt jedoch auch hier: Die Art und Weise der Aktivität kann zu positiven, aber auch negativen Rückschlüssen führen.

Worauf kommt es an?
Soziales Engagement wissen Ihre Gesprächspartner auch dann zu schätzen, wenn es keinen direkten Berufsbezug hat. Umso besser natürlich, wenn die Interviewer aus Ihrem Bekenntnis zu einer sozialen Aufgabe jobrelevante Eigenschaften ableiten können. Da es sich hier um eine Frage zum Privatbereich handelt, dürfen unvorteilhafte Betätigungen übrigens verschwiegen werden.

Ihre Antwort:

Musterantworten

+ *„Ja, ich engagiere mich seit zwei Jahren im Sportverein bei uns im Ort. Ich habe ja früher selbst sieben Jahre lang Vereinshandball gespielt und trainiere jetzt die F-Jugend, das heißt die Sechs- bis Achtjährigen. Das bedeutet eine Menge Verantwortung, macht aber auch viel Spaß."*

− *„Ja, ich denke, als Teil der Gesellschaft sollte man auch dazu beitragen, dass die Gesellschaft gut funktioniert. Ich zum Beispiel bin schon seit Jahren im Ortsverband der XY-Partei. Mich überzeugen vor allem die Positionen, die die Partei zu den Themen Erziehung und innere Sicherheit bezieht."*

Die Schnellkritik: Politisches Engagement kann einem leicht zum Verhängnis werden – vor allem, wenn Streitpunkte wie Erziehung und innere Sicherheit ins Spiel kommen. Möglicherweise sehen die Interviewer die Dinge ja ganz anders als die XY-Partei … Für ein bescheidenes Ortsverbands-Mitglied, das sich normalerweise eher mit lokalen Problemen beschäftigt, wirken diese Megathemen außerdem eine Nummer zu groß.

"Wie würden Sie sich selbst charakterisieren?"

Hintergrund
Ziemlich allgemein gehalten, diese Frage – und somit eine erstklassige Gelegenheit, sich umsichtig und besonnen in ein vorteilhaftes Licht zu rücken. Jeden Personalverantwortlichen interessiert, welche Persönlichkeit, welcher Charakter hinter den Fakten von Anschreiben und Lebenslauf steckt. Hier versuchen es die Interviewer auf direktem Weg herauszufinden.

Worauf kommt es an?
Halten Sie die Auskunft knapp, reden Sie nicht länger als zwei bis drei Minuten. Gehen Sie schwerpunktmäßig auf Interessen und Fähigkeiten ein, die für die Stelle relevant sind. Allerdings nicht zu offensichtlich: Leiten Sie Ihre Charakterzüge vor allem aus privaten, persönlichen Szenarien ab, bevor Sie den Bogen zur Berufswelt schlagen.

Ihre Antwort:

_____
_____
_____
_____
_____
_____
_____
_____
_____
_____

Musterantwort

„Wie ich mich selbst charakterisieren würde? Schwierige Frage. Also, meine Freunde meinen immer, ich sei sehr offen und aufgeschlossen und man käme gut mit mir klar, auch wenn man mich noch gar nicht kennt. Ich denke, das trifft es ganz gut. Ich finde es immer spannend, wenn ich es mit neuen Herausforderungen zu tun bekomme und andere Menschen kennen lerne. Es liegt mir einfach, auf Menschen zuzugehen, deswegen macht mir die ehrenamtliche Arbeit als Gemeindehelfer ja auch so großen Spaß. Eine sehr große Rolle in meinem Leben spielt momentan natürlich die Ausbildung. Dadurch möchte ich mir den Wunsch erfüllen, einen Beruf zu ergreifen, der mich ausfüllt und meinen Interessen entspricht."

„Was ist Ihnen im Leben wirklich wichtig?"

Hintergrund
Aha, nun geht es anscheinend ums große Ganze, um die essenziellen Fragen des Lebens – oder? In Wahrheit denken die Interviewer natürlich etwas pragmatischer. Selbstverständlich erwarten sie hier etwas mehr Tiefe als bei den Themen Hobbys und Reiseverhalten, aber keine weitschweifigen Theorien über den Sinn und Zweck des menschlichen Daseins. Hinter der philosophisch klingenden Frage steht ein nüchternes Erkenntnisinteresse: Wie weit ist der Bewerber in seiner Persönlichkeitsentwicklung, sind seine Lebensvorstellungen mit der Berufstätigkeit kompatibel?

Worauf kommt es an?
Legen Sie charakterliche Reife an den Tag, zeigen Sie Bodenständigkeit, Bescheidenheit und Leistungswillen. Als Berufseinsteiger haben Sie sicher bereits über Ihre persönliche und berufliche Zukunft nachgedacht und sich dabei an bestimmten persönlichen Leitwerten – abseits von Monatsgehältern und Statussymbolen – orientiert. Über diese Werte möchte der Personaler mehr erfahren. Und natürlich auch herausfinden, ob der Job dabei die gebührende Beachtung findet, denn nach wie vor steht Ihre Berufseignung im Mittelpunkt! Zur Beantwortung einer derart weitreichenden Frage darf man sich einige Sekunden Bedenkzeit gönnen.

Ihre Antwort:

_____

_____

_____

_____

_____

Musterantwort

„Was mir wirklich wichtig ist? Hm, da muss ich kurz nachdenken … Wirklich wichtig im Leben sind mir meine Familie und meine Freunde, Gesundheit und Glück. Mit Glück meine ich jetzt nicht, dass man den Zufall immer auf seiner Seite hat, sondern dass man ein erfülltes Leben hat, sowohl privat als auch beruflich. Dazu gehört für mich auch, dass ich mich durch meine Arbeit verwirklichen kann. Deswegen möchte ich eine Ausbildung in einem Beruf machen, in dem ich meine Talente und Fähigkeiten einbringen kann und in dem ich immer wieder etwas Neues dazu lerne."

„Haben Sie Vorbilder?"

Hintergrund
Vorbilder sind Menschen, an denen wir uns orientieren, weil Sie Eigenschaften besitzen und Ideale verfolgen, die wir selbst für erstrebenswert halten. Für einen Personalverantwortlichen aus nachvollziehbaren Gründen ein gefundenes Fressen.

Worauf kommt es an?
Bitte nicht zu dick auftragen! Wer in die Fußstapfen Gandhis, Goethes oder Napoleons treten will, handelt sich erstens den Vorwurf leichten Größenwahns und zweitens bedrohliche Anschlussfragen ein: Was weiß der Kandidat überhaupt über das Leben und Schaffen seines großen Idols? Wie lautet doch gleich dessen Geburtsdatum? Legen Sie den Fokus lieber auf konkrete tadellose Eigenschaften eines etwas bodenständigeren Prominenten, über den Sie gut Bescheid wissen. Oder noch besser: Beschreiben Sie einen vorbildhaften Charakter Ihres persönlichen Umfelds. Damit begeben Sie sich auf sicheres – nämlich Ihr eigenes – Terrain.

Ihre Antwort:

_____
_____
_____
_____
_____
_____
_____
_____

Musterantwort

„*Auf die Schnelle fällt mir mein erster Lauftrainer ein. Wegen ihm bin ich in den Laufverein eingetreten, in dem ich viele Jahre lang aktiv war. Auch heute gehe ich noch mindestens zwei- bis dreimal pro Woche laufen, als Fernziel habe ich meinen ersten Marathon im Auge. Ich bin froh, dass mich mein Trainer damals immer wieder motiviert hat, auch wenn es manchmal sehr anstrengend war. Von ihm habe ich nicht nur gelernt, dass man etwas tun muss, um seine persönlichen Ziele zu erreichen. Er hat mir auch gezeigt, wie wichtig es ist, dabei ehrlich zu sich selbst zu sein.*"

„Welchen Traum haben Sie?"

Hintergrund
Ein Ferrari, eine Yacht und eine schicke Zweitwohnung auf den Bahamas? Vorsicht! Mit „Traum" meinen die Interviewer keine aus der Luft gegriffene Wunschfantasie. Sondern eine schaffbare Herausforderung, der Sie sich stellen möchten, oder ein realistisches Ziel, das Sie sich gesteckt haben.

Worauf kommt es an?
Ihr Traum sollte weder zu banal noch zu abgehoben sein – verraten Sie einfach nur etwas Spannendes über Ihre Persönlichkeit. Alles ist erlaubt, solange die persönlichen Wünsche und Ziele ins Bild eines beruflich motivierten, charakterlich reifen und verantwortungsbewussten Bewerbers passen.

Ihre Antwort:

_____

_____

_____

_____

_____

_____

_____

_____

_____

_____

_____

Musterantworten

+ „Träume – ein großes Wort, ich würde sagen: Es gibt ein paar Dinge im Leben, die ich unbedingt mal machen möchte, zum Beispiel mit dem Fahrrad nach Gibraltar fahren. Das wäre eine große und spannende Herausforderung. Ich war schon immer gern mit dem Rad unterwegs, habe auch schon einige kleinere Touren hinter mir, und die Fahrt nach Südspanien wäre die Krönung."

„Als eingefleischter Läufer ist es mein größter Traum, einmal beim New Yorker Marathon teilzunehmen. Die Atmosphäre dort soll einfach sensationell sein, mit der Hochhaus-Kulisse und den Zuschauermassen. Aber bis dahin ist es noch ein weiter Weg, bis jetzt bin ich ja überhaupt noch keinen Marathon gelaufen."

− „Ich möchte irgendwann etwas völlig anderes machen als heute und einen Fahrradladen auf Mallorca eröffnen."

Die Schnellkritik: Sehnt man sich schon vor dem Lehrbeginn nach Abwechslung im Job, kann es mit der Berufsmotivation nicht besonders weit her sein. Sieht der Kandidat die Ausbildung etwa nur als notwendiges Übel, als kurzfristige Zwischenstation auf dem Weg zum eigentlichen Ziel?

Freunde, Freizeit, Interessen

Internet, Social Media

Neue Medien, neue Risiken: In einer Umfrage unter 300 Führungskräften europäischer Technologieunternehmen gaben 40 Prozent der Befragten an, die Social-Media-Profile ihrer Bewerber zu überprüfen. Jeder fünfte Betrieb hat wegen besonders fragwürdiger Online-Auftritte sogar schon Absagen erteilt. Die erleichternde Nachricht für Ausbildungsbewerber: Der detektivische Ehrgeiz der Personaler konzentriert sich vor allem auf Kandidaten für gehobene Positionen. Trotzdem müssen mittlerweile auch angehende Azubis damit rechnen, dass ihr Netzverhalten als Entscheidungsstütze im Auswahlverfahren dient.

Dank der gewaltigen Bandbreite an Angeboten – Nachrichtenseiten, Blogs, Videoportale, Soziale Netzwerke, Online-Shops, Spiele etc. – sind den Entfaltungsmöglichkeiten im Internet kaum Grenzen gesetzt. Gerade Berufseinsteiger verfügen oft über eine mediale Fingerfertigkeit, die vielerorts gern gesehen und manchmal sogar ausdrücklich erwartet wird. Wer sich im digitalen Universum bewegt, sollte dies freilich kontrolliert, verantwortungsbewusst und mit überschaubarem Zeitumfang tun.

„Sind Sie oft im Internet? Was interessiert Sie da besonders?"

Hintergrund
Aktuelle Studien zeigen: Heutzutage hat fast jeder Jugendliche einen Internetzugang und nutzt ihn im Schnitt rund zwei Stunden täglich. Online unterwegs zu sein, zählt demnach zu den beliebtesten Freizeitbeschäftigungen von Berufseinsteigern. Nachvollziehbar, dass die Personaler bei diesem Thema näher ins Detail gehen möchten.

Worauf kommt es an?
Bestimmte Aspekte bewerten die Interviewer durchaus positiv: zum Beispiel die Interaktion mit Freunden oder Bekannten, das Geschick bei Internetrecherchen, die Beschäftigung mit – unverfänglichen, eventuell sogar berufsrelevanten – Themen. Allerdings sollte sich der Mediengebrauch im Rahmen halten: Gelegentliches kurzes „Daddeln" zum reinen Zeitvertreib kann noch als stressabbauendes Hobby verkauft werden, regelmäßige Spiele-Sessions bis in den frühen Morgen bringen aber mit Sicherheit Abzüge.

Ihre Antwort:

Musterantworten

+ „Ich bin fast jeden Tag ungefähr eine Stunde lang im Internet, das ist für mich viel spannender als zum Beispiel Fernsehen. Wenn ich Zeit habe, gehe ich meistens zuerst auf Nachrichtenseiten, da erfahre ich sofort, was auf der Welt in den letzten Stunden passiert ist. Danach besuche ich regelmäßig 2–3 Blogs, die mich interessieren, da geht es um Technologie und Medien. Außerdem telefoniere ich zurzeit oft über Skype, weil ein guter Freund von mir gerade in den USA ist."

„Relativ oft, denn eines meiner größten Hobbys hat direkt mit dem Internet zu tun: In der Freizeit bin ich häufig mit der Kamera unterwegs und fotografiere. Die Fotos stelle ich dann auf eine eigene Homepage, die ich mir im letzten Jahr eingerichtet habe. Pro Woche aktualisiere ich die Seite im Schnitt ein- bis zweimal."

− „Für mich ist es wichtig, immer auf dem Laufenden zu sein und zu wissen, was gerade in meinem Freundeskreis passiert. Meine Freunde finden es gut, dass ich fast immer erreichbar bin. Auf meinem Smartphone sehe ich sofort, wenn jemand einen neuen Beitrag bei einem Sozialen Netzwerk gepostet hat. Dann versuche ich so schnell wie möglich zurückzuschreiben. Abends sehe ich mir meistens noch ein paar Musikvideos an."

Die Schnellkritik: Der Kandidat ist für seine Freunde rund um die Uhr verfügbar? Schön für die Freunde, problematisch für einen Arbeitgeber: Der sieht es gern, wenn ein Mitarbeiter seine Aufmerksamkeit während der Arbeitszeit beruflichen Tätigkeiten widmet. Womöglich steckt hinter der ständigen Verfügbarkeit ein ernsthaftes Defizit: nämlich die Unfähigkeit zum Abschalten.

„Was halten Sie von Sozialen Netzwerken im Internet?"

Hintergrund
Eine aktuelle gesellschaftliche Streitfrage, mit der Sie sich bestimmt auch schon auseinandergesetzt haben. Über Soziale Netzwerke wird kontrovers diskutiert: Auf der Pro-Seite stehen soziale Bindungen, der Meinungsaustausch, die unkomplizierte Kontaktaufnahme. Kritiker führen dagegen den Zeitaufwand, den Abbau „realer" sozialer Kontakte, den Verlust der Privatsphäre und die unkontrollierte Weitergabe persönlicher Daten ins Feld. Wie stehen Sie dazu?

Worauf kommt es an?
Gehen Sie diese Frage an wie eine Erörterung, argumentieren Sie sachlich und abwägend. Am überzeugendsten wirken Sie, wenn Sie die allgemeine Ebene mit Ihrer persönlichen Erfahrung verknüpfen. Zu welchem Schluss Sie gelangen, bleibt Ihnen überlassen: Hauptsache, Ihre Argumentation hat Hand und Fuß und Sie lassen die Aspekte Sozialkompetenz und Kontaktfähigkeit anklingen. Falls Sie zu den überzeugten Online-Netzwerkern gehören, platzieren Sie am besten einen dezenten Hinweis, nicht permanent vernetzt sein zu müssen: Die private Internetnutzung am Arbeitsplatz ist Arbeitgebern ein Dorn im Auge.

Ihre Antwort:

Musterantworten

„Soziale Netzwerke halte ich im Prinzip für sehr nützlich. Man muss aber aufpassen, dass dafür nicht zu viel Zeit draufgeht, eine halbe Stunde pro Tag finde ich für mich persönlich genug. Viele Leute kritisieren, dass die Anbieter der Netzwerke private Daten weitergeben. Das finde ich auch nicht ok und habe die entsprechenden Einstellungen bei mir alle deaktiviert. Alles in allem haben Soziale Netzwerke aber meiner Meinung nach mehr Vorteile als Nachteile. Ich habe zum Beispiel viele Freunde in anderen Städten und sogar Ländern. Zu denen könnte ich sonst nie so leicht Kontakt halten."

„Für mich zählen in erster Linie persönliche Kontakte, meinen Freundeskreis sehe ich regelmäßig. Außerdem telefonieren wir und schreiben uns Mails. Deswegen finde ich es im Moment gar nicht so wichtig, ein Profil in einem Sozialen Netzwerk anzulegen. Beschäftigt habe ich mich damit aber schon und ich glaube, dass die Netzwerke für Viele eine gute Möglichkeit sind, um miteinander in Kontakt zu bleiben. Was ich allerdings gefährlich finde ist, dass oft viele private Informationen weitergegeben werden, ohne dass man es als Nutzer überhaupt merkt."

"Auf Ihrem Profilfoto zeigen Sie sich sichtlich vergnügt in einem Nachtclub. Feiern Sie denn gerne?"

Hintergrund
Aufgepasst, hier kommt die erste Social-Network-Stressfrage: Ihr Gesprächspartner hat Ihre Profilseite aufgestöbert und sich dort ein wenig umgeschaut. Mit Sicherheit hat er bei der Gelegenheit auch kurz Ihre Posts überflogen. Was Sie im Netz von sich geben, sollte ihn eigentlich gar nichts angehen? Stimmt, eigentlich nicht – einerseits. Andererseits hat der Interviewer aber nun einmal gesehen, was er gesehen hat.

Worauf kommt es an?
Kein Grund zur Panik! An Ihrem positiven Gesamteindruck wird das beanstandete Profilbild nichts Wesentliches ändern – vorausgesetzt, Sie haben eine gute Einordnung parat. Die Interviewer wissen, dass Party-Schnappschüsse und andere Momentaufnahmen selten repräsentativ sind und wenig über das Arbeitsverhalten aussagen. Trotzdem wollen sie an dieser Stelle auf Nummer sicher gehen und abklopfen, wie sich der Bewerber aus der Affäre zieht.

Ihre Antwort:

Musterantworten

+ „Ach, das Profilbild, ich weiß was Sie meinen. Das ist im letzten Monat entstanden, an dem Tag, als unsere Abschlussfeier an der Schule war. Wir waren alle gut gelaunt und sind nach der offiziellen Feier noch in einen Club weitergezogen. Da hat jemand von uns dieses Foto gemacht – eine nette Erinnerung an den Schulabschluss, aber mehr auch nicht. Natürlich gehe ich am Wochenende ab und zu mit Freunden weg, aber ich übertreibe es nicht."

− „Absolut, am Wochenende sind meine Freunde und ich fast ständig unterwegs. Unter der Woche natürlich nicht, da bin ich ganz normal."

Die Schnellkritik: Selbstbewusst am Kernproblem vorbei – das steht nun immer noch im Raum: Besitzt der Kandidat genug Verantwortungsbewusstsein, kennt er seine Grenzen?

"In Anschreiben und Lebenslauf betonen Sie Ihr starkes soziales Engagement. Auf Ihrer Profilseite finden wir dazu gar nichts. Können Sie uns das erklären?"

Hintergrund
Alarmstufe Rot! Widersprüche zwischen dem Online-Profil und den Bewerbungsunterlagen – bzw. dem Gesprächsauftritt – erschüttern die Glaubwürdigkeit des Kandidaten. Indem man sein Profil vor der Bewerbung säubert oder es nur für bestimmte Besucherkreise freigibt, lassen sich solche brenzligen Situationen von vornherein verhindern. Doch was, wenn die Interviewer bereits Verdacht geschöpft haben?

Worauf kommt es an?
Die unausgesprochene Vermutung der Interviewer: Aus Anschreiben und Lebenslauf strahlt ein aufpoliertes Image, im Internet kommt die ungeschönte Wahrheit ans Tageslicht. Doch warum sollte ein Social-Media-Profil eher der Realität entsprechen als die Bewerbungsunterlagen? Schließlich präsentiert man sich auch im Netz nur einer bestimmten „Zielgruppe" – Freunden, Bekannten, Familienmitgliedern. Wenn bestimmte Aktivitäten in der Online-Kommunikation unter den Tisch fallen, ist das nicht gleich ein Nachteil. Solange man glaubhaft vermittelt, offline tatsächlich engagiert zu sein.

Ihre Antwort:

Musterantwort

+ „Das stimmt, auf meiner Profilseite findet sich dazu relativ wenig. Das kommt daher, dass ich das Netzwerk in erster Linie nutze, um mich mit Freunden auszutauschen oder zu verabreden. Meine Tätigkeit als Gemeindehelfer in der Gemeinde St. Nikolaus und meine Trainerstelle im Handballverein spielen dabei keine große Rolle. Abgesehen davon vielleicht, dass ich bei der Netzwerk-Gruppe des Vereins natürlich auch Mitglied bin. Aber alle wichtigen Absprachen laufen in der Regel per Telefon oder persönlich."

Ihr Profil im Social Web: Chancen und Risiken

Das Grundproblem: Soziale Netzwerke sind gleichzeitig privat und öffentlich. Das Freizeitvideo, die Grußbotschaft, die Partyfotos mögen ursprünglich nur für gute Freunde gedacht sein, doch ohne beschränkende Konfigurationen stehen sie jedem zur freien Verfügung – auch einem Personaler. Für allzu arglose Stellenaspiranten kann sich die Selbstdarstellung im Web als echter Stolperstein erweisen. Gewiefte Bewerber hingegen nutzen Ihr Online-Profil als zusätzlichen Bewerbungsbaustein.

Wonach suchen Arbeitgeber auf den Social-Media-Seiten von Bewerbern? Eine US-amerikanische Online-Stellenbörse hat vor einigen Jahren 31.000 Personalverantwortliche gefragt, welche heiklen Bereiche sie besonders interessant finden.

Die Ergebnisse:

- 41 % der Personaler fahnden nach Anzeichen für Alkohol- oder Drogenkonsum.
- 40 % stöbern nach unangemessenen Fotos oder Beiträgen.
- 29 % nutzen den Online-Auftritt eines Bewerbers, um seine kommunikativen Fähigkeiten einzuschätzen.
- 28 % prüfen, ob über Ex-Arbeitgeber oder frühere Kollegen gelästert wird.
- 27 % achten auf unpassende Qualifikationen.
- 22 % stören sich an unprofessionellen Profilnamen.
- 21 % forschen nach Hinweisen auf kriminelles Verhalten.
- 19 % recherchieren, ob der Kandidat vertrauliche Informationen über ehemalige Arbeitgeber preisgibt.

Quelle: careerbuilder.com

So säubern Sie Ihr Profil:

¬ Halten Sie Ihre Angaben zu Beschäftigungsverhältnissen, Schullaufbahn, Qualifikationen auf dem neuesten Stand.

¬ Verwenden Sie unverfängliche Profilnamen und -bilder.

¬ Prüfen Sie, welche persönlichen Inhalte (Bilder, Kommentare, Videos…) öffentlich zugänglich sind.

¬ Treten Sie in Sozialen Netzwerken keinen dubiosen Gruppen bei oder verbergen Sie solche Gruppenzugehörigkeiten vor Außenstehenden.

¬ Achten Sie darauf, dass die Profilpräsenz mit Ihrer Selbstdarstellung in Anschreiben, Lebenslauf und Interview übereinstimmt (Hobbys, Freizeit, Interessen …).

¬ Wenn Sie Ihr Social-Media-Profil vollkommen privat halten wollen: Konfigurieren Sie die Privatsphäre-Einstellungen so, dass nur bestätigte Freunde Ihre persönlichen Angaben sehen.

¬ Nehmen Sie Blogkommentare und Forenbeiträge unter die Lupe, die Sie unter Klarnamen veröffentlicht haben: alles personalverträglich?

Schule und Werdegang, Lücken im Lebenslauf

In diesem Gesprächsabschnitt werfen die Interviewer einen Blick zurück auf die beiden aufschlussreichsten Kapitel Ihrer persönlichen Biografie: Im Fokus stehen die beruflichen Vorerfahrungen – beispielsweise in Nebenjobs oder Praktika – und die Schullaufbahn. Die mit der Bewerbung eingereichten Zeugnisse und Beurteilungen dokumentieren nämlich nur formal, wie Sie sich auf Ihrem bisherigen Weg geschlagen haben. Daher wollen die Interviewer aus Ihrem Mund Genaueres erfahren. Einer der ersten Ansatzpunkte: Lücken im Lebenslauf – diese und andere Auffälligkeiten gilt es schlüssig zu erklären.

„Erzählen Sie uns doch bitte kurz etwas über Ihren schulischen und beruflichen Werdegang!"

Hintergrund
Hier lassen sich die eher sterilen Daten und Fakten des Lebenslaufs mit Leben füllen. Ergibt sich aus der Chronik der Ereignisse ein roter Faden, der das Interesse am Ausbildungsplatz nachvollziehbar macht, oder ist alles vollkommen zufällig seinen Weg gegangen? Letzteres doch hoffentlich nicht!

Worauf kommt es an?
Üben Sie vorab, Ihren Beitrag anhand von sinnvollen Leitfragen stichpunktartig zu strukturieren: Was ist wichtig für den Betrieb? Was ist wichtig für mich? Wo habe ich welche Erfahrungen gemacht, was möchte ich noch lernen? Mögliche Ansatzpunkte, auf die eigenen Stärken zu verweisen, gibt es viele – neben den Lieblingsfächern in der Schule beispielsweise Theaterprojekte, Praktika, Nebenjobs, Schüleraustausche …

Ihre Antwort:

_____

_____

_____

_____

_____

_____

_____

_____

Musterantworten

+ *„Vor zwei Monaten habe ich die Jaspersen-Realschule in Dinslaken mit der Mittleren Reife abgeschlossen. Während der Schulzeit habe ich gezielt zwei Praktika absolviert: Das erste war ein dreiwöchiges Schulpraktikum bei einer Maschinenfabrik in Dinslaken, da habe ich im Einkauf, im Verkauf und im Service gearbeitet. Später habe ich noch ein vierwöchiges Ferienpraktikum bei einem Großhändler für Kfz-Ersatzteile draufgesattelt. Dort habe ich fast alle Abteilungen kennen gelernt, die es im Betrieb gibt, vom Lager über den kaufmännischen Bereich bis zum Kundendienst. Das war sehr spannend, weil ich glaube, dass es als Industriekaufmann hilft, wenn man nicht nur die kaufmännische Seite des Berufs kennt, sondern auch die operative."*

„Von 2018 bis 2024 habe ich den Gymnasialzweig der Gesamtschule Limburg besucht und 2024 mein Abitur gemacht. Meine Lieblingsfächer waren Informatik und Mathematik. Bei der Betriebssuche für das erste Schulpraktikum in der 9. Klasse habe ich mich an meinem größten Hobby orientiert – und das war schon immer die Computertechnik. Eine interessante Stelle habe ich dann bei einem IT-Dienstleister gefunden, der ein Reiseportal im Internet betreibt. Auch das zweite Praktikum in der 11. Klasse habe ich im IT-Bereich absolviert, nämlich bei einem großen Telekommunikationsanbieter. Ich habe gemerkt, dass mich der Umgang mit moderner IT-Infrastruktur am meisten anspricht. Also habe mich ausführlich über den Beruf ,Fachinformatiker für Systemintegration' informiert und möchte jetzt meine Ausbildung beginnen."

− *„Von 2020 bis 2024 war ich auf der Bettina-von-Arnim-Realschule in Borken. In der 9. Klasse habe ich ein dreiwöchiges Schulpraktikum in einer Kfz-Meisterwerkstatt gemacht, da habe ich viel gelernt. In der 10. Klasse bin ich dann auf die Anna-Schmidt-Schule – auch eine Realschule – gewechselt und habe dort die Mittlere Reife gemacht. Meine Lieblingsfächer waren Deutsch und Geschichte."*

Die Schnellkritik: Der nicht erklärte Schulwechsel zwingt die Interviewer förmlich dazu, gründlicher nachzuhaken. Außerdem verlangt die etwas farblose Behauptung, im Praktikum „viel gelernt" zu haben, nach detaillierter Ausschmückung: Was genau hat der Kandidat denn gelernt? Wie hat ihn das Praktikum beruflich und/oder persönlich weitergebracht?

„Was haben Sie denn eigentlich im Zeitraum zwischen ... und ... gemacht? In Ihrem Lebenslauf haben wir dazu gar nichts gefunden."

Hintergrund
Lücken im Lebenslauf sind ärgerlich, aber manchmal nicht zu vermeiden. Wenn der Personaler damit ein größeres Problem hätte, wäre der Kandidat mit Sicherheit gar nicht erst eingeladen worden. Neugierig ist er nun natürlich trotzdem: Was hat der Bewerber in der ganzen Zeit gemacht? War er mit etwas beschäftigt, was er für nicht erwähnenswert hielt, oder will er etwas verheimlichen? Hat er etwa nur auf der faulen Haut gelegen?

Worauf kommt es an?
Fahnden Sie schon vor der Unterhaltung nach auffälligen Zeitsprüngen im Lebenslauf. Oft lassen sich biografische Bruchstellen sinnvoll erklären: Eine längere Reise, ein Sprachkurs, ein anderes Bewerbungsverfahren oder ein zeitintensiver Nebenjob belegen, dass Sie nicht träge gefaulenzt haben, sondern in irgendeiner Form aktiv waren. Konzentrieren Sie sich auf das Positive – was haben Sie gemacht, was gelernt? Auch wenn es hart klingt: Auf persönliche Krisen und private Tiefs können die Interviewer an dieser Stelle nicht eingehen. Wie sollten sie auch nur annähernd objektiv einschätzen können, was der Kandidat durchgemacht hat?

Ihre Antwort:
_____
_____
_____
_____
_____
_____

Musterantwort

„Nach der Schule habe ich mich nicht direkt um eine Ausbildung beworben, weil ich die Zeit zwischen Schule und Beruf nutzen wollte, um endlich meinen Traum von der Südamerika-Rundreise wahr werden zu lassen. Die Kultur, die Menschen, die Landschaft – das hat mich schon immer fasziniert. Also habe ich die Koffer gepackt und bin drei Monate lang durch Argentinien, Brasilien, Peru und Bolivien getourt. Nach meiner Rückkehr habe ich drei Monate lang als Kellner in einem kleinen Café gearbeitet, um die Zeit bis zur Ausbildung zu überbrücken. Gleichzeitig habe ich mich auf die Bewerbung vorbereitet. Alles in allem also ein halbes Jahr ‚Pause', in der ich aber eine Menge gelernt habe. Spanisch spreche ich jetzt zum Beispiel fließend. In den Lebenslauf wollte ich aber nur die wichtigsten Schul- und Berufsstationen schreiben."

„Welche Rolle haben Sie in der Klasse eingenommen?"

Hintergrund
Fragen nach der Rolle, Funktion oder Position in der Schulgemeinschaft haben es darauf abgesehen, der Sozialkompetenz und der Persönlichkeit eines Kandidaten intensiver auf den Zahn zu fühlen. Wie bringt er sich in eine Gruppe ein? Wodurch sticht er hervor, was zeichnet ihn aus?

Worauf kommt es an?
In einem Klassenverband hat man schnell seinen Ruf weg und bekommt ein bestimmtes Image zugeschrieben. Wodurch haben Sie sich hervorgetan? Waren Sie Klassensprecher oder Vertrauensschüler? Hat man Sie als Sportskanone geschätzt, waren Sie der Englisch-Experte oder konnten Sie Ihren Klassenkameraden durch Ihr profundes Mathewissen auf die Sprünge helfen? Zeigen Sie sich von Ihrer Schokoladenseite.

Ihre Antwort:

Musterantwort

„Ich war in unserer Klasse als die Musikerin bekannt. Zu dem Spitznamen bin ich gekommen, weil Musik mein größtes Hobby ist, ich habe seit der 5. Klasse im Schulorchester Geige gespielt und war auch im Schulchor ziemlich engagiert. Wenn es um Musik ging, egal ob in Bezug auf den Unterricht oder privat, war ich für meine Mitschüler immer die erste Anlaufstelle."

„Als Schüler verbringt man ja einen ziemlich großen Teil seines Lebens an der Schule. Deswegen war es für mich immer wichtig, etwas dafür zu tun, dass das Umfeld stimmt. Von der 6. bis zu 9. Klasse war ich zum Beispiel Mitglied des Streitschlichter-Teams an unserer Schule, darüber hat sogar die Zeitung berichtet. Es war zwar nicht immer einfach, sich für die Extra-Arbeit zu motivieren, aber für mich persönlich hat es sich gelohnt."

„Was waren Ihre Lieblingsfächer?"

Hintergrund
Lieblingsfächer verraten viel über Ihre Stärken und Interessen. Sehr erhellend für die Personalverantwortlichen: Sie können – und werden – die schulischen Präferenzen mit dem Anforderungsprofil der ausgeschriebenen Stelle abgleichen.

Worauf kommt es an?
Versuchen Sie, eine Verbindung von favorisierten Fächern und Berufswahl anzudeuten. Welche Lernvorlieben im Schulunterricht könnten Sie im Arbeitsleben weiterbringen? Wenn Sie im Lehrplan bestimmte Inhalte vermisst haben, können Sie auch anführen, welche Kompetenzen Sie sich außerschulisch angeeignet haben.

Ihre Antwort:

Musterantworten

+ „Meine Lieblingsfächer? Ganz klar Deutsch, Englisch und Mathematik. Mit Sprache kann ich allgemein ganz gut umgehen, würde ich sagen – egal, ob es darum geht, ein Referat zu halten oder einen Text zu interpretieren. In Englisch lief es am Anfang zwar nicht ganz so gut, da hat mir, glaube ich, einfach das Sprachgefühl gefehlt. Aber nach dem Schulaustausch nach Birmingham in der 9. Klasse lief es wesentlich besser. Neben den Sprachen fällt Mathe als drittes Lieblingsfach natürlich etwas aus der Reihe. Aber mir gefällt daran, dass alles vollkommen logisch und nachvollziehbar aufgebaut ist."

− „Als Mitglied eines Handballvereins war mein erklärtes Lieblingsfach natürlich Sport. Kunst fand ich auch immer gut, da man dabei so viele Freiheiten hatte, sich auszudrücken."

Die Schnellkritik: Eine exotische Kombination, die zugegebenermaßen spannend klingt. Leider bleiben ausbildungsrelevante Grundqualifikationen wie Sprache und Mathematik völlig außen vor. Damit fordert man die Skepsis der Personaler geradezu heraus und provoziert die Folgefrage: In welchen Fächern gab es denn die meisten Probleme?

„In welchen Fächern hatten Sie die meisten Probleme? Und warum war das so?"

Hintergrund
Das Pendant zur vorherigen Frage – nun geht es in die Gegenrichtung: Natürlich verraten auch die nicht ganz so heißgeliebten Schulfächer viel über die Kompetenzen eines Bewerbers. Beziehungsweise über seine Inkompetenzen.

Worauf kommt es an?
Wenn die Interviewer die Pluralform „Fächer" verwenden, sollte Sie das nicht dazu verleiten, leichtsinnigerweise eine ganze Reihe von Problemfällen aufzulisten. Bleiben Sie im Singular, nennen Sie zunächst nur ein Fach – und zwar eines, das für den Beruf weniger wichtig ist! Im gleichen Atemzug verweisen Sie dezent auf Ihre Stärken und begründen nachvollziehbar, warum es im angeführten Fach nicht so gut lief. Wobei „nachvollziehbar" nicht heißt, einem Lehrer die Verantwortung zuzuschreiben.

Ihre Antwort:

Musterantworten

„Da muss ich ganz ehrlich zugeben: in Chemie. Man sagt ja, wer in Mathe und Physik gut ist, der ist auch gut in Chemie, aber da bin ich wohl eine Ausnahme. In Mathe und Physik stand ich jedenfalls immer zwischen 1 und 2. Woran es in Chemie genau lag … Bis zur 9. Klasse war ich gar nicht so schlecht, meine Noten waren durchschnittlich bis gut. Dann kam der Schüleraustausch. Ich war ein Jahr lang weg, der Chemie-Unterricht war ganz anders als in Deutschland, und das hat mich ein bisschen aus der Bahn geworfen. Irgendwie haben mir danach einige wichtige Grundlagen gefehlt. Ich konnte noch so viel lernen: Es hat nicht gereicht, um den Anschluss zu finden."

„Meine stärksten Fächer waren die Sprachen, also Deutsch, Englisch und Französisch. Schwierigkeiten hatte ich in trockeneren Lernfächern wie Erdkunde, wo es für die Arbeiten hauptsächlich darum ging, abstrakte Bezeichnungen auswendig zu lernen. Mir liegt es eher, wenn ich etwas lerne, dass ich auch irgendwie praktisch anwenden kann."

„In Mathematik steht eine 5 in Ihrem Zeugnis. Wie erklären Sie sich das?"

Hintergrund

Eine ehrliche Interessensfrage ohne besondere Hintergedanken. Natürlich kann nicht jedes Zeugnis vor Bestnoten strotzen, das wissen auch die Personaler. Allerdings möchten sie gerne wissen, woran es denn im betreffenden Fach konkret lag – erst recht, wenn es sich um ein Schlüsselfach wie Mathematik handelt. Fragen nach schlechten Noten und schulischen Defiziten setzen Sie außerdem unter psychischen Druck. Auf eine souveräne Reaktion kommt es an!

Worauf kommt es an?

Bewerber mit schlechten Noten müssen nun Farbe bekennen. Was schwarz auf weiß im Zeugnis steht, lässt sich weder wegdiskutieren noch anderen in die Schuhe schieben. Aber mit etwas Geschick hinreichend abschwächen: indem man sich aufrichtig zu seiner schwachen Zensur bekennt und dafür triftige Gründe nennt. Vielleicht hat Ihnen das rein theoretische Lernen am Ende wenig Spaß gemacht, und Sie konnten die praktische Berufstätigkeit kaum erwarten? Oder Sie haben das Fach schlicht unterschätzt? Nicht vergessen: Das Zeugnis kannten die Personaler bereits, bevor sie die Gesprächseinladung verschickt haben.

Ihre Antwort:

_____

_____

_____

_____

_____

_____

_____

Musterantworten

+ „In Mathe hatte ich am Ende gewisse Probleme, ganz klar. Ich glaube, ich habe das Fach in der Abschlussklasse schlicht und einfach unterschätzt – vorher hatte ich damit kein Problem. Ich hätte intensiver lernen müssen. Das habe ich aber versäumt, weil ich mich in der Vorbereitung auf andere Fächer konzentriert habe, von denen ich dachte, dass sie mir schwerer fallen würden. In meinem Nebenjob als Kellner in einem Ausflugslokal hatte ich nie Probleme mit Zahlen und Abrechnungen."

− „Ehrlich gesagt weiß ich auch nicht, warum Frau Schröder mir eine 5 gegeben hat. Viele in unserer Klasse waren in Mathematik nicht besser als ich, haben aber eine 3 oder 4 im Zeugnis. Außerdem hatte ich in dem betreffenden Jahr viel Pech, weil ich vor den Mathe-Arbeiten häufiger krank war und dadurch viel verpasst habe."

Die Schnellkritik: Unfaire Lehrer, häufige Krankheiten – Rechtfertigungsversuche, die der Personaler wohl schon tausendmal gehört hat. Auch bei dieser Wiederholung dürfte er die Ohren auf Durchzug stellen. Gewünscht hätte er sich etwas mehr Selbstkritik: Nur wer eigene Fehler und Schwächen erkennt, kann sie beheben.

„Wie wollen Sie Ihre Schwächen in Englisch ausgleichen?"

Hintergrund
Kenntnislücken lassen sich schließen – vorausgesetzt, man verfügt über das nötige Quäntchen Motivation. Durch konkrete Pläne lässt sich der Wille zur Verbesserung am glaubwürdigsten demonstrieren.

Worauf kommt es an?
Prüfen Sie Lebenslauf und Zeugnisse vor dem Bewerbungsgespräch auf mögliche Schwachstellen. Spricht man Sie im Interview darauf an, dann bekennen Sie sich dazu – und bekunden Sie Ihre feste Absicht, die angeschnittenen Mängel auszugleichen. Der Wille zur Verbesserung zählt! Wenn die Sprachreise oder der Computerkurs später doch nicht zustande kommen, dürften die Personaler das Thema längst zu den Akten gelegt haben. In Ihrer Antwort haben Sie zudem genug Freiraum für einen kurzen Schwenk zu Ihren persönlichen Stärken.

Ihre Antwort:

_____
_____
_____
_____
_____
_____
_____
_____
_____
_____

Musterantwort

+ „Ich muss ganz ehrlich zugeben: Fremdsprachen sind nicht unbedingt meine Stärke. Fächer wie Mathematik, Deutsch oder Geschichte liegen mir eher. Wahrscheinlich liegt das daran, dass ich mich noch nie komplett in eine andere Sprachenwelt hineinversetzen musste. Ich sehe es heute so, dass ich etwas versäumt habe, weil ich nie an einem Schüleraustausch teilgenommen habe oder in den Ferien eine Sprachreise gemacht habe. Stattdessen stand für mich – abgesehen von der Schule – immer mein Nebenjob im Vordergrund, ich habe in den letzten Jahren sehr viel gearbeitet. Aber bis zum Ausbildungsbeginn sind es ja noch ein paar Monate. Die nutze ich, um eine Sprachreise nach England zu machen, darauf freue ich mich schon. Ich weiß, dass es im Beruf heute einfach dazugehört, eine Fremdsprache zu beherrschen."

„Laut Ihrem Zeugnis hatten Sie im letzten Jahr über 20 Fehltage. Wie kam es dazu?"

Hintergrund

In vielen Bundesländern schaffen es schulische Fehlzeiten gar nicht erst ins Abschlusszeugnis. Das bayrische Schulgesetz beispielsweise bestimmt: „Bemerkungen, die den Übergang ins Berufsleben erschweren", haben in bewerbungsrelevanten Schuldokumenten nichts verloren. Wo anderslautende Gesetze gelten, kann es allerdings heikel werden. Die simple Gleichung der Personaler: Wer häufig in der Schule gefehlt hat, droht wohl auch am Arbeitsplatz öfter durch Abwesenheit zu glänzen. Und dann hat das Unternehmen auch von einem fachlich hervorragenden Azubi wenig.

Worauf kommt es an?

Überdurchschnittlich viele Fehltage wecken Zweifel an der Zuverlässigkeit des Kandidaten. Einleuchtend erklären lassen sich längere Ausfallzeiten durch einmalige Ereignisse, etwa eine Krankheit. Für unentschuldigte Abwesenheiten gibt es jedoch kaum gute Argumente. Private Krisen, z. B. wegen Liebeskummer oder dem Verlust eines geliebten Menschen, können die Interviewer noch am ehesten nachvollziehen. Durch eine wahrheitsgemäße Auskunft und die ehrliche Beteuerung, aus dem eigenen Verhalten gelernt zu haben, kommt man meist mit einem blauen Auge davon. Extreme Härtefälle hingegen (Drogen, Kriminalität) führen mit Sicherheit zum K.O. und bleiben daher am besten unerwähnt.

Ihre Antwort:

_____

_____

_____

_____

_____

Musterantwort

„Im letzten Jahr hatte ich einen Fahrradunfall, bei dem ich mir den rechten Arm und das Schlüsselbein gebrochen habe. Die Brüche waren zum Teil ziemlich kompliziert und mussten operiert werden. Danach wurde ich für zwei Wochen krankgeschrieben, weil ich mich kaum bewegen konnte."

Bei vielen unentschuldigten Fehltagen zählt nur noch aufrichtiges Bedauern:

„Wie kann ich Ihnen das erklären … Ich hatte im letzten Jahr eine Phase, auf die ich selbst nicht wirklich stolz bin, im Gegenteil, sie ist mir ziemlich peinlich. Die Trennung von meinem Freund hat mich damals total runtergezogen. Ich habe mich kaum noch um die Schule gekümmert und bin ständig zu spät gekommen. Heute weiß ich, dass ich völlig überreagiert habe. Im Nachhinein sind diese Tage für mich verlorene Zeit, es ist einfach wahnsinnig ärgerlich. Als logische Konsequenz stehen jetzt diese 20 unentschuldigten Fehltage im Zeugnis."

„Warum haben Sie die Schule gewechselt?"

Hintergrund
Ein Schulwechsel – für die Personaler eine wichtige biografische Wegmarke. Denn wohl niemand verlässt sein gewohntes Umfeld aus einer spontanen Eingebung heraus. Hinter solch einem Schritt steckt in der Regel reifliche Überlegung, eine gewissenhafte Abwägung von Pros und Contras. Offensichtlich war dabei der Veränderungswille größer als der üblicherweise ziemlich starke Drang, vertraute Verhältnisse beizubehalten. Warum?

Worauf kommt es an?
Der wohl banalste aller Gründe: ein Umzug. Abgesehen davon können besonders attraktive Angebote Lernwillige an eine andere Schule locken: zum Beispiel Austauschprogramme, Nachmittagsaktivitäten und – in der gymnasialen Oberstufe – Leistungskurse. Natürlich kommt es auch vor, dass ein Bewerber aufgrund rapide verschlechterter Noten oder persönlicher Probleme einen Neuanfang gesucht hat. Um den Verdacht mangelnder Sozialkompetenz zu vermeiden, sollte man in diesen Fällen Engagement, Eigeninitiative und Flexibilität betonen. Die gelungene Integration in ein neues Umfeld darf man auf jeden Fall als Erfolg verbuchen.

Ihre Antwort:

_____

_____

_____

_____

_____

_____

_____

Musterantworten

+ *„Es war für mich keine leichte Entscheidung, nach der 11. Klasse die Schule zu wechseln. Eigentlich war ich an meiner früheren Schule ziemlich zufrieden. Aber leider kam der Informatik-Leistungskurs, den ich unbedingt wählen wollte, dann doch nicht zustande. Deswegen bin ich auf eine andere Schule gewechselt, an der es einen solchen Kurs gab."*

„An meiner ‚alten' Schule war ich drei Jahre lang, von der 5. bis zur 8. Klasse. Während der Zeit hat sich das ganze Klima leider ziemlich verschlechtert. Es wurden viele Nachmittagsangebote gestrichen, und dass wir alle paar Tage Vertretungsunterricht bei unterschiedlichen Lehrern hatten, war völlig normal. Nicht wirklich optimal zum Lernen. Deswegen habe ich beschlossen, die Schule zu wechseln. Ich glaube, das war der richtige Schritt, an der neuen Schule habe ich schnell Fuß gefasst."

„Warum haben Sie kein Abitur gemacht/nicht studiert?"

Hintergrund
„Weil ich eine Ausbildung machen möchte!": an sich keine schlechte Antwort, aber etwas zu wortkarg. Der Personaler möchte sich vergewissern, dass Sie Ihre Bewerbung aus Überzeugung eingereicht haben und nicht aus reiner Bequemlichkeit oder schlichtem Mangel an Alternativen.

Worauf kommt es an?
Es gibt viele gute Gründe, eine Berufsausbildung zu beginnen – von wegen schlechte Noten oder fehlende andere Möglichkeiten. Häufig entscheiden sich Schulabgänger für den direkten Einstieg ins Berufsleben, damit sie endlich praktisch arbeiten, ein eigenes Gehalt verdienen und auf eigenen Füßen stehen können. Stellen Sie klar, dass der Entschluss für die Ausbildung keine Notlösung war, sondern Ihrem Lebensentwurf entspricht.

Ihre Antwort:

Musterantworten

„Ob ich das Abi machen soll oder nicht, diese Frage habe ich mir in den letzten Monaten selbst sehr häufig gestellt. Am Ende war ich mir sicher, dass es für mich das Beste ist, mit der Mittleren Reife abzugehen: Ich möchte endlich ins Arbeitsleben einsteigen, endlich auf eigenen Füßen stehen. Jetzt ist genau die richtige Zeit, ich fühle mich reif dafür. Würde ich noch zwei Jahre länger an der Schule bleiben und danach zum Studieren an die Uni gehen, würde es bis zum Berufseinstieg ja noch Jahre dauern. Ich mache mir überhaupt keine Sorgen, dass ich irgendetwas verpassen könnte – im Gegenteil, ich würde eher etwas vermissen, wenn ich die Ausbildung nicht mache. Wenn ich mich später weiter qualifizieren möchte, gibt es dafür theoretisch auch nach der Ausbildung noch genug Möglichkeiten, zum Beispiel durch eine Weiterbildung zur geprüften Handelsfachwirtin."

„Sie haben recht, ich hätte mit meinem Abitur auch studieren können. Aber ich denke, dass es in Deutschland heute viel wichtiger ist, erst einmal einen Beruf zu erlernen. Als ausgelernte Kraft bekomme ich immer einen Job – nach einem Studium ist das heute ja nicht mehr so sicher. Wenn ich vom Betrieb die Möglichkeit bekommen würde, zu studieren, dann könnte ich mir das später auch vorstellen. Aber zuerst will ich die Ausbildung abschließen. Ich sehe meine Stärken in der Praxis und will auf eigenen Füßen stehen."

„Haben Sie während Ihrer Schulzeit bereits Berufserfahrung gesammelt? Was haben Sie dabei gelernt?"

Hintergrund
Bestimmt waren Sie schon einmal in der Arbeitswelt unterwegs: egal, ob Sie ein Praktikum absolviert, regelmäßig im Supermarkt gejobbt oder gelegentlich im Second-Hand-Shop ausgeholfen haben. Die Interviewer wollen wissen: Haben Sie eine realistische Vorstellung von den Anforderungen, die das Arbeitsleben mit sich bringt? Kennen Sie sich im angestrebten Tätigkeitsfeld schon ein wenig aus?

Worauf kommt es an?
Wer gearbeitet hat, hat auch etwas gelernt – zumindest Eigeninitiative, Verantwortungsbewusstsein und Arbeitsdisziplin, im Idealfall sogar berufsspezifische Fertigkeiten. Stellen Sie, wenn möglich, einen Bezug zwischen Ihren bisherigen Aktivitäten und dem gewählten Beruf her. Übrigens: Berufspraktische Erfahrungen kann man natürlich auch im Rahmen eines ehrenamtlichen Engagements machen.

Ihre Antwort:

Musterantwort

„Während der Schulzeit habe ich als Kassiererin in einem Supermarkt gejobbt. Da hatte ich jeden Tag mit den unterschiedlichsten Kunden zu tun, nicht immer mit zufriedenen: Manchmal zum Beispiel wurde ein Artikel aus Versehen nicht bestellt – dann haben die Kunden die Ware nicht gefunden, während des Einkaufs Frust aufgebaut und ihn an der Kasse wieder abgelassen. Mit der Zeit habe ich gelernt, wie ich solche Situationen am besten entschärfe. Ich habe dann immer gesagt, dass mich das Problem sicherlich auch ärgern würde und dass die Fachabteilung die Ware nachbestellt, damit sie beim nächsten Einkauf wieder verfügbar ist. Aber wo Menschen arbeiten, passieren Fehler. Wenn man auf die Kunden eingeht und sie ernst nimmt, sind sie meist wie ausgewechselt und entschuldigen sich für ihr Benehmen. Was den Umgang mit Menschen in heiklen Situationen angeht, bin ich, glaube ich, schon ganz gut vorbereitet."

„Was hat Sie bei der Wahl Ihres Praktikums motiviert?"

Hintergrund
Berufliche Vorerfahrungen in Praktika haben es den Interviewern besonders angetan, die entsprechenden Einträge im Lebenslauf nehmen sie meist äußerst gründlich unter die Lupe. Kein Wunder, denn dadurch erfahren sie nicht nur, welche Grundfertigkeiten und Basiskenntnisse ein Bewerber bereits besitzt: Sie finden auch heraus, wie die berufliche Entscheidungsfindung ablief.

Worauf kommt es an?
Heimlich, still und leise bringen die Interviewer bereits den nächsten Themenschwerpunkt ins Spiel: die Berufswahl. Selbstredend erwarten sie nicht, dass der Kandidat von Geburt an einem festen Karriereplan folgt. Praktika dienen in erster Linie zum Herantasten – an die Branche, den Beruf und das Arbeitsleben. Selbst wenn Wunsch und Wirklichkeit dabei nicht vollkommen übereingestimmt haben sollten: Die Praktikumserfahrungen haben Sie mit Sicherheit weitergebracht und auch bei der Wahl des Ausbildungsplatzes beeinflusst. Machen Sie plausibel, welche Interessen Sie auf Ihrem beruflichen Werdegang antreiben.

Ihre Antwort:

Musterantworten

„Sie sprechen von meinem dreiwöchigen Schulpraktikum. Ich hatte mich damals bei einem großen Lebensmittelhändler beworben, weil ich mehr über die Tätigkeiten und den Arbeitsalltag im Lebensmittel-Einzelhandel erfahren wollte. Damals wusste ich noch nicht, ob mir die Branche wirklich liegt – heute bin ich mir da zu 100 Prozent sicher. Ich habe gemerkt, dass ich gerne mit Menschen arbeite. Die Ware verfügbar zu machen und Kunden zu beraten, hat mir viel Spaß gemacht. Das Praktikum hat mir bei meiner Berufswahl sehr weitergeholfen."

„Ursprünglich habe ich das Praktikum bei dem IT-Dienstleister vor allem aus Interesse an der Technik gemacht. Mit Netzwerken und Computersystemen hatte ich mich in der Freizeit und im privaten Umfeld immer schon ziemlich intensiv beschäftigt. In den drei Praktikumswochen hatte ich dann auch die Möglichkeit, über den Tellerrand zu blicken und die kaufmännische Seite der IT kennen zu lernen. Und ich habe gemerkt, dass mir das auch viel Spaß macht."

"Was haben Sie in Ihrem Praktikum genau gemacht?"

Hintergrund
Anders formuliert: „Was haben Sie während Ihres Praktikums gelernt?" An dieser Stelle erwarten die Personaler eine knappe Zusammenfassung des Praktikumsverlaufs. Am meisten freuen sie sich natürlich, wenn darin ausbildungsrelevante Aufgaben, Tätigkeiten oder Erfahrungen vorkommen. Um die Eindrücke von damals vor dem Bewerbungsgespräch aufzufrischen, kann ein Blick in den Praktikumsbericht nicht schaden.

Worauf kommt es an?
Beschreiben Sie kurz und prägnant, was Sie im Praktikum gemacht – und vor allem: gelernt – haben. Welche wertvollen Praxiskenntnisse konnten Sie gewinnen? Stellen Sie außerdem dar, welchen Einfluss das Praktikum auf Ihre Berufswahl hatte: Hat es Sie in Ihrer Entscheidung bestärkt, oder haben Sie sich danach noch einmal bewusst umorientiert?

Ihre Antwort:

Musterantwort

„Ich hatte das Glück, dass das Praktikum ziemlich gut koordiniert war. Deswegen konnte ich der relativ kurzen Zeit – es waren ja nur drei Wochen – viele unterschiedliche Bereiche kennen lernen: Zuerst war ich in der Marketing-Abteilung, danach im Lager, in der letzten Woche durfte ich im Verkauf mithelfen und zum Beispiel Kunden beraten. Viel gelernt habe ich auch über das Organisatorische – das heißt darüber, wie so ein Betrieb aufgebaut ist und wie er funktioniert. Darüber wusste ich bis dahin noch nicht so viel. Ich habe in meinem Praktikum viele gute Erfahrungen gemacht und möchte mit der Ausbildung zur Kauffrau im Einzelhandel jetzt den logischen nächsten Schritt gehen."

„Sie haben schon einmal eine Ausbildung begonnen, aber nach wenigen Wochen abgebrochen. Warum?"

Hintergrund
Eins vorweg: Die Interviewer stecken nicht mit dem Ex-Arbeitgeber unter einer Decke. Aber sie können nun einmal nicht anders, als einen Ausbildungsabbruch durch die Firmenbrille zu betrachten, und sie wollen tunlichst verhindern, dass sich die Geschichte im eigenen Haus wiederholt. Auch während der aktuell angestrebten Lehre kann es stressige Situationen, Probleme und Konflikte geben. Widrigkeiten zu überstehen, gehört zum Berufsleben dazu.

Worauf kommt es an?
Das A und O bei dieser Frage: Fingerspitzengefühl. Denn wer einen Alleinschuldigen präsentieren will, gerät am Ende selbst in die Bredouille. Der Ex-Arbeitgeber war unfair, der Umgangston ruppig, die Arbeitszeiten unmöglich? Wer darüber klagt, kommt in den Augen der Interviewer womöglich einfach nur mit den Anforderungen des Berufslebens nicht klar. Bekennt man hingegen reumütig, selbst den Hauptteil zum verfrühten Ausbildungsende beigesteuert zu haben, steckt man erst recht in Schwierigkeiten. Wie ziehen sich Abbrecher am elegantesten aus der Affäre? Indem sie erstens niemanden anschwärzen und zweitens betonen, dass sich beide Seiten einvernehmlich getrennt haben.

Ihre Antwort:

Musterantwort

„Am Anfang hat eigentlich alles gepasst: Die Stellenbeschreibung hat mich damals vollkommen überzeugt, und auch das Vorstellungsgespräch lief positiv. In den ersten Wochen der Probezeit hat sich allerdings gezeigt, dass vieles im Betriebsalltag nicht so zu verwirklichen war, wie wir uns das vorher vorgestellt hatten. Ich weiß, dass die Lehrzeit eine harte Schule ist und man sein Bestes geben muss. Aber die Ausbildung sollte auch dazu da sein, den Betrieb und die verschiedenen Bereiche gut kennen zu lernen. Das war leider kaum möglich. Ich habe mit meinem damaligen Ausbildungsleiter und dem Personalverantwortlichen viel über die Situation gesprochen. Wir waren uns einig, dass es für mich der beste Weg ist, eine Ausbildung in einem anderen Lehrbetrieb zu absolvieren."

Berufswahl

Jeder Arbeitgeber möchte wissen, warum ein Kandidat ausgerechnet den gewählten Beruf erlernen will – reiner Zufall wird es wohl kaum sein. Motivierte Bewerber haben im Vorfeld alle verfügbaren Informationsquellen angezapft, ihre Kenntnisse und Talente realistisch analysiert und die Berufsentscheidung aus fundierter Überzeugung getroffen. Dass es in Ihrem Fall nicht anders ablief, darüber möchten sich die Personaler nun Gewissheit verschaffen.

„Warum haben Sie sich gerade für diesen Beruf entschieden? Was reizt Sie daran?"

Hintergrund
Die Wahl des Ausbildungsberufs beeinflusst den gesamten weiteren Karriereweg. Wer sich um eine Lehre bewirbt, tut das also bestimmt nicht aus einer spontanen Laune heraus, sondern wird dafür ein paar gute Gründe kennen – nämlich die eigenen Fähigkeiten, Erfahrungen und Interessen. Und die möchten die Personaler nun hören.

Worauf kommt es an?
Lassen Sie keine Zweifel aufkommen, dass Beruf und Berufung bei Ihnen eng zusammenhängen. Verknüpfen Sie Ihre Kenntnisse und Fertigkeiten mit den Anforderungen des Betriebs. Helfen kann es, wenn Sie sich die Stellenausschreibung vor dem Interview noch einmal durchlesen: Welche Kompetenzen werden erwartet? Machen Sie klar, dass Sie Ihre Entscheidung selbstbestimmt und aus Überzeugung getroffen haben. Schnöde materielle Argumente (hohes Gehalt, sicherer Arbeitsplatz), Bequemlichkeitsaspekte (kurze Anfahrt) oder der Hinweis auf die Überredungskünste der Eltern taugen nicht, um die eigene Motivation zu belegen.

Ihre Antwort:

Musterantworten

+ *"Grundsätzlich bin ich ein kommunikativer Mensch, der gern mit anderen Menschen arbeitet. Ich habe schon ein Praktikum im Einzelhandel gemacht, und da hat es mir sehr gut gefallen – zum Schluss durfte ich selbstständig Kunden beraten, das hat richtig Spaß gemacht. Ich glaube, bei mir ist der Servicegedanke entscheidend gewesen. Und in Mathematik war ich in der Schule immer sehr gut, Rechnen fällt mir leicht."*

"Naja, ich hatte schon immer ein großes Interesse an Technik, deswegen war ich zum Beispiel mehrere Jahre lang bei der Jugendfeuerwehr. Für mich war es deswegen nur logisch, eine Ausbildung im Mechanik-Bereich zu machen. Im letzten Jahr habe ich kurz zwischen dem Industriemechaniker und dem Konstruktionsmechaniker geschwankt, habe mich aber schließlich für den Industriemechaniker entschieden, weil mich die Arbeit an großen industriellen Maschinen und Anlagen besonders interessiert."

− *"Das muss wohl irgendwie in der Familie liegen, mein Bruder arbeitet nämlich in demselben Beruf. Meine Eltern wollten auch, dass ich die Ausbildung zum Kfz-Mechatroniker mache. Und außerdem fahre ich total gerne Auto."*

Die Schnellkritik: Jedes Fettnäpfchen zu erwischen, ist auch eine Kunst. Offensichtlich war der Kandidat nicht einmal in der Lage, seine Berufsentscheidung in die eigene Hand zu nehmen. Besitzt er überhaupt das Zeug für die angestrebte Ausbildung? Dass er den Spaßfaktor beim Autofahren mit Technikbegeisterung verwechselt, lässt anderes vermuten – ein passionierter Fahrzeuglenker ist noch lange kein guter Kfz-Mechatroniker.

„Wo und wie haben Sie sich über den Beruf informiert?"

Hintergrund
An allgemein bildenden Schulen kommt man um das Thema Berufsorientierung nicht herum, es steht schon in niedrigen Klassenstufen auf dem Lehrplan. Zur weiteren Annäherung an interessante Ausbildungsberufe lohnt sich die Internetrecherche, zum Beispiel auf den Seiten der Bundesagentur für Arbeit. Besonders empfehlenswert: ein Besuch im örtlichen Berufs-Informations-Zentrum und ein individuelles Orientierungsgespräch mit dem Berufsberater der Arbeitsagentur. Größere Betriebe beschreiben ihre Ausbildungsangebote darüber hinaus meist in speziellen Broschüren und Prospekten. Engagierte Kandidaten können bei dieser Frage also aus dem Vollen schöpfen.

Worauf kommt es an?
Informieren Sie sich im Voraus gründlich über Stelle, Beruf und Betrieb, dann brauchen Sie die einzelnen Stationen dieser Recherche im Auswahlgespräch nur noch nachzuvollziehen. Sie haben sich beworben, weil Sie wissen, worum es in dem Beruf geht – und Sie freuen sich, bald noch viel mehr zu lernen.

Ihre Antwort:

_____

_____

_____

_____

_____

_____

_____

Musterantworten

+ „Ich habe mich an verschiedenen Stellen informiert. Als ich zum ersten Mal darüber nachgedacht habe, eine Ausbildung zu machen, habe ich mich gefragt, was ich kann und was mich interessiert. Da bin ich schnell im Bereich Fahrzeugtechnik gelandet, und ich habe mir dazu im Internet verschiedene Berufsbeschreibungen durchgelesen. In der 8. Klasse habe ich dann mein Schülerpraktikum in einem Kfz-Meisterbetrieb gemacht. Die Arbeit hat mir gut gefallen. Ein paar Monate später war ich im Berufs-Informations-Zentrum und habe da einen speziellen Berufswahltest gemacht. Das Ergebnis war, dass die Ausbildung zum Kfz-Mechatroniker genau das Richtige für mich ist."

„Zum ersten Mal habe ich in der Schule vom Beruf ‚Bürokaufmann' gehört. Wir haben damals verschiedene Ausbildungsberufe in der Klasse vorgestellt, und diesen Beruf fand ich besonders interessant, weil ich so gerne organisiere und mit Menschen arbeite. In der 9. Klasse kam eine Berufsberaterin vom Arbeitsamt in die Schule, mit der ich mich darüber unterhalten habe, was man für den Job können muss und wie die Ausbildung abläuft. Außerdem habe ich mich bei einem Bekannten informiert, der als Bürokaufmann bei einem Küchengeräte-Hersteller arbeitet. Und als ich Ihr Stellenangebot gefunden habe, habe ich mir gleich Ihre Ausbildungsbroschüre im Internet heruntergeladen."

− „Wir haben in der Schule viel darüber erfahren. Außerdem habe ich mir Berufsbilder im Internet durchgelesen."

Die Schnellkritik: Etwas mehr Begeisterung, bitte – und wesentlich mehr Einzelheiten! Nur ein paar karge Stichworte reichen den Interviewern nicht, um sich ein Bild vom Berufswahl-Prozess des Bewerbers machen zu können.

„Haben Sie sich auch auf andere Stellen beworben?"

Hintergrund
Haben Sie Ihre Fühler auch nach anderen Stellen ausgestreckt, ist das grundsätzlich nicht schlimm – ganz im Gegenteil, es kann sogar besonderes Engagement bekunden. Problematisch wird es allerdings, wenn die Prioritäten unklar sind: Steht der Berufseinstieg bei diesem Betrieb überhaupt im Vordergrund?

Worauf kommt es an?
Niemand nimmt es einem Berufseinsteiger übel, wenn er nach verschiedenen Stellen Ausschau hält. Ein kategorisches „Nein, natürlich nicht" wirkt womöglich eher unglaubwürdig. Doch den Eindruck, man klopfe völlig wahllos überall an, gilt es zu vermeiden. Streifen Sie eventuelle Alternativen nur kurz – erst recht, wenn Sie sich für verschiedene Berufe mit wenigen Gemeinsamkeiten bewerben. Kehren Sie schnell zurück zum Wesentlichen, das heißt zu dem Ausbildungsplatz, um den es im Gespräch geht. Betonen Sie, dass diese Bewerbung absoluten Vorrang hat.

Ihre Antwort:

_____

_____

_____

_____

_____

_____

_____

_____

Musterantworten

+ „Ja, ich habe mich auch bei anderen Unternehmen beworben, aber heute ist mein erstes Vorstellungsgespräch. Ich weiß, dass Sie sehr viele Interessenten haben, daher kann ich nicht sicher sein, die Stelle bei Ihnen zu bekommen. Auch wenn das mein Ziel ist."

„Ja, ich habe mich bei verschiedenen Unternehmen beworben. Aber ich glaube, dass ich sehr gut in Ihren Betrieb passen würde. Den Eindruck hatte ich von Anfang an, und er hat sich in unserem Gespräch bisher auch voll und ganz bestätigt. Bei einer Zusage von Ihnen würde ich meine Ausbildung auf jeden Fall hier absolvieren."

− „Ja, ich habe mich nicht nur als Bankkaufmann, sondern auch als Koch bei verschiedenen Unternehmen beworben. Ich will einfach sichergehen, dass ich im nächsten Monat einen Ausbildungsplatz habe."

Die Schnellkritik: Koch und Bankkaufmann? Eine gefährliche Kombination: Liegen die angestrebten Berufe so weit auseinander, kann es mit der beruflichen Überzeugung nicht weit her sein. Jobalternativen sollte man nur erwähnen, wenn sie der Stelle ähneln, um die es im aktuellen Gespräch geht. An einer Parallelbewerbung bei einer Versicherung hätte ein Bank-Interviewer sicher nicht viel auszusetzen. Aber wäre ein Küchenkünstler am Kassenschalter gut aufgehoben?

„Wie steht Ihr Partner, wie stehen Ihre Eltern und Freunde zu Ihrer Bewerbung?"

Hintergrund
Ein stabiles soziales Umfeld hilft in jeder Lebenssituation. Wenn Partner, Angehörige oder Freunde den Kandidaten beim Berufseinstieg unterstützen, ist das ein großer Vorteil – wenn sie ihm Steine in den Weg legen, ein Nachteil. Zwischen den Zeilen lauert hier freilich eine Projektivfrage: Die Personaler achten in erster Linie darauf, ob sich der Bewerber selbst seiner Sache sicher ist.

Worauf kommt es an?
Schildern Sie, wie Ihre Berufsentscheidung im Kreis Ihrer Nächsten aufgenommen wurde. Sollte dies nicht besonders harmonisch geschehen sein, stellen Sie Ihre eigene Überzeugung in den Vordergrund: Private Auseinandersetzungen rauben Zeit und kosten Kraft, doch die Interviewer erwarten, dass man den Kopf für die Ausbildung frei hat. Für die Aufarbeitung von Beziehungsproblemen, Familienstreits und zerbrochenen Freundschaften ist ein Vorstellungsgespräch daher definitiv der falsche Platz.

Ihre Antwort:

Musterantworten

+ „Meine Familie und meine Freunde unterstützen mich wirklich gut. Anfangs war es für sie etwas schwer, da ich für die Stelle umziehen müsste. Aber ich habe mir die Sache genau überlegt. Es ist nun mal mein Wunschberuf, und mittlerweile haben sie das auch verstanden. Mein Bruder und meine Eltern haben bereits angeboten, mir beim Umzug unter die Arme zu greifen, und ich weiß, dass ich mich immer auf sie verlassen kann."

„Als ich mit meinem Partner über meine Bewerbung gesprochen habe, hat er mir gleich gesagt, dass er voll hinter mir steht. Er weiß, dass ich mich gut informiert habe und mir die Ausbildung viel bedeutet. Und er findet es auch richtig, dass ich jetzt ins Berufsleben einsteige."

„Welche Rolle haben Ihre Eltern bei Ihrer Berufswahl gespielt?"

Hintergrund
Mag sein, dass der Apfel nicht weit vom Stamm fällt. Daraus folgt aber nicht zwingend, dass die Bankierstochter unbedingt in die Finanzbranche einsteigen oder der Polizistensohn in die väterlichen Beamten-Fußstapfen treten muss. Bei der Frage „Was will ich werden?" können die Eltern Rückhalt und Orientierung geben, doch das letzte Wort sollte der Bewerber für sich beanspruchen.

Worauf kommt es an?
Dass die Eltern einen gewissen Einfluss auf die Berufswahl gehabt haben, muss man nicht verleugnen. Aber der Schritt ins Berufsleben ist gleichzeitig ein Schritt zu mehr Selbstständigkeit, und das ist das richtige Stichwort: Wer sich für eine Ausbildung bewirbt, sollte klar machen, dass er dies aus eigenem Antrieb tut – immerhin legt er damit den Grundstein für seine berufliche Zukunft! Wie bei allen Fragen zum Privatleben besteht auch hier keine Pflicht, umfassend und wahrheitsgemäß zu antworten und z. B. die Berufe der Eltern preiszugeben.

Ihre Antwort:

Musterantworten

+ „Mein Vater arbeitet auch als Bankkaufmann, und er hat immer viel von seiner Arbeit erzählt. Dass es bei uns zu Hause ganz normal war, über Wirtschaftsthemen zu sprechen, hat mich ganz bestimmt beeinflusst. Letzten Endes ist die Berufswahl aber eine Entscheidung, die jeder für sich selbst treffen muss! Natürlich fanden es meine Eltern gut, dass ich auch in die Finanzbranche gehen möchte, aber das habe ich selbst so entschieden, weil ich mich dafür interessiere."

„Meine Eltern haben mich immer unterstützt, auch wenn ich mich beruflich für eine andere Richtung entschieden habe. Mein Vater ist Informatiker, meine Mutter arbeitet als Pflegerin. Da gibt es zum Industriemechaniker keine direkte Verbindung. Aber sie wissen, dass ich mir meine Entscheidung gut überlegt habe."

Berufswahl

Berufsbild

Bis hierhin stand Ihre Persönlichkeit im Mittelpunkt, nun geht es eher um Ihr Faktenwissen. Dieser Richtungswechsel markiert den Übergang zu einer sehr intensiven Interviewphase, in der die Personaler berufs- und betriebsbezogene Vorkenntnisse gründlich auf die Probe stellen. Eine gute Vorbereitung lässt Sie dabei glänzen: Durch ein fundiertes Wissen über das Berufsbild beweisen Sie, dass Ihre Ausbildungsentscheidung auf sicheren Füßen steht – Sie haben offensichtlich verstanden, worum es in dem Job geht! So machen Sie gleichzeitig sehr elegant klar, dass es um Ihre berufliche Motivation hervorragend bestellt ist.

„Was wissen Sie über den Beruf des/der …?"

Hintergrund
Niemand bewirbt sich „einfach so" aus Lust und Laune. Die Personaler gehen davon aus, dass der Kandidat sich im Rahmen seiner Berufswahl eingehend mit den Grundlagen des Ausbildungsberufs auseinandergesetzt hat.

Worauf kommt es an?
Wer sich mit den anstehenden Aufgaben identifiziert, weiß, dass er beim Vorstellungsgespräch am richtigen Platz ist – und kann das auch seinen Gesprächspartnern zeigen. Voraussetzung dafür ist eine gründliche Vorarbeit: Ohne zu wissen, was der Beruf erfordert, kann man nicht glaubwürdig vermitteln, dafür geeignet zu sein. Frischen Sie Ihr Berufsbild-Wissen vor dem Gespräch am besten noch einmal gründlich auf, machen Sie sich mit dem Ausbildungsverlauf und dem Tätigkeitsprofil als ausgelernte Kraft vertraut. Die offene Fragestellung lädt zu einem weiträumigen Rundumschlag ein.

Ihre Antwort:

_____

_____

_____

_____

_____

_____

_____

_____

_____

Musterantworten

... Kfz-Mechatronikers:

„Als Kfz-Mechatroniker geht es einfach gesagt darum, Kraftfahrzeuge zu reparieren, zu warten oder umzurüsten. Hauptsächlich hat man, glaube ich, damit zu tun, Fehler an Pkws zu suchen und zu beheben, zum Beispiel am Bremssystem oder am Motor. Soweit ich weiß, tauscht man heute oft gleich komplette Bauteile oder Module aus, weil das schneller geht und günstiger ist, als einzelne Kleinteile zu reparieren. Moderne Kfz sind ja ziemlich komplex, sie bestehen aus mechanischen, elektronischen und computertechnischen Elementen, und bei der Fehlersuche arbeitet man meistens mit speziellen Diagnosesystemen. Aber man darf sich nicht nur auf diese Systeme verlassen. Man muss auch per Hand nachprüfen können, wo ein Fehler sitzt und ob am Ende alles funktioniert. Bei der Arbeit am Fahrzeug kann es im Ernstfall um Leben und Tod gehen, wenn man zum Beispiel mal daran denkt, was bei einem Bremsschaden so alles passieren kann."

... Kauffrau im Einzelhandel:

„Wie schon der Name sagt: Im Einzelhandel handelt man mit Waren. Aber natürlich steckt viel mehr dahinter. Damit der Kunde gerne und regelmäßig einkaufen kommt, muss man ihn durch guten Service an sich binden. Im Grunde genommen geht es im Handel also darum, dass man den Kunden zufriedenstellt, dass man ihn gut berät und ihm genau das Produkt verkauft, das er braucht. Ich denke, die persönliche Beratung spielt heutzutage eine besonders große Rolle, weil man mittlerweile ja fast alles im Internet kaufen kann. Die Preise in den Online-Shops sind meistens niedrig, aber eine gute Beratung und den persönlichen Kontakt bekommt man da nicht. Genauso wenig kann man die Ware am Bildschirm richtig anschauen, anfassen oder ausprobieren. Deshalb glaube ich, dass die Arbeit im Handel immer wichtig und abwechslungsreich bleiben wird."

... Bankkaufmanns:

„Mir war früh klar, dass ich einen beratenden Beruf ergreifen möchte, bei dem ich viel mit Menschen zu tun habe. Weil mir Finanzthemen grundsätzlich liegen, bin ich relativ schnell beim Bankkaufmann gelandet. Außerdem habe ich einen Eignungstest im Internet gemacht, mit dem Ergebnis, dass der Bankkaufmann gut zu mir passt. Mir ist es wichtig, dass ich im Beruf mit Menschen in Kontakt komme und ihnen gute

Lösungen anbieten kann. Es ist doch auch für einen selbst ein gutes Gefühl, wenn ein Kunde zufrieden nach Hause geht und gerne wiederkommt. Sicher, mittlerweile gibt es etliche reine Online-Banken, aber ich glaube nicht, dass sich jeder damit anfreunden kann. Geldgeschäfte sind ja doch ein bisschen komplizierter und vertrauensbedürftiger. Da ist meiner Meinung nach eine persönliche Beratung besonders wichtig, und die bekommt man nur in Filialen. Außerdem bieten Banken ja auch häufig Versicherungsprodukte an. Insgesamt stelle ich mir die Tätigkeit natürlich sehr abwechslungsreich vor."

... Fachinformatikerin (Anwendungsentwicklung):

„Also, wenn man eine Ausbildung zur Fachinformatikerin für Anwendungsentwicklung abgeschlossen hat, ist man Softwareentwicklerin. Und diese Bezeichnung bringt schon ziemlich genau auf den Punkt, worum es in dem Beruf geht: Man entwickelt Software. Das können Steuerungsprogramme für Industriegeräte sein, Anwendungen für Desktop-PCs, Apps für mobile Endgeräte oder etwas ganz anderes. Je nachdem, wie und wofür ein Programm eingesetzt werden soll, nutzt man verschiedene Programmiersprachen, zum Beispiel PHP, Visual Basic .NET, C++, Java und so weiter. In der Ausbildung lernt man kurz gesagt, wie man gute, das heißt sinnvoll aufgebaute, stabile und schnelle Programme schreibt. Dabei erfährt man auch, welche Zusammenhänge es zwischen Anwendungen, Servern und Datenbanken gibt."

„Was qualifiziert Sie denn für den Beruf?"

Hintergrund
Die Frage ist beinahe ein Wink mit dem Zaunpfahl, sich selbst auf die Schulter zu klopfen. Und gerade daher gefährlich. Natürlich sollten Sie hier Ihre positiven Eigenschaften hervorheben, aber bitte immer auf dem Boden der Tatsachen. Angemessen „geerdet" können Sie den Interviewern schmackhaft machen, wie das Unternehmen künftig von Ihren Fähigkeiten und Kenntnissen profitieren könnte.

Worauf kommt es an?
Zeigen Sie sich von Ihrer Schokoladenseite. Ein paar Charakterzüge schätzt jeder Arbeitgeber: beispielsweise Leistungsbereitschaft, Teamgeist, Loyalität, Kommunikationsvermögen, Zuverlässigkeit und Flexibilität. Darüber hinaus sollten Sie natürlich auch einige berufsspezifische Qualifikationen nennen, die Ihre Eignung untermauern. Denken Sie an die konkreten Aufgaben im Betrieb, werfen Sie noch einmal einen Blick auf das Anforderungsprofil der Stellenanzeige: Jetzt können Sie schlüssig darlegen, warum dieses Profil wie maßgeschneidert zu Ihnen passt.

Ihre Antwort:

_____
_____
_____
_____
_____
_____
_____
_____
_____

Musterantworten

Kfz-Mechatroniker:
"Ich denke, dass ich gründlich, sorgfältig und handwerklich ziemlich geschickt bin. Alles, was mit Technik zu tun hat, nehme ich gerne in die eigene Hand. Mein Mountainbike zum Beispiel habe ich mir komplett selbst aufgebaut und ich repariere es auch selbst. Mir macht es Spaß, wenn ich anpacken und etwas bewegen kann. Den ganzen Tag am Schreibtisch zu sitzen und Briefe zu schreiben oder Zahlen hoch und runter zu rechnen, das wäre nichts für mich. Aber natürlich darf man das Lernen nicht aus den Augen verlieren. Gerade im Kfz-Bereich gibt es ja ständig neue Entwicklungen, da muss man auf dem Laufenden bleiben. In meinen Schulzeugnissen können Sie sehen, dass ich in Mathe und Physik immer gute Noten hatte. In Englisch war ich auch gut, das ist für den Umgang mit Computertechnik sicher nicht verkehrt."

Kauffrau im Einzelhandel:
"Grundsätzlich denke ich, dass der Beruf sehr abwechslungsreich ist, aber auch einiges abverlangt. Man sollte gut mit Menschen umgehen und verschiedene Aufgaben sorgfältig abarbeiten können. So wie ich mich sehe – und auch andere mich sehen –, kann ich das: Ich kann gut auf Menschen zugehen und sie beraten, ich bin gründlich und verliere nicht gleich die Nerven, wenn mal viel los ist. Gerade im Handel muss man ja sehr flexibel und belastbar sein, zum Beispiel wegen der unterschiedlichen Schichten, die sich wahrscheinlich kaum vermeiden lassen, weil die Öffnungszeiten immer länger werden. Wenn Sie eine Auszubildende suchen, die belastbar und motiviert ist, die Sie fördern und fordern möchten, dann würde ich die Ausbildung sehr gerne bei Ihnen machen."

Bankkaufmann:
"Wenn ich zum Beispiel in meine Filiale komme, passiert es schon mal, dass ein paar Kunden vor mir in der Schlange warten. Deswegen glaube ich, dass man in der Lage sein sollte, mit Zeitdruck umzugehen und immer sorgfältig zu arbeiten. Dass man gut mit seinen Kollegen klar kommt und sich untereinander abstimmt, ist bestimmt auch ziemlich wichtig. Außerdem sollte man seriös auftreten, denn schließlich geht es um das Geld der Kunden. Und man muss flexibel sein: Neulich habe ich gesehen, dass manche Banken Kundentermine nach den Öffnungszeiten anbieten. Die wichtigen Voraussetzungen erfülle ich ganz gut, denke ich. Und in Mathematik bin ich einer der

Besten in der Klasse. Außerdem mache ich in meiner Freizeit viel am PC, deswegen fühle mich relativ fit für die Computerarbeit, ohne die in der Bank wahrscheinlich wenig geht. Ich habe gezielt nach einer Ausbildung gesucht, die mir Spaß macht und bei der ich meine Stärken einsetzen kann."

Fachinformatikerin (Anwendungsentwicklung):
„Ich programmiere schon seit ein paar Jahren hobbymäßig. Angefangen habe ich mit kleinen html-Schnipseln, dann habe ich mir eine eigene PHP-basierte Website aufgebaut, heute interessiere ich mich besonders für den Bereich Web-Anwendungen. Ich glaube, dass ich ziemlich selbstständig arbeite. Wenn ich mal nicht weiterkomme, finde ich eigentlich immer einen Weg, an die nötigen Informationen zu kommen. Meistens suche ich mir dann Tutorials im Internet oder ich höre mich in einem Forum um. In Mathe, Informatik und Englisch habe ich gute Noten. Außerdem würde ich mich als ziemlich sorgfältig einschätzen. Beim Programmieren finde ich einen selbstkritischen Blick immer sehr wichtig, um Fehler zu finden, die sich leicht einschleichen können."

„Was sind Ihrer Meinung nach die Vor- und Nachteile des Berufs?"

Hintergrund
Sie bewerben sich vielleicht für Ihren Traumjob, aber ein wirklichkeitsferner Träumer sind Sie nicht. Daher haben Sie vor Ihrer Berufsentscheidung einen realistischen Blick auf das Berufsbild geworfen und neben vielen interessanten Aspekten sicherlich auch Schattenseiten entdeckt. Natürlich hoffentlich nicht allzu viele!

Worauf kommt es an?
Die beruflichen Pros und Contras haben Sie bereits während der Berufswahl abgewogen – und sind zu dem Schluss gekommen, dass der Beruf Sie anspricht. Geben Sie den Interviewern einen Einblick in Ihre Gedankengänge: Welche Vorteile bietet der Job, welche (wenigen) Nachteile gibt es, und warum fallen diese für Sie nicht besonders ins Gewicht? Verlieren Sie ein paar Worte über Ihre Berufsmotivation.

Ihre Antwort:

Musterantworten

Kfz-Mechatroniker:

„Dass man körperlich oft ziemlich hart anpacken muss, kann man schon als Nachteil sehen. Außerdem kommt man mit Schadstoffen in Berührung, mit Abgasen, mit Lösungsmitteln, mit Schmierstoffen. Aber wenn man aufpasst und sorgfältig arbeitet, kann da sicher nichts passieren. Einen großen Vorteil sehe ich darin, dass die Arbeit so abwechslungsreich ist und Mechanik, Elektronik und Computertechnik kombiniert. Fachkräfte, die das beherrschen, werden wahrscheinlich immer und überall gebraucht. Außerdem hat man als Kfz-Mechatroniker gute Aufstiegsmöglichkeiten. Man kann zum Beispiel Werkstattleiter werden, seinen Meister machen oder sich zum Kfz-Sachverständigen weiterbilden. Abgesehen davon arbeitet man als Kfz-Mechatroniker fast immer im Team und hat größtenteils geregelte Arbeitszeiten."

Kauffrau im Einzelhandel (Elektronik):

„Naja, ich kann mir nicht vorstellen, dass es einen Beruf gibt, der nur Vorteile hat. Wenn man sich für einen Beruf entscheidet, muss man auch die schwierigen Seiten akzeptieren. Im Handel kann ich mir vorstellen, dass man wegen den langen Öffnungszeiten in mehreren Schichten arbeiten muss. Das ist sicher nicht gerade ein Vorteil. Aber das weiß man ja, bevor man sich bewirbt. Und wenn das im Handel so ist, dann sollte man sich halt vorher überlegen, ob man das wirklich machen möchte oder nicht. Mir würde das nichts ausmachen. Es ist doch spannend, wenn man Abwechslung hat und zu unterschiedlichen Tageszeiten unterschiedliche Kunden und Abläufe kennen lernt. Daher sehe ich im Handel eher die Vorteile. Gehandelt wird immer, und ich denke, dass man als Ausgelernte im Handel überall eine Arbeit findet. Natürlich wäre es umso schöner, wenn man in einer Branche landet, die einem persönlich Spaß macht. Deshalb habe ich mich bei Ihnen beworben, da ich mich sehr für Elektrogeräte interessiere und Ihr Unternehmen in dem Bereich zu den Bekanntesten gehört."

Bankkaufmann:

„Ich glaube, alles hat gute und schlechte Seiten. Ich kann mir zum Beispiel vorstellen, dass das Bankgeschäft manchmal sehr stressig ist. Es gibt sicher Stoßzeiten, zu denen besonders viele Kunden in die Filiale kommen oder anrufen. Außerdem muss man vielleicht auch mal einen Abendtermin wahrnehmen und seine Planung entsprechend umstellen. Grundsätzlich sehe ich aber vor allem die positiven Aspekte, und da fällt mir eine Menge ein: Der Beruf ist abwechslungsreich, man arbeitet viel mit Menschen und man hat gute Entwicklungsmöglichkeiten. Mit dem, was man als Bankkaufmann lernt, könnte man bestimmt auch gut in anderen Bereichen arbeiten – etwa in der Versicherungsbranche, im Immobiliengeschäft oder bei einer Fondsgesellschaft. Banken gibt es auf der ganzen Welt, vielleicht kann ich später mal eine Zeit lang im Ausland arbeiten und internationale Erfahrungen sammeln. Ihr Haus ist ja auch im Ausland aktiv, möglicherweise ergibt sich das irgendwann!"

Fachinformatikerin (Anwendungsentwicklung):
„Ich würde sagen, als Fachinformatikerin arbeitet man in einer sehr modernen Berufswelt, in der es dauernd neue Entwicklungen gibt. Es bleibt immer spannend. Ich meine, welches Unternehmen oder welche Privatperson kommt heute ohne Computer, ohne Digitaltechnik aus? Im Moment sind die beruflichen Aussichten jedenfalls sehr gut. Der technische Fortschritt geht immer weiter, deswegen werden Fachinformatiker, die Computersysteme programmieren und bedienen können, sicher noch in Jahrzehnten gebraucht. Klar, manche suchen eher den Kundenkontakt und wollen beraten oder verkaufen, da arbeitet man als Fachinformatikerin grundsätzlich anders. Außerdem kann ich mir vorstellen, dass der Job manchmal ziemlich stressig ist. Aber in welchem Beruf ist das nicht so?"

„Würden Sie sich als geborene/n ... bezeichnen?"

Hintergrund

Manche Fähigkeiten scheinen einem in die Wiege gelegt: Der eine war schon im Kinderzimmer ständig am Tüfteln, der andere hat seit jeher ein Faible fürs Organisieren. Die Personaler sehen es natürlich gerne, wenn der Kandidat an jobtypischen Tätigkeiten Spaß hat und eine gewisse Begabung dafür besitzt. Doch Veranlagung ist nur das eine – das andere ist der Wille zum Dazulernen.

Worauf kommt es an?

Nennen Sie ein paar Fähigkeiten, die Ihre Eignung belegen. Das harmlos klingende Wörtchen „geboren" ist dabei mit Vorsicht zu behandeln: Wenn Sie Ihre Talente im Job voll ausspielen könnten, haben Sie vielleicht einen kleinen Startvorteil, aber eine Ausbildung ist kein Selbstläufer! Als Azubi brauchen Sie eine große Portion Ehrgeiz, um Dinge zu lernen, die Sie noch nicht beherrschen. Tragen Sie also nicht zu dick auf. Vermitteln Sie, dass Sie zwar gute Anlagen, aber auch die nötige Motivation mitbringen.

Ihre Antwort:

_____
_____
_____
_____
_____
_____
_____
_____

Musterantworten

Kfz-Mechatroniker:
„Würden Sie sich als geborenen Kfz-Mechatroniker bezeichnen?"
„Ich weiß nicht unbedingt, ob ich für den Beruf des Kfz-Mechatronikers geboren wurde; ich finde mehrere Berufe im Bereich Mechanik, Elektronik und Digitaltechnik spannend. Aber ich weiß, dass mich die Arbeit an Fahrzeugen ganz besonders interessiert und dass mir der Beruf langfristig Spaß machen wird. Ich kann mir gut vorstellen, später irgendwann an die Ausbildung anzuknüpfen und meinen Meister zu machen. Ich denke einfach, dass ich das, was ich kann, als Kfz-Mechatroniker sehr gut einbringen kann."

Kauffrau im Einzelhandel (Elektronik):
„Würden Sie sich als geborene Händlerin bezeichnen?"
„Ob ich mich als geborene Händlerin bezeichnen würde? Ich glaube, sowas kann man schlecht selbst von sich behaupten. Was ich ganz gut kann ist, Produkte und Preise einzuschätzen und zu vergleichen. Privat habe ich mich schon immer gerne über die Eigenschaften und Funktionen von verschiedenen Elektrogeräten informiert. Wenn meine Freunde ein neues Handy oder einen Laptop brauchen, fragen sie mich, ob ich mitkomme oder ihnen etwas empfehlen kann. Letzten Monat habe ich zum Beispiel ein tolles Angebot für einen PC gefunden und einer Freundin Bescheid gesagt, die gerade auf der Suche war. Sie hat sich das Gerät gekauft und ist jetzt total begeistert davon. Ich kenne mich im Elektronik-Bereich schon ein bisschen aus und könnte die Produkte so erklären, dass ein Kunde mit meiner Beratung etwas anfangen kann. Außerdem lerne ich schnell dazu und schaue mir viele Dinge ab. Ich denke, dass ich gute Voraussetzungen für die Ausbildung habe, freue mich aber auch darauf, noch viel dazuzulernen."

Bankkaufmann:
„Würden Sie sich als geborenen Bankkaufmann bezeichnen?"
„Finanzthemen interessieren mich ganz einfach. Ich weiß noch, als meine Eltern vor ein paar Jahren einen neuen Kombi kaufen wollten, da habe ich ihnen ein passendes Modell zusammengestellt und auf der Homepage des Herstellers gleich noch die Leasingrate kalkuliert. Mir macht es Spaß, zu einem Produkt alle wichtigen Informationen zu besorgen und sie an andere weiterzugeben. Im Finanzbereich muss man

die verschiedenen Produkte ja auch gut kennen. Schließlich kommt der Kunde genau deswegen in die Bank: weil er gut beraten werden will. Laufend gibt es neue Produkte und Entwicklungen, jeder Kunde ist anders und hat andere Vorstellungen. Ich kann gut zuhören, das hilft mir bei der Arbeit bestimmt."

Fachinformatikerin (Anwendungsentwicklung):
„Würden Sie sich als geborene Programmiererin bezeichnen?"
„Computerprogramme haben für mich einfach etwas Faszinierendes. Ich finde es spannend, was man damit alles machen kann. Meine ersten Programmierversuche sind jetzt fast sechs Jahre her – als geborene Softwareentwicklerin würde ich mich aber nicht bezeichnen. Neben dem PC hatte ich immer auch andere Hobbys, zum Beispiel das Hockeyspielen oder die Musik, ich spiele Bass in einer Bigband. Aber sicher, mit dem Programmieren habe ich in meinem Leben bisher richtig viel Zeit verbracht, das kann man schon sagen."

„Wissen Sie, was ein … ist?" (Fachwissensfrage)

Hintergrund
Die Frage appelliert direkt an Ihr fachliches Know-how. Aber keine Panik: Kein Personaler erwartet, bereits im Einstellungsgespräch auf ausgewiesene Experten zu treffen. Der eine oder andere Bewerber mag vielleicht vertiefte Vorkenntnisse mitbringen – die zählen aber sicher nicht zu den K.O.-Kriterien. An dieser Stelle geht es um Grundlagenwissen auf Einsteigerniveau. Die Neugier an berufsrelevanten Themen zahlt sich nun aus.

Worauf kommt es an?
Das nötige Expertenwissen lernen Sie in der Ausbildung, Fachausdrücke und Definitionen müssen Sie nicht jetzt schon lückenlos im Kopf haben. Den Interviewern geht es hier einzig und allein um die Bestätigung, dass Sie sich aus eigenem Antrieb schon einmal näher mit dem Beruf beschäftigt haben. Das haben Sie? Dann werden Sie über die Grundbegriffe des Metiers bestimmt bereits ein wenig wissen.

Ihre Antwort:
___
___
___
___
___
___
___
___

Musterantworten

Kfz-Mechatroniker:
„Können Sie mir beschreiben, aus welchen wesentlichen Komponenten ein Kfz besteht und welche Funktionen diese haben?"
„Das Herz eines Kfz ist der Motor, also der Antrieb, der das Fahrzeug überhaupt erst in Bewegung bringt. Wenn das Fahrzeug rollen soll, muss es natürlich auch Räder haben. Man braucht eine Kupplung und ein Getriebe, damit sich die Motorleistung optimal entfalten kann, etwa beim Anfahren oder Beschleunigen. Mit einer Lenkung kann man das Fahrzeug steuern, und mit Bremsen kann man es wieder anhalten. Außerdem müssen Kraftfahrzeuge eine Lichtanlage haben: Die erlaubt es, im Dunkeln zu fahren und anderen Verkehrsteilnehmern Signale zu geben – zum Beispiel, wenn man abbiegen will. Die Stoßdämpfer würde ich auch noch nennen, sie fangen Schwingungen ab und halten das Fahrzeug ruhig. Und dann gibt es noch die Fahrzeughülle, die Karosserie, die das Fahrzeuginnere schützt und das Aussehen des Fahrzeugs bestimmt. Natürlich besteht ein Kfz noch aus etlichen weiteren Bauteilen, aber das sind in meinen Augen die wichtigsten."

Kauffrau im Einzelhandel (Elektronik): „Wissen Sie, was ein Prozessor ist?"
„Was ein Prozessor ist, gehört zum Grundwissen, denke ich. Einfach ausgedrückt würde ich sagen, dass der Prozessor als zentrale Recheneinheit das Herzstück des Computers ist. Ohne den Prozessor geht nichts, alle Programme und Anwendungen laufen über den Prozessor. Es gibt verschiedene Modelle, die sich nach Leistung und Bauart unterscheiden; mittlerweile werden in PCs meistens Multi-Kern-Prozessoren eingebaut, das heißt Prozessoren, die selbst wieder aus mehreren einzelnen Prozessoren zusammengesetzt sind. Ich selber habe zu Hause einen Intel Core i5. Damit bin ich sehr zufrieden, den würde ich auch guten Gewissens weiterempfehlen."

Bankkaufmann: „Wissen Sie, was ein Girokonto ist?"
„Sicher. Ich habe ja selbst ein Girokonto, darauf bekomme ich unter anderem mein Geld fürs Zeitungenaustragen überwiesen. Über ein Girokonto kann man seinen Zahlungsverkehr abwickeln und Überweisungen erhalten oder selbst welche in Auftrag geben. Und mit einer Bankcard kann man das Geld auf dem Girokonto in Bargeld umwandeln, zum Beispiel am Geldautomaten oder in einem Servicecenter. Natürlich

kann man mit der Bankcard in vielen Geschäften auch direkt bezahlen, dann braucht man im Alltag fast kein Bargeld mehr. Diesen Service nutze ich ganz gerne."

Fachinformatikerin (Anwendungsentwicklung):
"Wissen Sie, wo der PHP-Code und wo der JavaScript-Code ausgeführt wird?"
„Der Unterschied besteht darin, dass JavaScript clientseitig, das heißt direkt im Browser interpretiert wird. Deswegen muss nichts nachgeladen werden, und alles passiert sozusagen in Echtzeit. Der Nachteil ist, dass ich als Programmierer darauf angewiesen bin, dass der Nutzer JavaScript aktiviert hat. Zur Sicherheit muss ich dafür sorgen, dass die Seite auch ohne JavaScript funktioniert. Im Gegensatz dazu wird PHP auf dem Server ausgeführt. Aber wenn ich eine PHP-gestützte Website habe und will, dass sich die Browseranzeige ändert, muss der Browser dafür immer erst eine neue Verbindung zum Server aufbauen."

„Bitte verkaufen Sie mir eines unserer Produkte. Gehen Sie davon aus, dass ich das Produkt nicht kenne."

Hintergrund

Eine kleine Überraschung für angehende Kundenberater und Verkäufer: Führen Sie doch einmal ein Verkaufsgespräch! Diese Aufgabe taucht üblicherweise eher als Rollenspiel im Assessment Center auf – kann aber auch ins Auswahlinterview vorgezogen werden. Die Personaler möchten sich von Ihren Verkäuferqualitäten überzeugen. Damit das gelingt, müssen Sie die Personaler von einem Produkt überzeugen.

Worauf kommt es an?

Machen Sie sich schlau, welche Waren oder Dienstleistungen der Lehrbetrieb anbietet. Überlegen Sie sich Strategien, wie diese sinn- und stilvoll an den Mann bzw. die Frau zu bringen wären: Was zeichnet das Produkt aus, welche Vorteile bietet es aus Kundensicht? Entwickeln Sie schlagende Verkaufsargumente, feilen Sie an Ihrer Rhetorik. Und fallen Sie nicht gleich mit der Tür ins Haus: Finden Sie erst einmal heraus, welche Bedürfnisse Ihr „Kunde" hat.

Ihre Antwort:

_____

_____

_____

_____

_____

_____

_____

_____

Musterantworten

Kauffrau im Einzelhandel:

„Guten Tag, wie kann ich Ihnen helfen? ... Ich verstehe ... Also, ich fasse das noch mal kurz zusammen: Sie suchen einen schnellen und möglichst günstigen Prozessor. Welchen Prozessor haben Sie denn im Moment, und wofür nutzen Sie Ihren Rechner? ... Ja, da haben Sie völlig recht, für Ihren Bedarf bräuchten Sie auf jeden Fall mehr Leistung. Ich kann Ihnen da einige Alternativen aus unserem Sortiment vorstellen. Was möchten Sie denn ungefähr ausgeben? ... Ok, da habe ich schon ein Modell im Auge, das sehr gut zu Ihrer Vorstellung passt. Wenn ich Ihnen das kurz mal zeigen dürfte: Es handelt sich hier um einen Intel Core i5 Prozessor, aktuell das beliebteste Modell auf dem Markt, meiner Meinung nach auch zu Recht. Der Prozessor passt zu fast allen neuen PCs, ist unglaublich schnell und im Vergleich zur Leistung sehr preiswert. Lassen Sie mich mal einige Eckdaten nennen ... Damit haben Sie in der nächsten Zeit sicher jede Menge Spaß, zu einem fairen Preis."

Bankkaufmann:

„Guten Tag, Herr Müller, nehmen Sie doch bitte Platz. Darf ich Ihnen etwas zu trinken anbieten? Also, Sie haben mir ja bereits am Telefon erzählt, dass Sie monatlich etwas Geld übrig haben, das Sie gerne risikoarm anlegen möchten. Da gibt es zwei sinnvolle Alternativen: Die erste Möglichkeit wäre ein Sparplan, da würden Sie jeden Monat einen gleichbleibenden Betrag zu einem festen Termin einzahlen. Die zweite Möglichkeit wäre ein Tagesgeldkonto – da könnten Sie jederzeit unterschiedliche Beträge einzahlen und auch wieder Geld auf Ihr Girokonto rückübertragen. Wenn man flexibel bleiben möchte, ist das Tagesgeld auf jeden Fall praktischer. Es fallen ja immer wieder mal plötzliche Ausgaben an, zum Beispiel für unerwartete Reparaturen. Beim Sparplan haben Sie auf der anderen Seite eine sichere, feste Verzinsung. Wenn Ihnen diese Sicherheit wichtiger ist als die Flexibilität, empfehle ich Ihnen den Sparplan – andernfalls das Tagesgeldkonto."

Branche, Betrieb und Ausbildungsverlauf

Was wissen Sie eigentlich über Ihren potenziellen Ausbildungsbetrieb? Wie gut kennen Sie die Branche? Und wie stellen Sie sich den Berufseinstieg konkret vor? In diesem Kapitel müssen Sie Farbe bekennen und sich weit auf das Terrain der Betriebsvertreter vorwagen. Damit Sie dabei nicht den Boden unter den Füßen verlieren, sollten Sie vor dem Gespräch Ihr Wissen über Firma, Wirtschaftszweig und Ausbildungsablauf noch einmal gründlich auf Vordermann bringen. Unnötig zu erwähnen, dass es bei allen folgenden Informationsfragen wie gehabt vor allem um Ihre Bewerbungsmotivation geht: Die abgefragten Daten und Fakten kennen die Interviewer schließlich aus dem Effeff.

"Warum haben Sie sich gerade bei unserem Unternehmen beworben? Was reizt Sie daran, wie kam es dazu?"

Hintergrund
Dass Sie diese Frage gestellt bekommen, ist ungefähr so sicher wie das „Amen" in der Kirche. Egal, um welche Branche und um welchen Ausbildungsberuf es geht: Jeder Personaler, jeder Abteilungsleiter, jeder Ausbilder möchte in Erfahrung bringen, warum der Kandidat den Betrieb attraktiv findet.

Worauf kommt es an?
Knüpfen Sie an Ihr Anschreiben an, greifen Sie die Charakteristika des Betriebs auf! Eine Argumentationshilfe: In großen Unternehmen eröffnen sich meist viele Wege zur Weiterbildung, zum Wechsel ins Ausland oder zur Teilhabe an verschiedenen Projekten. Kleinere Unternehmen kann man dagegen besonders intensiv kennen lernen, enge Kundenkontakte aufbauen etc. Ein beiläufiger Schwenk zum Verlauf der Bewerbung kann nicht schaden – wie sind Sie auf das Stellenangebot aufmerksam geworden? Erhoffte Annehmlichkeiten wie großzügige Gehalts- und Urlaubsregelungen bleiben natürlich wie gehabt besser unerwähnt.

Ihre Antwort:

Musterantworten

Kfz-Meisterbetrieb (Argumente Kundennähe und Serviceumfang):
„Auf die Idee, mich bei Ihnen zu bewerben, bin ich gekommen, als ich das Stellenangebot im Internet gelesen habe. Ich kannte Ihren Betrieb schon vom Sehen, und da wusste ich sofort, dass das eine gute Chance für mich wäre. In einem kleineren Unternehmen wie Ihrem kann man bestimmt besonders schnell einen Kontakt zu Mitarbeitern, Vorgesetzten und Kunden aufbauen. Das ist meiner Meinung nach ein klarer Vorteil gegenüber großen Unternehmen. Was ich ganz besonders interessant finde ist Ihr Serviceumfang, Sie bieten Ihren Kunden ja alle möglichen Dienstleistungen von A bis Z. Deswegen glaube ich, dass ich hier erstens eine sehr gute, sehr vielfältige Ausbildung bekomme und es zweitens nie langweilig wird. Natürlich ist es auch ein Vorteil, dass ich im Nachbarort wohne. Aus der Zeitung weiß ich außerdem, dass viele Oldtimer-Besitzer ihre Fahrzeuge bei Ihnen warten lassen. Einmal daran mitzuhelfen, einen alten Ferrari oder Aston Martin wieder in Schuss zu bringen, wäre für mich persönlich natürlich ein echtes Highlight."

Regionale Bank (Argumente Regionalität und Betriebskenntnis):
„Vor ein paar Monaten habe ich mich mit einer Freundin unterhalten, die bei einer regionalen Bank arbeitet. Sie hat mir erzählt, dass man als Azubi in einer kleineren Bank die verschiedenen Bereiche besonders gut kennen lernt. Man merkt schnell, wie die einzelnen Abteilungen zusammenhängen und welcher Kollege wofür zuständig ist. Bei nur rund 300 Mitarbeitern in Ihrer Bank stelle ich mir das sehr praktisch vor: Wenn die Wege kurz und die Abläufe klar sind, profitieren am Ende alle Beteiligten davon – der Kunde, die Bank und ich selbst natürlich auch. Hinzu kommt, dass man bei einer regionalen Bank eine sehr enge Bindung zum Kunden aufbauen kann und den Markt vor Ort wahrscheinlich viel besser kennt als jede Großbank. Das kann zum Beispiel bei einer Immobilienfinanzierung ein großer Vorteil sein. Gerade hier in Altenstadt ist Ihre Bank sehr engagiert – erst gestern habe ich Ihre Anzeige wieder in der Vereinszeitung vom SC Altenstadt gesehen."

Expandierendes Einzelhandels-Unternehmen (Argument Marktstellung):
„Ihr Unternehmen hat eine sehr große Auswahl an Produkten. Allein im Lebensmittelbereich bieten Sie, glaube ich, fast 10.000 Artikel an, das ist ganz schön viel. Ich habe gelesen, dass jede Filiale eine eigene Fisch, Fleisch- und Käsetheke hat. Und in

der Obst- und Gemüseabteilung bieten Sie auch exotische Produkte wie Litschis oder Papayas an, und das täglich frisch. Im Einzelhandel gehören Sie in Deutschland heute zu den bekanntesten Unternehmen. Nachdem ich Ihre Ausbildungsanzeige im xy-Magazin gelesen habe, musste ich nicht mehr lange überlegen und habe mich gleich beworben. Auf Ihrer Homepage heißt es, dass Sie für die Zukunft viele neue Standorte in Deutschland planen. Da gehe ich davon aus, dass Sie dafür auch geschultes Personal brauchen und deswegen bestimmt gute Entwicklungsmöglichkeiten anbieten. Na ja, und jetzt sitze ich hier und bekomme das aus erster Hand bestätigt. Das freut mich natürlich."

Global tätiger Finanzkonzern (Argument Internationalität):
„Ich möchte gerne im internationalen Umfeld arbeiten und hatte Ihre Bank schon länger im Hinterkopf. Vor ein paar Monaten habe ich auf Ihrer Homepage gezielt nach Ausbildungsangeboten gesucht und mich daraufhin beworben. Die Welt rückt ja immer mehr zusammen. Deutsche Unternehmen liefern Produkte in alle möglichen Länder, im Gegenzug kaufen wir Elektrogeräte aus China oder machen Urlaub in Florida. Dafür muss natürlich auch einiges an Geld bewegt werden, und dafür braucht man internationale Banken. Wie ich auf Ihrer Homepage gesehen habe, sind Sie ja quasi rund um die Welt aktiv. Ich kann mir sehr gut vorstellen, später mal im Ausland zu arbeiten. Von meinen Englischkenntnissen her traue ich mir das auf jeden Fall zu. In den letzten Sommerferien war ich zum Beispiel in England bei einer Gastfamilie, da gab es überhaupt keine Sprachprobleme. Als zweite Fremdsprache habe ich in der Schule Spanisch gelernt, und in Spanien und Südamerika sind Sie ja auch vertreten … In einer internationalen Bank mit Tausenden von Mitarbeitern auf der ganzen Welt hat man bestimmt sehr gute Entwicklungsmöglichkeiten."

„Was wissen Sie über unser Unternehmen? Vielleicht können Sie uns ein paar Daten und Fakten nennen."

Hintergrund

Diese Frage bündelt diverse Stichpunkte, die oft auch einzeln abgehandelt werden. Eine kleine Auswahl davon: „Kennen Sie unsere Mitbewerber?", „Wer hat unser Unternehmen gegründet?", „Wissen Sie, wie viele Mitarbeiter wir haben?", „Welche Niederlassungen haben wir in der Region?", „Kennen Sie unsere Website?". Klarer Fall, alles dreht sich um Fakten, Fakten, Fakten. Wie man an die benötigten Informationen kommt? Schlagen Sie nach im ersten Kapitel dieses Buchs – Details zur Firmenrecherche finden Sie im Abschnitt „Wie treten Sie überzeugend auf?".

Worauf kommt es an?

Beweisen Sie Sachkenntnis! Zu erwähnen gäbe es so einiges: die Unternehmensform, das Gründungsjahr, die Eigentümer, die Geschäftsfelder, die Produktpalette, die Standorte, die Mitarbeiterzahl, die Organisationsstruktur, die Tochterunternehmen, die Bilanzzahlen, den Umsatz, die Kundenstruktur, die Wettbewerbssituation (Mitbewerber) oder aktuelle Neuheiten. Dabei können Sie auch gleich noch etwas Namedropping betreiben und die wichtigsten Repräsentanten des Betriebs nennen: den Gründer, den Geschäftsführer, die Vorstände …

Ihre Antwort:

_____

_____

_____

_____

_____

_____

_____

_____

_____

_____

Musterantworten

Kfz-Meisterbetrieb:
„Laut Ihrer Homepage wurde das Unternehmen 1981 von Kfz-Meister Enrico Rossi gegründet. Heute leitet sein Sohn Michele den Betrieb. Sie beschäftigen insgesamt 15 Mitarbeiter, stellen jedes Jahr neue Auszubildende ein und haben auch schon einige übernommen. In der Stellenanzeige stand, dass Sie darauf achten, Ihre Mitarbeiter gut auszubilden und regelmäßig zu schulen. Außerdem werben Sie mit guten Aufstiegsmöglichkeiten. Ihren Kunden bieten Sie vom Ölwechsel bis zur Karosserie-Lackierung einen Rundum-Service aus einer Hand an, und das für alle Marken und Modelle. Was bestimmt besonders geschätzt wird, ist Ihr Unfallservice, den Sie ja auch auf der Website beschreiben: Sie holen das Fahrzeug ab, besorgen einen Ersatzwagen, bestellen einen Gutachter und rechnen mit der Versicherung ab. Und in der Region haben Sie einen sehr guten Ruf, was die Instandsetzung von Oldtimern angeht."

Elektro-Einzelhandel:
„Dazu habe ich mir ein paar Texte im Internet durchgelesen. Wenn ich das noch richtig im Kopf habe, wurde die MüllerTecMedia 1964 von Franz Müller gegründet, der damals die Idee aus den USA nach Deutschland gebracht hat. Die erste Filiale hat er in Mülheim an der Ruhr eröffnet. Heute hat die MüllerTecMedia GmbH ungefähr 50 Filialen in ganz Deutschland, die meisten davon in Nordrhein-Westfalen. Ich glaube, Sie haben in jeder größeren Stadt mindestens eine Filiale, am Firmensitz in Essen sind es sogar drei. Der Vorstandsvorsitzende ist seit letztem Jahr der Enkel von Franz Müller, Klaus Müller. Insgesamt hat das Unternehmen heute knapp 2.000 Mitarbeiter. Zu den größten Wettbewerbern gehören, soweit ich weiß, die ElektroSat GmbH und die SchulzeCom AG. Im Vergleich zu anderen Unternehmen hebt sich MüllerTecMedia in meinen Augen vor allem durch die Produktvielfalt und die guten Preise ab. Bei Ihnen bekommt man einfach alles, vom Toaster bis zur Waschmaschine, und meistens

günstiger als bei der Konkurrenz. Das weiß ich aus eigener Erfahrung, weil ich ganz in der Nähe von einer Ihrer Filialen in Köln wohne. Da gehe ich immer gerne hin."

Bank:
„Natürlich habe ich mir einige Informationen besorgt, bevor ich mich beworben habe. Die Kleinschmidt Bank ist eine Aktiengesellschaft und an der Börse notiert. Eine Aktie kostet aktuell rund 17 Euro. Gegründet wurde die Bank 1894 von Dr. Paul Kleinschmidt, sie ist also schon sehr lange am Markt und hat einen sehr guten Ruf. Sie haben rund 400 Filialen in Deutschland und einige Standorte im Ausland, unter anderem in London, New York und Singapur. Insgesamt hat die Kleinschmidt Bank rund 17.000 Mitarbeiter. Die größten Wettbewerber sind die AB Bank und die CD Bank. Bekannt ist natürlich auch Ihre Online-Bank-Tochter, die PK Direktbank. Außerdem ist die Kleinschmidt Bank AG beteiligt an der XYZ Versicherung, der ABC Bausparkasse und der CDE Leasinggesellschaft. Alles in allem bieten Sie eine sehr breite Produktpalette an, in der jeder passende Angebote findet, egal ob Privatkunde oder Geschäftskunde. Im Internet habe ich gelesen, dass die Zeitschrift ‚Finanztest' vor kurzem die Beratungsqualität der Kleinschmidt Bank mit ‚sehr gut' bewertet hat. Da weiß der Kunde, dass er in guten Händen ist."

IT-Unternehmen:
„Ja sicher. Sie beschreiben sich selbst als Multimedia-Agentur, das suggeriert ja schon, dass Sie ziemlich breit aufgestellt sind. Ihre Zielgruppe sind Unternehmen. Für die bieten Sie diverse Produkte und Dienstleistungen an, von Online-Shops über 3D-Animationen und Intranet-Systeme bis hin zu kompletten Web-Auftritten. Die Firma wurde Mitte der 90er-Jahre von Herrn Knapprath und Herrn Weißflog gegründet. Soweit ich weiß, haben die beiden damals im Rahmen ihrer Diplomarbeit eine Multimedia-CD für eine große Versicherung produziert, darauf sind dann andere Betriebe aufmerksam geworden, und so kam der Stein ins Rollen. Heute haben Sie hier in Hamburg rund 50 Mitarbeiter."

„Was wissen Sie über unsere Branche?"

Hintergrund
„Branche" stammt aus dem Französischen und bedeutet so viel wie „Ast" oder „Abteilung". Spricht man von Unternehmen, übersetzt man den Begriff am treffendsten mit „Wirtschaftszweig". Per Definition zählen alle Betriebe zu einem gemeinsamen Wirtschaftszweig, die ähnliche Produkte herstellen, ähnliche Dienstleistungen erbringen oder mit ähnlichen Waren handeln. Und nun kommen Sie ins Spiel: Was wissen Sie über die Branche, in der Ihr Einstellungsbetrieb tätig ist?

Worauf kommt es an?
Dass die Interviewer aufs große Ganze abheben, entbindet Sie leider nicht davon, eine fundierte Antwort geben zu müssen. Skizzieren Sie kurz und knapp einen groben Branchenaufriss – orientieren können Sie sich an ein paar einfachen Leitfragen: Welche Funktion übernimmt der Wirtschaftszweig in Bezug auf andere Branchen und die Endverbraucher? Wie hoch ist der Umsatz, welche Unternehmen sind am einflussreichsten, welche Entwicklungen und Trends gibt es auf dem Markt?

Ihre Antwort:

_____

_____

_____

_____

_____

_____

_____

_____

Musterantworten

Kfz-Handwerk:

„Man hört ja häufig, dass die Automobilbranche extrem innovationsstark ist. Laufend werden neue Dinge eingeführt oder weiterentwickelt, ob man jetzt an computergesteuerte Fahrassistenten denkt oder an Elektro- und Hybridmotoren. Deswegen ändern sich bestimmt auch die Anforderungen an die Reparatur und Wartung ständig. Diesen schnellen technischen Fortschritt finde ich sehr typisch für die Branche, das zeichnet sie in meinen Augen aus. Solange auf den Straßen Autos fahren, wird man als Kfz-Mechatroniker wahrscheinlich immer gebraucht."

Einzelhandel:

„Ich würde die Rolle des Einzelhandels so erklären: Der Einzelhandel ist eine Art Bindeglied zwischen den Herstellern und dem Verbraucher. Nachdem eine Ware produziert worden ist, muss sie ja auch irgendwie zum Käufer kommen, und an dieser Schnittstelle sitzt der Handel. Er beschafft sich die Produkte, die für seinen Käuferkreis wichtig sind, und bietet sie dann den Endkunden an. Deswegen denke ich, dass der Einzelhandel für die gesamte Wirtschaft eine sehr wichtige Funktion übernimmt. Ich habe vor kurzem gelesen, dass der Handel in Deutschland insgesamt über vier Millionen Leute beschäftigt und damit zu den größten Branchen überhaupt gehört. Für die Zukunft denke ich, dass das Handelsgeschäft sich noch stärker ins Internet verlagern wird. Aber ich glaube nicht, dass irgendwann alles komplett über den Online-Handel abgewickelt wird. Viele wollen das Produktangebot doch lieber erst mal genau unter die Lupe nehmen, bevor sie sich entscheiden. Und gute Beratung wird immer gefragt bleiben."

Bank:

„Naja, in der Öffentlichkeit kommen die Banken im Moment nicht immer besonders gut weg, aber eines ist doch klar: Ohne Banken würde die Wirtschaft auf der ganzen Welt nicht funktionieren. Die Banken stellen das Geld bereit, das Unternehmen für ihre Investitionen brauchen. Auch als Privatanleger legt man sein Erspartes doch lieber bei einer Bank an, als es im Sparstrumpf unter der Matratze zu horten. Als ich mich vor der Bewerbung umgehört habe, haben viele gemeint, dass sich die Bankenwelt verändern wird und eventuell Arbeitsplätze verlagert werden. Heute gibt es zum Beispiel weniger Bankfilialen als früher – unter anderem wegen der Online-Banken.

Aber auch dort müssen Leute arbeiten, die sich mit dem Bankgeschäft auskennen. Abgesehen davon werden die Produkte immer komplizierter, was gute Beratung absolut notwendig macht. Meiner Meinung nach wird der Bankkaufmann immer ein wichtiger Beruf bleiben."

IT-Branche:
„Hm ... Es ist für mich ehrlich gesagt gar nicht so leicht zu sagen, was die Branche ausmacht, weil sie sich so schnell verändert. Vielleicht ist das gerade das Typische: dass sich die Technik immer weiterentwickelt. Was vor zweihundert Jahren die Dampfmaschine war, ist heute die Computertechnik – eine echte Leittechnologie, die die Wirtschaft und die Gesellschaft beeinflusst. Vielleicht kann man sagen, dass es im Moment einen großen Trend hin zu mobilen Endgeräten wie Smartphones und Tablets und den entsprechenden Anwendungen gibt. In fünf Jahren kann es aber schon wieder ganz anders aussehen."

„Wie ist unser Unternehmen organisiert? Wo könnten Sie arbeiten?"

Hintergrund

Größere Unternehmen dokumentieren ihre Gliederung in der Regel ausführlich in Broschüren oder auf der Website. Auch die überschaubaren Verhältnisse in kleineren Lehrbetrieben lassen sich meist bequem per Internet auskundschaften. Und falls die Firma weder eine Homepage besitzt noch irgendwelche anderen Spuren (Pressemeldungen, Referenzen) im Netz hinterlassen hat? Dann können Sie sich bei den Online-Präsenzen der Konkurrenz über die typischen Betriebsstrukturen informieren. Oder Bekannte fragen, die sich damit auskennen.

Worauf kommt es an?

Prägen Sie sich die Organisationsstruktur des Betriebs zur Vorbereitung gut ein und üben Sie, sie verständlich darzustellen. Wo liegt der Hauptsitz, welche Niederlassungen gibt es, welche Abteilungen befinden sich am gewählten Standort? Über die Abteilung(en), in der bzw. denen die Ausbildung stattfinden wird, sollten Sie natürlich besonders viel in Erfahrung gebracht haben: Je mehr Einzelheiten Sie unterbringen, desto besser.

Ihre Antwort:

___

___

___

___

___

___

___

___

Musterantworten

Einzelhandel:

„Laut Ihrer Homepage sitzt die Zentrale in Düsseldorf. Von da aus werden die ganzen Personalangelegenheiten, die Einkäufe und der Verwaltungsapparat für die einzelnen Niederlassungen gesteuert; inzwischen auch für die Tochtergesellschaft HALLO GmbH, die Sie im letzten Jahr dazugekauft haben. Mal ein paar Tage oder Wochen in der Zentrale in Düsseldorf zu arbeiten, fände ich natürlich sehr interessant. Aber wenn Sie mich fragen, wo ich mich am ehesten sehe, muss ich schon sagen: in erster Linie im Verkauf, weil ich da besonders viel und direkt mit den Kunden zu tun habe. Das finde ich am spannendsten."

Bank:

„In Ihrer Ausbildungsbroschüre habe ich gelesen, dass die Verwaltung, also quasi die Schaltzentrale der Bank, in Frankfurt sitzt. Da sind die Abteilungen konzentriert, die bei einer Bank nur einmal gebraucht werden und verschiedenste Vorgänge zentral steuern: zum Beispiel die Personalverwaltung, der Handel, das Großkundengeschäft, das Marketing oder die Produktentwicklung. Auch der Vorstand arbeitet von Frankfurt aus. In den rund 400 Filialen, die Sie in Deutschland haben, werden dann die Geschäfte mit den Privatkunden und Unternehmen vor Ort abgewickelt. Es würde mich schon reizen, wenn ich in meiner Ausbildung mal ein paar Wochen in Frankfurt arbeiten könnte, um Bereiche und Kollegen kennen zu lernen, die man sonst nur vom Telefon kennt. Grundsätzlich möchte ich aber lieber in einem Servicecenter arbeiten und Kunden beraten."

IT-Unternehmen:

„Also, an der Spitze der Hierarchie steht die Geschäftsführung, der wiederum drei größere Abteilungen unterstehen, nämlich das Projektmanagement, die Entwicklung und das Design. Bei einem Projekt arbeiten normalerweise Fachleute aus allen drei Bereichen zusammen: Die Designer übernehmen die kreativen und gestalterischen Aufgaben, die Entwickler kümmern sich um die technische Umsetzung, der Projektmanager koordiniert die Arbeit und ist quasi die Schnittstelle zum Kunden. Als Fachinformatikerin für Anwendungsentwicklung wäre ich natürlich in der Entwicklung angesiedelt. Aber in einem Projektteam würde ich auch mit Kollegen aus den anderen Abteilungen zusammenarbeiten, stand in Ihrer Stellenanzeige."

„Haben Sie sich schon einmal eine unserer Filialen angesehen? Was ist Ihnen da aufgefallen?"

Hintergrund

Wenn das betreffende Unternehmen mehrere Filialen hat, gehört die Stippvisite in (mindestens) einer davon unbedingt zur Gesprächsvorbereitung! Nehmen Sie sich genug Zeit – am besten für 2–3 Standorte, denn dann können Sie Vergleiche anstellen: Welche Gemeinsamkeiten gibt es, wie sieht das typische „Grundgerüst" einer Filiale aus, was kennzeichnet das Erscheinungsbild des Unternehmens (neudeutsch: „Corporate Identity")? Wie passt sich das Angebot den Kundenbedürfnissen vor Ort an? Besonders im Filial-Einzelhandel ist die Ladengestaltung längst eine Wissenschaft für sich. Mittlerweile erforscht ein Heer von Experten das Kaufverhalten der Kunden, um das Sortiment und die Flächenaufteilung laufend zu optimieren.

Worauf kommt es an?

Beschreiben Sie, was Ihnen beim Streifzug durch die Filialen in den Blick gekommen ist. Wie teilt sich die Verkaufsfläche auf, wo finden sich welche Produktgruppen, an welcher Stelle wird was beworben? Lebensmittel-Einzelhändler beispielsweise platzieren stark frequentierte Frischegüter (Milchprodukte, Fleisch) meist an der Rückwand, um den Kunden tief in den Laden zu locken. Am Eingang wiederum erzeugen Obst- und Gemüsestände eine angenehme Marktatmosphäre. Produkte mit hoher Gewinnspanne springen dem Käufer in der „Sichtzone" der Regale direkt ins Auge, während er sich für günstigere Güter in die „Bückzone" ganz unten bemühen muss. Natürlich erwartet man von Ihnen kein vertieftes Fachwissen, aber achten Sie auf solche Details.

Ihre Antwort:

_____

_____

_____

_____

Musterantworten

Kfz-Meisterbetrieb:

„Ja, bei Ihrem letzten Sommerfest habe ich mich schon einmal umgesehen. Hier im Hauptgebäude sind alle Anlaufstellen für die Kunden untergebracht, also der Empfang, der Kundenservice, die Reparaturannahme und der Teileservice. Auf dem Gelände verteilt finden sich mehrere Parkplätze und eine Waschanlage, und in Richtung Hauptstraße geht es zur Reparaturwerkstatt mit mehreren Hebebühnen und etlichen Spezialgeräten. Einmal habe ich gesehen, wie ein Mitarbeiter Reifen montiert hat, während ein anderer mit so einer Art Mini-Computer etwas überprüft hat. Die Arbeit an diesen Geräten hat mich ehrlich gesagt schon ziemlich beeindruckt."

Lebensmittel-Einzelhandel:

„Natürlich habe ich mir eine Ihrer Filialen angeschaut, ich will ja wissen, bei wem ich mich bewerbe. Die Filiale am Wasserpark ist bei mir gleich in der Nähe, da kaufe ich fast jedes Wochenende ein. Ich weiß noch, wie die Räume vor zwei Monaten komplett umgestaltet wurden. Danach ist mir sofort aufgefallen, dass die Obst- und Gemüseabteilung direkt am Eingang eine neue Beleuchtung und neue Regale bekommen hat. Die Waren sehen jetzt irgendwie frischer aus, und die Abteilung wirkt insgesamt viel freundlicher. Ich glaube, dass auch in der Weinabteilung der Boden neu gemacht wurde. Auf jeden Fall bekommt die Abteilung durch den braunen Holzboden eine ganz eigene Atmosphäre. Gut finde ich außerdem, dass man Fisch an einer separaten Theke bekommt und gleich nebenan die Fleischtheke ist. Und wenn man mal jemanden um Hilfe fragen will, ist das kein Problem, weil alle Mitarbeiter eine einheitliche

Berufskleidung tragen und man sie leicht findet. Meistens sind sie auch sehr freundlich."

Bank:

„Ich kenne mehrere Filialen. Was einem sofort auffällt, ist das Farbkonzept: Man erkennt direkt, dass man bei der Kleinschmidt Bank ist. Außerdem sind die Räume sehr hell und freundlich eingerichtet. Die Filiale am Nordpark ist bei mir gleich um die Ecke, da kenne ich auch ein paar Mitarbeiter. Die sind immer freundlich und grüßen mich, wenn ich durch die Tür komme. Daran merkt man schon, dass sich die Mitarbeiter wohlfühlen. Gut finde ich, dass man sich mit dem Berater an einen Stehtisch stellen kann und nicht über einen Schreibtisch hinweg sprechen muss, das ist irgendwie viel persönlicher. Eine praktische Idee sind auch die Glastrennwände zwischen den Beraterplätzen, dadurch wirkt alles offen und freundlich, ohne dass andere Kunden jedes Wort mithören können. Natürlich sind die Mitarbeiter auch sehr schick gekleidet, so wie sich das für eine Bank gehört."

"Stellen Sie sich vor, Sie wären unser Kunde: Welche Vor- und Nachteile sehen Sie in unseren Angeboten?"

Hintergrund

Wer von dem, was er tut, nicht überzeugt ist, wird es wohl kaum mit besonderer Hingabe tun. Und wahrscheinlich auch nicht mit der nötigen Sorgfalt. Anders ausgedrückt: Man sollte hinter den Produkten und/oder Dienstleistungen „seiner" Firma stehen und sich damit identifizieren können – wo bliebe sonst die Motivation? Die Interviewer gehen davon aus, dass Sie sich mit den Angeboten des Einstellungsbetriebs auseinandergesetzt und sich von deren Qualitäten überzeugt haben.

Worauf kommt es an?

Streichen Sie die Vorteile deutlich heraus. Und was die Nachteile angeht: Natürlich sollten Sie im Vorstellungsgespräch keine ellenlangen Mängellisten aufzählen. Aber einen Negativaspekt müssen Sie nennen, daran führt aufgrund der Fragestellung kein Weg vorbei. Gehen Sie diplomatisch und kundenorientiert auf Defizite ein, argumentieren Sie abwägend, analytisch und nutzbezogen.

Ihre Antwort:

_____
_____
_____
_____
_____
_____
_____
_____

Musterantworten

Lebensmittel-Einzelhandel:

„Das ist eine schwierige Frage, da muss ich nachdenken ... Hmm, Sie bieten eigentlich schon fast alles an, was man so an Lebensmitteln braucht, und das zu guten Preisen. Das würde ich als klaren Vorteil sehen. Aber die Nachteile? Spontan würden mir jetzt Bio-Artikel einfallen ... Aber nein, ich glaube, die haben Sie auch reichlich im Angebot. Also, ich persönlich esse ja gerne Stückchen zum Frühstück. Ok, da würde ich mir manchmal schon ein bisschen mehr Auswahl wünschen. Ich könnte mir vorstellen, dass sich Kreppel oder andere Backwaren gut verkaufen würden. Zumindest wäre das für mich als Kundin sehr interessant."

Bank:

„Oh, das ist schwierig ... Vor- und Nachteile in Ihrem Produktangebot ... Ehrlich gesagt, aus eigener Erfahrung kenne ich noch gar nicht so viele Produkte. Ich habe selbst ja nur ein Girokonto und ein Sparbuch. Naja, eine Sache fällt mir schon ein: Wirklich klasse wäre eine Kundenzeitschrift speziell für jüngere Leute. Was ich im Moment in meiner Filiale bekomme, finde ich für meine Generation nicht so wirklich ansprechend. Toll wäre es auch, wenn es eine kleine Filiale in der Einkaufspassage in der Innenstadt gäbe. Beim Einkaufen fällt mir öfter mal ein, dass ich eigentlich auch noch schnell etwas in der Bank erledigen könnte, aber die nächste Filiale ist viel zu weit weg. Ich kann mir vorstellen, dass das vielen Leuten so geht."

„Welche Erwartungen hätten Sie als Kunde an uns?"

Hintergrund
„Der Kunde ist König" – diese alte Kaufmanns-Maxime hat es längst zum geflügelten Wort gebracht. Dahinter steckt eine simple Einsicht: Welche Angebote sich am Markt durchsetzen, das bestimmt letztlich der Käufer durch seine Kaufentscheidung. Wer demzufolge die Bedürfnisse seiner Zielgruppe besser einschätzt als die Konkurrenz, besitzt einen Wettbewerbsvorteil. Vor allem in Verkauf, Vertrieb, Marketing und Service gehört es zu den täglichen Pflichtübungen, sich in die Perspektive möglicher Abnehmer hineinzudenken.

Worauf kommt es an?
Zeigen Sie, dass Kundenorientierung für Sie kein Fremdwort ist! Worauf wird ein typischer Kunde des Unternehmens wohl Wert legen, was erwartet er? Um das beantworten zu können, sollten Sie vorher in Erfahrung gebracht haben, welchen Käuferkreis die Firma überhaupt ansprechen will. Darüber hinaus macht sich eine gute Produktkenntnis bezahlt: Das Unternehmen wird die Erwartungen seiner Kunden sicher bereits genau kennen und entsprechend darauf eingehen.

Ihre Antwort:

Musterantworten

Kfz-Meisterbetrieb:
„Also, am wichtigsten wären mir Freundlichkeit, ein gutes Preis-Leistungs-Verhältnis und funktionierende Absprachen. Damit meine ich, dass man bei größeren Reparaturen nicht einfach ohne Rückfrage drauflos arbeitet und am Ende nur die Rechnung präsentiert. Und wenn mein Hersteller einen Rückruf startet, würde ich mir wünschen, dass man mir schnell Bescheid sagt, möglicherweise steht ja meine Sicherheit auf dem Spiel. Guter Service zeichnet sich für mich als Kunden auch dadurch aus, dass ich an den TÜV oder andere fällige Inspektionen erinnert werde; mein Vater zum Beispiel bekommt dann immer einen Brief und eine E-Mail von seiner Werkstatt. Und falls eine Reparatur mal etwas länger dauern sollte, wäre es natürlich gut, wenn ein Ersatzwagen verfügbar wäre – ich kann mir vorstellen, dass viele Kunden auf ihr Auto angewiesen sind."

Lebensmittel-Einzelhandel:
„Meine größte Erwartung wäre wohl, dass die Auswahl und die Qualität im Großen und Ganzen so bleiben, wie sie sind, und man immer wieder gute Sonderangebote findet. Eigentlich bekomme ich bei Ihnen alles, was ich so für den Alltag brauche. Ich denke, dass Sie eine sehr große Palette an Lebensmitteln anbieten, und das zu günstigen Preisen. Naja, ich persönlich fände es sehr praktisch, wenn Sie mehr Küchenzubehör dauerhaft im Angebot hätten. Manchmal gibt es dafür spezielle Aktionen, aber dann sind die Regale immer viel zu schnell leer. Ansonsten fällt mir jetzt spontan nicht viel ein, was ich noch vermissen würde …"

Bank:
„Von einer Bank erwarte ich, dass ihre Produkte transparent sind und keine versteckten Punkte enthalten, die ich als Kunde auf den ersten Blick gar nicht erkenne. Vor allem kommt es für mich auf eine gute Beratung an. Dazu gehört natürlich, dass sich der Berater genug Zeit nimmt, um meine Bedürfnisse zu verstehen. Wichtig ist mir auch, dass es immer einen Geldautomaten in der Nähe gibt, dass man das Girokonto auch online nutzen kann und dass man alle möglichen Produkte aus einer Hand bekommt. Bis jetzt habe ich persönlich noch nicht so viele Angebote genutzt, aber das wird sich in Zukunft sicher ändern. Ich als Privatkunde möchte von meiner Bank im-

mer das Produkt angeboten bekommen, das in der jeweiligen Situation zu mir passt. Einem Firmenkunden geht es sicher genauso."

IT-Unternehmen:

„Ihre Angebote richten sich in erster Linie an andere Unternehmen. Daher kann ich mir vorstellen, dass es ganz besonders auf eine gute Abstimmung ankommt. Ein Geschäftskunde achtet ja bestimmt sehr genau darauf, dass am Ende alles so aussieht und so läuft wie geplant. Also würde ich als Kunde vor allem erwarten, dass ich exakt das bekomme, was ich will. Zuverlässigkeit ist dabei ein entscheidendes Thema. Ein Programm sollte zum vereinbarten Zeitpunkt einsatzfähig und stabil sein. Wenn zum Beispiel ein Online-Shop nicht richtig funktioniert, kann das dem Kunden unter Umständen richtig schaden. Für ziemlich wichtig halte ich auch die Usability, die Benutzerfreundlichkeit. Man will ja als Anwender nicht ständig an der Support-Hotline hängen, um mit einem Programm arbeiten zu können."

Kapitel 2 — Die häufigsten Fragen, die besten Antworten

„Was erwarten Sie von uns, was erwarten Sie von der Ausbildung?"

Hintergrund

„Fördern heißt fordern", lautet eine alte Ausbilder-Weisheit. Behalten Sie also im Hinterkopf, dass zunächst einmal der Betrieb etwas von Ihnen erwartet: nämlich Leistungsbereitschaft, Lernwillen und Engagement. Verstehen Sie diese Frage deshalb bitte nicht als Einladung, anspruchsvolle Betreuungs- oder Vergütungswünsche aufzustellen. Die Interviewer wollen hören, was Sie sich von der Ausbildung versprechen und welche Ziele Sie damit verfolgen.

Worauf kommt es an?

Denken Sie daran, Sie und der Betrieb haben ein gemeinsames Interesse! Sie wollen viel lernen, um den Job zu beherrschen, und die Ausbilder möchten Ihnen viel beibringen, damit Sie möglichst schnell einen produktiven Mitarbeiter abgeben. Den ersten Teil der Frage („Was erwarten Sie von uns?") beziehen Sie am besten nicht auf die Interviewer persönlich, sondern auf den Lehrbetrieb allgemein.

Ihre Antwort:

_____

_____

_____

_____

_____

_____

_____

_____

_____

Musterantworten

 Kfz-Meisterbetrieb:
„Vor allem natürlich, dass ich gut und umfangreich ausgebildet werde. Ich bin ein neugieriger Mensch und möchte immer wissen, wie etwas funktioniert. Wenn ich dafür einen Ansprechpartner hätte, wäre das perfekt. Dann könnte ich mich bestimmt schnell einbringen, vielleicht könnte ich einfache Dinge wie einen Reifenwechsel nach einer guten Einarbeitung selbstständig durchführen. Nur vom Zusehen lernt man ja nichts, ich möchte als Teil des Teams mit anpacken. Das Vertrauen meiner Kollegen und Vorgesetzten müsste ich mir natürlich erst erarbeiten, aber ich bin geschickt und lerne schnell. Wichtig finde ich auch, dass ich in Lehrgängen den Wissenshintergrund bekomme, den ich für die Arbeit brauche. Wie gesagt, ich wünsche mir eine umfassende Ausbildung, durch die ich mich gut im Betrieb einbringen kann."

Bank:
„Also, ich hoffe, dass ich während der Ausbildung möglichst viele Bereiche und unterschiedliche Tätigkeiten kennen lernen kann. Ich möchte möglichst viel mitnehmen. Gut wäre es, wenn ich das Gelernte auch selbst anwenden und ausprobieren kann. Vielleicht kann ich später bei Gelegenheit mal ein Beratungsgespräch führen, zusammen mit einem erfahrenen Kollegen? Auf einen Arbeitsbereich festlegen würde ich mich während der Ausbildung ungern. In jeder Abteilung gibt es ja verschiedene interessante Dinge, die man lernen kann. Und wenn man sich später spezialisiert, hilft es sicher, wenn man weiß, was in anderen Abteilungen passiert und wie die Abläufe dort sind. Wann hat man denn schon mal die Möglichkeit, die unterschiedlichen Bereiche eines Unternehmens so gut kennen zu lernen wie in der Ausbildung?"

IT-Unternehmen:
„Was die ersten Tage in der Ausbildung angeht, hoffe ich, dass ich die Abläufe hier schnell kennen lerne, damit ich mich so bald wie möglich zurechtfinde und meine Aufgaben selbstständig übernehmen kann. Für die Ausbildungszeit allgemein finde ich wichtig, dass ich ein möglichst breites Fundament bekomme. Ich lerne gerne dazu, deswegen wäre es für mich ideal, wenn ich mit unterschiedlichen Programmiersprachen und unterschiedlichen Umgebungen arbeiten könnte. Die Fähigkeit, über den Tellerrand zu gucken, braucht man glaube ich, um eine gute Entwicklerin zu sein. Und genau das möchte ich werden."

„Wie stellen Sie sich die Ausbildung bei uns vor? Was würde Sie denn besonders interessieren?"

Hintergrund

Angehende Azubis sollten nicht nur ihre Verwendungsmöglichkeiten als „fertige" Fachkräfte kennen, sondern auch die Abläufe und Inhalte der Ausbildung. Sind die Annahmen realistisch, oder könnten naive Wunschvorstellungen eventuell zu einem bösen Erwachen führen? Wenn der Personalverantwortliche weiß, was Sie besonders interessiert, kann er daraus zudem auf Ihre persönliche Motivation schließen.

Worauf kommt es an?

Erkundigen Sie sich vorab über Ausbildungsphasen und -inhalte; machen Sie sich klar, was Sie warum besonders anspricht. Schauen Sie ohne Scheuklappen auf alle Bereiche: Eine Berufsausbildung ist meist ziemlich vielseitig und bereitet auf eine entsprechend vielfältige Berufstätigkeit vor. Ranken Sie Ihre Antwort um gesicherte Fakten – wer zu sehr ins (falsche) Detail geht, riskiert den Einspruch der Interviewer.

Ihre Antwort:

_____

_____

_____

_____

_____

_____

_____

Musterantworten

 Bank:

„Ich habe gelesen, dass man in der Berufsschule neben dem Fachwissen auch verschiedene grundsätzliche wirtschaftliche Zusammenhänge erfährt. Das ist aus meiner Sicht eine Grundlage, die man für den Beruf dringend braucht. Vielleicht fragt mich ja mal ein Kunde, wie ich das Zinsniveau einschätze oder wie sich der Immobilienmarkt entwickeln könnte? Auch für mich persönlich finde ich die Themen Wirtschaft und Markt extrem interessant, weil ich glaube, dass dadurch ein großer Teil unseres Lebens beeinflusst wird. Und was den praktischen Teil der Ausbildung im Betrieb angeht, freue ich mich darauf, die vielen unterschiedlichen Tätigkeitsfelder in der Bank kennen zu lernen! Dabei entdecke ich bestimmt auch einen Bereich, der mir besonders gut gefällt und in dem ich eventuell nach der Ausbildung weiter arbeiten kann, wenn eine Stelle frei sein sollte."

IT-Unternehmen:

„In Ihrer Stellenanzeige stand, dass man während der Ausbildung in verschiedenen Teams mitarbeitet und in unterschiedliche Projekte einbezogen wird. Und weil Sie als Multimedia-Agentur breit aufgestellt sind, stelle ich mir die Ausbildung entsprechend vielfältig vor. Was mich am meisten interessiert? Hmm … So genau kann ich das gar nicht sagen. Für mich persönlich ist die Entwicklung im Bereich der mobilen Endgeräte im Moment besonders spannend, etwa in Bezug auf Programme, die auf mehreren Plattformen stabil und rund laufen. Aber eigentlich möchte ich in allen Gebieten möglichst viel mitnehmen."

„Wie stellen Sie sich Ihre ersten Tage bei uns vor?"

Hintergrund

Technikinteressierte wissen: Ein Kaltstart ist nicht besonders motorenfreundlich. In diesem Sinne stehen die ersten Tage im Ausbildungsbetrieb ganz im Zeichen des „Warmlaufens". Während der Eingewöhnungsphase hat man die Gelegenheit, sich in den Berufsalltag einzuleben, die neuen Kollegen kennen zu lernen und sich mit dem Arbeitsplatz vertraut zu machen. Um möglichst schnell auf Touren zu kommen, sollte man natürlich vom ersten Moment an hellwach sein, die Arbeitsumgebung genau beobachten und allen Instruktionen aufmerksam folgen.

Worauf kommt es an?

Wo befindet sich was, wie laufen die grundlegenden Handgriffe ab, mit wem arbeitet man zusammen, welcher Kollege ist wofür zuständig? Solche und ähnliche Orientierungsfragen werden in den ersten Tagen geklärt. In der Regel setzt man frischgebackenen Azubis außerdem ein paar weniger anspruchsvolle Tätigkeiten zur Einarbeitung vor. Geben Sie Ihren Gesprächspartnern Gewissheit, dass Sie zuhören, mitdenken und von Anfang an motiviert mitarbeiten werden. Zu guter Letzt können Sie sich erkundigen, wie die Personaleinführung im Betrieb üblicherweise gehandhabt wird.

Ihre Antwort:

_____
_____
_____
_____
_____
_____

Musterantworten

 Kfz-Meisterbetrieb:

„Am besten, ich stelle mich erst einmal meinen Vorgesetzten und Kollegen vor. Vielleicht kann mir jemand kurz die einzelnen Abteilungen hier zeigen, dann hätte ich schon einmal einen groben Überblick über die verschiedenen Räume und Ansprechpartner. Möglicherweise gibt es dann noch ein bisschen Papierkram zu erledigen und Organisatorisches abzusprechen, zum Beispiel zur Berufsschule. Außerdem werde ich bestimmt meine Arbeitskleidung bekommen, also Blaumann und Sicherheitsschuhe. Naja, und dann werde ich mein Bestes geben und versuchen, so gut es geht mitzuarbeiten und möglichst viel zu lernen. Wahrscheinlich werde ich an den ersten Tagen viele Fragen haben und ein bisschen nerven. Aber je schneller ich mich selbstständig zurechtfinde, desto besser."

Bank:

„In den ersten Tagen werde ich bestimmt meinen Kollegen vorgestellt und ich erfahre, wie die grundlegenden Dinge funktionieren. Bei einem Freund von mir, der vor einem Jahr seine Bankausbildung angefangen hat, war es so: Man hat ihm die Sicherheitsbestimmungen erklärt und sein Computer-Passwort gegeben und dann ging es zum Einführungsgespräch mit dem Ausbildungsleiter, dem Ansprechpartner während der Ausbildung. Danach war er für mehrere Wochen in einer Filiale. Vielleicht gibt es bei Ihnen ja auch einen Vortrag über die Bank und die verschiedenen Geschäftsfelder? Das fände ich sehr interessant. Am Anfang kann ich mich dann auch gleich mal an die Kleidung gewöhnen, in der Schule hatte ich meistens Jeans und Turnschuhe an. Ach ja, Schule ist ein gutes Stichwort: Zur Berufsschule gibt es bestimmt auch noch einiges abzusprechen."

IT-Unternehmen:

„Ich denke, in den ersten Tagen lerne ich erst einmal meine Ansprechpartner und Kollegen kennen und ich mache mich mit den Abläufen hier vertraut. Eventuell gibt es ja eine kleine Einführung zu der Hardware und Software, die Sie verwenden. Dann wird an den Systemen, an denen ich arbeite, wahrscheinlich ein Benutzeraccount für mich eingerichtet. Möglicherweise sind noch ein paar Einzelheiten zur Berufsschule zu klären; zur Einarbeitung bekomme ich bestimmt auch schon die eine oder andere kleine Programmieraufgabe. Wahrscheinlich werde ich am Anfang viele Fragen stellen, damit ich mich schnell zurechtfinde."

„Was glauben Sie, wie Ihr typischer Arbeitstag bei uns aussehen könnte?"

Hintergrund
Nach dem typischen Arbeitsalltag im Betrieb könnten Sie die Interviewer an geeigneter Stelle auch selbst fragen – nun sind sie Ihnen leider zuvorgekommen. Das Szenario: Sie haben die Eingewöhnungsphase hinter sich gebracht, sind gut eingearbeitet und als Teil des Teams voll akzeptiert. Wie könnte Ihr Tagesablauf aussehen?

Worauf kommt es an?
Verlassen Sie sich nicht auf Ihre Fantasie; kombinieren Sie Berufsbild-Kenntnisse mit Ihrem Grundwissen zur Arbeitsorganisation. Welche Aufgaben fallen üblicherweise an, wie könnten Sie sich Ihr tägliches Pensum sinnvoll einteilen? In Büroberufen empfiehlt es sich beispielsweise, zum morgendlichen „Warmwerden" erst einmal leichte Routinearbeiten wie etwa den Mailverkehr zu erledigen: Viele Menschen erreichen ihr erstes biorhythmisches Leistungshoch nämlich erst am späten Vormittag. Beziehen Sie sich auf die konkrete Betriebsrealität.

Ihre Antwort:

Musterantworten

 Kfz-Meisterbetrieb:

„*Dass hier um 8 Uhr morgens Arbeitsbeginn ist, haben Sie mir ja schon erzählt. Dann wird man sich wohl erst einmal begrüßen und besprechen, was aktuell zu tun ist. Nachdem die verschiedenen Kundenaufträge an das Werkstatt-Team verteilt worden sind, können die nötigen Arbeiten durchgeführt werden – zum Beispiel Inspektionen oder Reparaturen. Wenn man damit fertig ist, überprüft man am besten noch einmal, ob alles funktioniert, eventuell macht man eine Probefahrt. Wahrscheinlich muss man auch irgendwie festhalten, wie lange man woran gearbeitet hat und welche Teile gebraucht wurden, damit der Kunde eine korrekte Rechnung bekommen kann. Gegen 17 Uhr wird es dann wohl in den Feierabend gehen, wenn nichts Wichtiges mehr zu erledigen ist. So in etwa stelle ich mir den Ablauf hier vor. Ach ja, eine Mittagspause wird es sicher auch geben, aber Ihre Pausenregelung kenne ich natürlich noch nicht.*"

Lebensmittel-Einzelhandel:

„*Hmm ... Das hängt sicher von der Abteilung ab, in der ich gerade eingesetzt werde. Im Moment stelle ich mir das so vor: Wenn ich komme, ziehe ich zuerst meine Arbeitssachen an und gebe meinem Vorgesetzten Bescheid, dass ich da bin. Der wird mir dann wahrscheinlich sagen, welche Aufgaben aktuell anfallen – wenn ich das selbst noch nicht weiß. Morgens muss man bestimmt erst mal dafür sorgen, dass alles an seinem Platz ist, wenn das Geschäft öffnet. Obst und Gemüse zum Beispiel werden sicher täglich frisch angeliefert. Wahrscheinlich muss man den ganzen Tag ein Auge darauf haben, dass die Abteilung sauber und aufgeräumt ist, dass keine abgelaufene Ware ausliegt und dass fehlende Produkte aufgefüllt werden. Und um die Kunden kümmert man sich natürlich auch. Vielleicht darf ich ja mal selbst Ware bestellen. Wenn ich nicht wüsste, was als nächstes zu tun ist, würde ich meinen Vorgesetzten fragen. Ich denke, dass es in jeder Abteilung Besonderheiten gibt, auf die man achten muss.*"

Bank:

„*Ich stelle mir den Alltag in der Filiale so vor, dass man morgens zuerst zusammen den Tagesablauf abklärt: Was ist für heute geplant, wer hat wann einen Kundentermin, solche Sachen. Außerdem muss sich wahrscheinlich jemand darum kümmern, dass der Geldautomat gefüllt und der Briefkasten geleert wird und dass genug Formulare*

ausliegen, Überweisungsträger zum Beispiel. Ungefähr so wird wohl die Standardprozedur am Anfang eines Arbeitstags aussehen. Die Kunden haben dann natürlich ganz individuelle Wünsche: Der eine will ein Konto eröffnen, der andere braucht ausländisches Geld für seinen Urlaub, der nächste hätte gerne einen Immobilienkredit. Das kann man nicht vorhersagen. Deshalb ist es ja auch so wichtig, dass man eine gute Ausbildung hat und die Kunden zu allen möglichen Finanzfragen gut beraten kann."

IT-Unternehmen:
"Nachdem ich morgens meine Kollegen und meinen Ausbilder begrüßt habe, kann ich mich gleich an die Arbeit machen. Vorausgesetzt, ich habe eine feste Aufgabe, an der ich einfach weiterarbeiten kann. Sonst würde ich erstmal nachfragen, was es für mich zu tun gibt. Einen typischen Arbeitstag verbringe ich wohl hauptsächlich mit Programmieren. Vielleicht kommt mal ein Projektmeeting oder eine Systemschulung dazu, aber im Vordergrund dürfte das Programme schreiben stehen. Dabei tauchen bestimmt hin und wieder Fragen auf, die sich nicht durch Tutorials oder mithilfe von Foren beantworten lassen – dann würde ich meine Kollegen oder meinen Ausbilder nach Tipps fragen."

Arbeitseinstellung

Die Kategorie „Arbeitseinstellung" weckt mancherorts Erinnerungen: In einigen Bundesländern finden sich ähnlich klingende Kopfnoten („Arbeitsverhalten", „Mitarbeit") im Schulzeugnis. Die Zensuren beziehen sich auf eine ganze Reihe wichtiger Fähigkeiten, darunter Lernbereitschaft, Belastbarkeit und Selbstständigkeit. Verständlich, dass dieser Kompetenzbereich auch die Personaler interessiert. Sie legen den Schwerpunkt natürlich auf berufsbezogene Aspekte: Wie verhält sich der Kandidat am Arbeitsplatz? Wie reagiert er auf Stress und Belastung? Wie einsatzfreudig ist er?

„Welche Werte und Eigenschaften sind für Sie besonders wichtig im Beruf, und warum ist das so?"

Hintergrund
Werte und Eigenschaften – darauf kommen die Personaler immer wieder gerne zurück. Hier tun sie es auf direktem Wege, ohne Ablenkungsmanöver und Verwirrspielchen. Jeder Beruf hat seine Schlüsselqualifikationen, jeder Ausbildungsplatz sein unverwechselbares Anforderungsprofil. Was für den Job essenziell ist, sollten Bewerber nicht für irrelevant halten.

Worauf kommt es an?
Leiten Sie auf Basis persönlicher Erfahrungen 2–3 Aspekte her, die für die gewählte Stelle besonders wichtig sind. Und behalten Sie sie im Hinterkopf: Im weiteren Gesprächsverlauf werden Sie mit Sicherheit noch häufiger in verschiedenster Form gebeten, Ihre Persönlichkeit näher zu beschreiben. Dann kommt es gut an, wenn Sie sich die hier genannten Werte und Eigenschaften auch wirklich selbst zuschreiben. Achten Sie darauf, sonst stellen Sie sich unter Umständen selbst ein Bein.

Ihre Antwort:

Musterantworten

+ *„Spontan fallen mir zwei Eigenschaften ein, die ich im Einzelhandel für sehr wichtig halte, nämlich Teambewusstsein und Serviceorientierung. Unter anderem in der Schule und während meines Praktikums habe ich gemerkt, wie viel es bringt, wenn man in einer gut abgestimmten Gruppe zusammenarbeitet. Anders herum glaube ich, dass es für ein Team eine ganz schöne Belastung ist, wenn sich jemand abkapselt oder nicht an Abmachungen hält. Was den Serviceaspekt angeht: Ich glaube, die Kunden merken es ganz einfach, wenn man sie ernst nimmt. Und sie kommen bestimmt gerne wieder, wenn sie mit der Beratung zufrieden waren und das bekommen haben, was sie brauchen."*

− *„Ganz wichtig sind für mich Zuverlässigkeit und Teamfähigkeit. Teamfähigkeit bedeutet, dass man gut mit anderen Menschen zusammenarbeiten kann, und das muss man im Beruf heute beherrschen. Zuverlässigkeit heißt, Absprachen einzuhalten und seine Aufgaben sorgfältig und gewissenhaft zu erledigen. Verantwortung zu tragen ist meiner Meinung nach ohne Zuverlässigkeit nicht möglich."*

Die Schnellkritik: Um Missverständnissen vorzubeugen: Dass Zuverlässigkeit und Teamfähigkeit absolut positive Eigenschaften sind, die jeder Arbeitgeber gerne sieht, steht völlig außer Frage. Warum handelt es sich hier dann um ein Negativbeispiel? Weil der Kandidat zu allgemein, zu ungreifbar formuliert. Statt sich auf eigene Erfahrungen und den angestrebten Ausbildungsplatz zu beziehen, referiert er trockene Definitionen, die eher nach Lexikon als nach persönlicher Überzeugung klingen.

„Nennen Sie mir bitte drei Eigenschaften, die auf Ihre Person zutreffen. Wie zeigen sich diese Eigenschaften?"

Hintergrund

Gerade eben hat der Kandidat jobrelevante Eigenschaften genannt, nun geht es um ihn selbst. Offensichtlich ist diese Reihenfolge kein Zufallsprodukt – die Personaler wollen beide Auskünfte miteinander abgleichen. Unbedachte Antworten können unangenehme Folgefragen nach sich ziehen: „Sie haben gesagt, dass Kommunikationsvermögen im Beruf sehr wichtig ist. Da stimmen wir Ihnen zu. Warum sollten wir Sie einstellen, wenn Sie nicht kommunizieren können?"

Worauf kommt es an?

Wiederholen Sie nicht einfach nur Ihre Antwort auf die Vorläuferfrage. Umschreiben Sie die soeben angedeuteten Eigenschaften, beziehen Sie sie auf sich persönlich – aber bitte mit beiden Füßen auf dem Boden der Tatsachen. In diesem Sinne dürfen Sie die zweite Teilfrage („Wie zeigen sich diese Eigenschaften?") als Empfehlung verstehen, Ihre Selbsteinstufung mit Beispielen zu unterfüttern.

Ihre Antwort:

Musterantwort

"Zuerst würde ich sagen, dass ich gerne mit Menschen zu tun habe. Mir macht es Spaß, auf andere Leute zuzugehen und Kontakte zu knüpfen. Ich finde im Allgemeinen immer relativ schnell Anschluss und habe keine Schwierigkeiten, mich in größeren Gruppen einzubringen. Wenn es zum Beispiel in der Schule etwas zu präsentieren gab, war häufig ich die Referentin. Eine zweite für mich typische Eigenschaft ist Zuverlässigkeit: Wenn ich mit jemandem etwas ausmache, dann merke ich mir das und halte mich daran. Damit hängt wahrscheinlich auch die dritte Eigenschaft zusammen, die ich nennen möchte, nämlich Ordentlichkeit. Zettelchaos und Durcheinander auf dem Schreibtisch kann ich absolut nicht ausstehen. Ehrlich gesagt, manche meiner Freunde nervt es manchmal sogar, dass ich so gründlich bin. Aber bei mir hat alles seinen Platz."

„Welche Aufgaben übernehmen Sie besonders gerne?"

Hintergrund
Besitzt der Bewerber das nötige Zeug für die Ausbildung? Wenn ja, dann gibt es höchstwahrscheinlich eine ziemlich große Schnittmenge zwischen seinen Talenten und dem stellenbezogenen Anforderungsprofil. Diese Schnittmenge umfasst auch solche Tätigkeiten, denen sich der Kandidat mit besonderer Freude widmet.

Worauf kommt es an?
Orientieren Sie sich an den Anforderungen des Jobs – welche Tätigkeiten werden Sie übernehmen? Erfordert die Ausbildung technisch-tüftlerisches Know-how, Rechentalent, ausgeprägtes Servicedenken, Organisationskünste, PC-Fertigkeiten oder andere Kompetenzen? Lassen Sie Beispiele für sich sprechen. Geben Sie beiläufig zu verstehen, dass Sie nicht mit Scheuklappen auf Ihre Lieblingsaufgaben starren, sondern einen Blick für alle Notwendigkeiten des Arbeitsalltags haben.

Ihre Antwort:

Musterantwort

„Besonders gerne übernehme ich Aufgaben, bei denen ich mit Menschen zu tun habe. Das macht eine Arbeit für mich lebendig und spannend, weil jeder Mensch anders ist und andere Bedürfnisse hat. Abgesehen davon organisiere ich sehr gerne. Ich finde es immer wieder faszinierend, was man alles auf die Beine stellen kann, wenn man etwas gut plant. Beim Abschlussball unserer Stufe zum Beispiel war ich im Planungskomitee, wir haben von der Beleuchtung bis zum Catering alles komplett in die eigene Hand genommen. Es lief zwar nicht alles wie am Schnürchen, aber dass wir am Tag X ab und zu improvisieren mussten, hat außer uns keiner gemerkt. Ganz wichtig war, auch an die vielen kleinen Notwendigkeiten zu denken, die so eine Feier mit sich bringt – vom Teelichter besorgen bis zum Tischdecken bügeln. Solche Dinge müssen ja auch erledigt werden."

„Gibt es Tätigkeiten, die Sie gar nicht mögen?"

Hintergrund
Eine überlegte Berufswahl beruht auf ehrlicher Selbsteinschätzung. Daher sollten Sie auch Tätigkeiten nennen können, die Ihnen nicht unbedingt liegen – ohne dadurch den Eindruck zu erwecken, dem Job nicht gewachsen zu sein.

Worauf kommt es an?
Vorsicht, ein vorschnelles „Nein, absolut nicht" klingt unglaubwürdig! Wer wiederum freimütig über verhasste Unannehmlichkeiten plaudert, begibt sich ebenfalls aufs Glatteis: Die Interviewer könnten auf den Gedanken kommen, es mit einem recht bequemen Bewerber zu tun zu haben, der ungern an seine Grenzen geht. Vielleicht rutscht ihm sogar eine jobrelevante Tätigkeit über die Lippen? Erwähnen Sie daher in erster Linie Aufgaben, die im Berufsfeld nicht besonders wichtig sind – im Fall der Fälle würden Sie sie natürlich trotzdem klaglos ausführen. Verleihen Sie Ihrer Antwort den letzten Schliff, indem Sie dezent auf Ihre Stärken hinweisen.

Ihre Antwort:

Musterantworten

+ „Naja, das Marketingmaterial für unsere Abteilung sollte wahrscheinlich eher ein begabter Grafiker gestalten, künstlerisch bin ich nämlich nicht gerade besonders talentiert. In der Schule hat mir Kunst zwar immer Spaß gemacht, aber ich habe nie wirklich verstanden, was ein Bild zu einem richtig guten Bild macht. Mir liegt es eher, wenn ich eine konkrete Aufgabe habe und ein klares Ziel, auf das ich hinarbeiten kann."

Folgende Antwort darf u. a. Büro-Azubis als Positivbeispiel dienen – in handwerklich-technischen Bereichen wäre sie fatal:

+/− „Womit ich mich wirklich schwer tue, sind handwerkliche Aufgaben. Grundsätzlich nehme ich die Dinge ja immer gern selbst in die Hand. Aber wenn zu Hause der Wasserhahn tropft oder ein Dübel aus der Wand bricht, bin ich froh, dass ich meine ältere Schwester um Hilfe bitten kann."

„Was macht in Ihren Augen ein optimales Arbeitsumfeld aus?"

Hintergrund
Die Interviewer möchten nichts über favorisierte Computertastaturen, Lieblings-Kantinenessen oder Pflanzenschmuck-Ideen erfahren. Mit dem Ausdruck „optimales Arbeitsumfeld" beziehen sie sich auf allgemeine soziale Umgebungs-Parameter, die in ihrem Zusammenwirken ein produktives Arbeitsklima erzeugen.

Worauf kommt es an?
Gehen Sie nicht ins Detail. Je genauer die Erwartungen, desto größer die Wahrscheinlichkeit, dass die Realität im Betrieb ihnen nicht entspricht. Konzentrieren Sie sich also lieber auf allgemeine Rahmenaspekte: der Teamgeist, das Dazulernen, die Chance, das eigene Können umzusetzen. Erzeugen Sie Bilder im Geist der Interviewer! Durch eine anschauliche Antwort können sich Ihre Gesprächspartner lebhaft vorstellen, wie Sie motiviert und kompetent im Betrieb mitarbeiten.

Ihre Antwort:

Musterantworten

+ *„Ein optimales Arbeitsumfeld? Auf die Ausbildung bezogen steht für mich natürlich das Lernen im Vordergrund. Optimal wäre es, wenn ich erstens viel lerne und zweitens das, was ich gelernt habe, gut einbringen kann. Damit hängen noch ein paar andere Faktoren zusammen, vor allem die Arbeit im Team. Natürlich, das Berufsleben ist kein Wunschkonzert. Aber das ideale Arbeitsumfeld würde ich mir so vorstellen, dass alle an einem Strang ziehen und jeder seine Stärken ausspielen kann."*

„Wie arbeiten Sie, wenn Sie unter Zeitdruck stehen?"

Hintergrund
Im Berufsleben lauern zahlreiche Stresserzeuger: Man denke etwa an kraftraubende Schichtdienste, unterbesetzte Belegschaften oder verärgerte Kunden. Als Lehrling muss man sich an all den Trubel erst noch gewöhnen – und ganz nebenbei noch die Prüfungsphasen in der Berufsschule meistern. Die Personaler wollen deshalb sichergehen, dass der Azubi auch unter Druck Leistung bringen kann. Wie belastbar sind Sie? Wie gehen Sie damit um, wenn auf einmal alles ganz schnell gehen muss?

Worauf kommt es an?
Durch eine gute Arbeitsorganisation – und nicht zu vergessen: Arbeitsplatz-Organisation – lässt sich im Vorfeld zwar einiges abfedern. Aber nicht alles. Ab und zu geht es in jedem Betrieb mal hoch her, und dann gilt es, nicht den Kopf zu verlieren. Zeigen Sie, dass Sie Drucksituationen dank eines guten Zeitmanagements schadlos meistern können. Eine gute Strategie zur Stressbewältigung funktioniert so: Erstens, Prioritäten setzen, das heißt Wichtiges von Unwichtigem trennen. Zweitens, die relevantesten Aufgaben der Reihe nach konzentriert und sauber abarbeiten.

Ihre Antwort:

Musterantwort

„Grundsätzlich versuche ich immer, mir die anfallenden Arbeiten schon im Vorfeld so einzuteilen, dass ich am Ende gar nicht erst in größeren Zeitdruck gerate. Aber natürlich lässt sich nicht alles vorhersehen und planen. Wenn es schnell gehen muss, konzentriere ich mich erst einmal auf die wichtigste und dringendste Aufgabe und schiebe Dinge, die ich später noch tun kann, nach hinten. Ich versuche, so schnell wie möglich zu arbeiten, aber gleichzeitig auch sehr gründlich zu sein. Es bringt ja nichts, wenn man auf Biegen und Brechen versucht, alles zu erledigen, aber danach lauter Fehler ausbessern muss."

„Können Sie mir eine Situation schildern, in der Sie sehr gestresst waren? Wie sind Sie damit umgegangen?"

Hintergrund
Auch wenn es drunter und drüber geht, arbeiten Sie gewissenhaft und haben Ihr Nervenkostüm voll im Griff? Behaupten kann das jeder. Nach der allgemein gehaltenen Vorläuferfrage möchten die Interviewer jetzt wieder einmal einen konkreten Fall zur Untermauerung hören. Überlegen Sie sich vorher, welche Kostprobe aus Ihrem Erfahrungsschatz Sie zum Besten geben könnten.

Worauf kommt es an?
Zeigen Sie anhand eines Beispiels aus Nebenjob, Praktikum oder Schule, dass Sie das Erfolgsrezept für Anspannungsphasen kennen: durch gute Organisation Druck verringern, klare Prioritäten setzen und die wichtigsten Aufgaben konzentriert abarbeiten. Können Sie dann noch vermitteln, dass Ihnen in der Freizeit der Stressausgleich gelingt, haben Sie diese Hürde bravourös gemeistert.

Ihre Antwort:

Musterantwort

„Also, mein Nebenjob als Supermarkt-Kassiererin war gelegentlich schon ziemlich stressig. Mal will ein Kunde wissen, wo die Erdbeeren stehen, mal kommt ein Kollege und fragt nach den Avocados – und währenddessen muss man munter weiterkassieren. Am Anfang konnte ich noch nicht so schnell arbeiten wie meine Kollegen. Das hat die Kunden, die in meiner Schlange gewartet haben, immer ein bisschen nervös gemacht. Aber: Erst kommt die Sorgfalt, dann die Geschwindigkeit. Nachdem ich mich an die Abläufe gewöhnt hatte, lief es immer besser. Ich wusste zum Beispiel, wie ich mir den Arbeitsplatz optimal einrichte, und habe mich schon morgens über aktuelle Sonderangebote informiert. Einmal sind gleich zwei Mitarbeiter ausgefallen, da war ich den ganzen Tag im Dauereinsatz. Wenn man gut organisiert ist, hat man automatisch weniger Stress. Dass es ab und zu hoch hergeht, finde ich aber auch gar nicht schlimm – ist doch besser, als wenn man sich ständig langweilen würde. Nach Feierabend kann man es sich ja dann gemütlich machen."

„Was machen Sie, wenn Ihnen jemand eine Anweisung gibt?"

Hintergrund
Die dienstliche Anordnung eines Weisungsbefugten ist nicht als unverbindliche Empfehlung zu verstehen. In Paragraph 13 des Berufsbildungsgesetzes (BBiG) heißt es: „Auszubildende haben sich zu bemühen, die berufliche Handlungsfähigkeit zu erwerben, die zum Erreichen des Ausbildungsziels erforderlich ist. Sie sind insbesondere verpflichtet, … den Weisungen zu folgen, die ihnen im Rahmen der Berufsausbildung von Ausbildenden, von Ausbildern oder Ausbilderinnen oder von anderen weisungsberechtigten Personen erteilt werden."

Worauf kommt es an?
Das Gesetz besagt auch, dass man ausbildungsfremde Anweisungen nicht ausführen muss. Diesen Aspekt sollte man im Auswahlgespräch aber besser nicht anschneiden: Die Interviewer wollen sichergehen, dass der Kandidat gegebene Anweisungen befolgt. Und zwar nicht verängstigt oder in blindem Gehorsam, sondern aus Einsicht – jede dienstliche Anordnung hat ihren Sinn und Zweck. Lassen Sie durchblicken, dass Sie auch ohne Aufforderung eigenständig und zuverlässig arbeiten können.

Ihre Antwort:

Kapitel 2 | Die häufigsten Fragen, die besten Antworten

Musterantwort

+ *„Anweisungen zu erhalten, dürfte gerade während einer Ausbildung ziemlich selbstverständlich sein. Wenn mir ein Vorgesetzter einen Auftrag gibt, dann erledige ich ihn, und wenn ein Kollege mir einen Hinweis gibt, dann beachte ich den auch. Ich versuche natürlich immer, selbstständig auf alle möglichen Punkte zu achten und mich gut zu organisieren, aber die Ausbildung ist ja dazu da, dass man etwas lernt."*

− *„Wenn mir jemand eine Anweisung gibt, dann führe ich sie aus. Ganz einfach."*

Die Schnellkritik: Ist der Kandidat ein Roboter, der erst auf Knopfdruck handelt? Droht ohne äußeren Input womöglich der totale Stillstand? Der Bewerber hat die Frage unterschätzt, seine Antwort lässt zwei wichtige Punkte vermissen: Selbstständigkeit und Lernbereitschaft – hinter jeder Anweisung steckt eine Absicht des Anweisenden.

„Wie stehen Sie zum Thema Überstunden? Wären Sie dazu bereit?"

Hintergrund
Jeder Arbeitgeber freut sich, wenn die Nachwuchskraft nicht ständig auf die Uhr schielt und bei Bedarf auch mal länger bleibt. Doch ganz so leicht ist diese Frage nicht zu durchschauen. Unter der Oberfläche lauert ein wahres Wirrwarr von Fallstricken: Auf der einen Seite der Argumentationsfront steht die Leistungsmotivation, auf der anderen die Arbeitseffizienz – und ganz abgesehen davon möchte man ja auch noch ein Privatleben haben.

Worauf kommt es an?
Ein kategorisches „Nein" stößt die Interviewer unsanft vor den Kopf. Ein bedingungsloses „Ja, natürlich" wiederum könnte sich für die Freizeitplanung als tickende Zeitbombe erweisen und die Interviewer zu unvorteilhaften Gedankenspielen anregen: Wie gut hat der Kandidat seinen Tagesablauf im Griff, wenn er Überstunden fest einplant? Was bedeutet es für sein Privatleben, wenn er im Betrieb zu wohnen beabsichtigt? Der Königsweg führt hier über eine abgefederte, sorgsam eingehegte Zustimmung.

Ihre Antwort:

_____
_____
_____
_____
_____
_____
_____
_____

Musterantworten

+ „Grundsätzlich versuche ich immer, möglichst effizient zu arbeiten und mich so zu organisieren, dass ich alles in der regulären Arbeitszeit erledigen kann. Aber wenn kurz vor Feierabend plötzlich noch eine dringende Aufgabe ansteht oder es im Weihnachtsgeschäft mal besonders hoch hergeht, würde ich auch Überstunden machen. Mir ist klar, dass die Ausbildung sehr anspruchsvoll ist und man deswegen flexibel sein muss. Wenn Überstunden gemacht werden müssen, hat das sicher einen guten Grund. Ich kann mir nicht vorstellen, dass ein Arbeitgeber das aus Lust und Laune vorgibt."

„Wie reagieren Sie auf Veränderungen?"

Hintergrund
Kaum eine Stellenanzeige kommt heutzutage über das Zauberwörtchen „Flexibilität" aus, und kaum ein Vorstellungsgespräch ohne diesbezügliche Fragen. Beides hat seinen Grund. „Nichts ist so beständig wie der Wandel", meinten schon die antiken Griechen. Übertragen auf die moderne Berufswelt: Dass sich das Arbeitsumfeld verändert, ist vollkommen normal. Daher geht es im Job nicht ohne Anpassungsfähigkeit und geistige Geschmeidigkeit.

Worauf kommt es an?
Für notorische Schema-F-Routinetäter ist jede Veränderung ein Angriff aufs Vertraute, der sie bedroht und irritiert. Anpassungsfähige Charaktere hingegen verstehen einen Wandel als Chance, Dinge anders anzugehen, und erkennen tiefliegende produktive Triebkräfte: nämlich Innovation, Entwicklung, Fortschritt. Umreißen Sie, dass Sie die Notwendigkeit bestimmter Veränderungen erkennen und sich bewusst anpassen können.

Ihre Antwort:

_____

_____

_____

_____

_____

_____

_____

_____

_____

Musterantworten

„Ganz allgemein gesagt: Wenn sich etwas ändert, dann schaue ich mir an, was genau sich ändert und ich überlege mir, wie ich damit am besten umgehe. In meinem Nebenjob als Kellnerin gab es dauernd irgendwelche Änderungen – mal war der reservierte Tisch plötzlich zu klein, mal gab es ein Gericht nicht mehr, und die Tageskarte sah sowieso jeden Tag anders aus. Die größte Veränderung war wahrscheinlich, als wir den Gastraum komplett umgestaltet haben. Danach wirkte alles viel freundlicher. Im Service mussten wir uns natürlich erst einmal an die neuen Tischnummern gewöhnen, aber nach 1–2 Tagen hatte jeder seinen Bereich im Griff."

„Ich denke, dass man mit der Zeit gehen muss und Veränderungen auch als Chance sehen sollte. Der technische Fortschritt ist ja mittlerweile so rasant – da muss man sich schon auf Veränderungen einstellen können."

"Was treibt Sie an, wie schöpfen Sie Ihre Motivation?"

Hintergrund

Ob in beruflicher oder privater Hinsicht: Was den Kandidaten motiviert – also antreibt, bewegt – spielt für die Personalverantwortlichen eine zentrale Rolle. Mittlerweile sind die Gesprächsteilnehmer freilich weit hinaus über die Phase des vorsichtigen Abtastens anhand der Punkte Freizeit, Hobbys und Interessen. Obwohl der Job mit keinem Wort erwähnt wird, zielt diese Frage eindeutig auf Berufliches ab.

Worauf kommt es an?

Dass Sie es mit der Ausbildung ernst meinen, durften Sie bereits in den vorangegangenen Abschnitten darlegen. Knüpfen Sie nun noch einmal daran an. Selbstverständlich geht es auch jetzt wieder um Ihre Selbstmotivation, das heißt um Ihre inneren Beweggründe – und nicht um äußere Anreize: Weder die monatliche Gehaltsüberweisung noch der elterliche Ehrgeiz ist als Motivationsquelle akzeptabel. Lassen Sie anklingen, dass Sie sich mit Ihrer Arbeit identifizieren, dass Sie sich Ziele setzen und diese erreichen wollen.

Ihre Antwort:

Musterantworten

+ „Mich motiviert es besonders, wenn ich mich für eine Sache einsetze und dadurch am Ende ein gutes Ergebnis erreiche. Das ist doch die schönste Bestätigung dafür, dass man etwas gut gemacht hat. Im Moment ist es mein größtes Ziel, meine Ausbildung erfolgreich zu absolvieren. Aber ich sehe diese Zeit eher als Marathon, nicht als Sprint – eine Lehre absolviert man ja nicht von heute auf morgen. In der nächsten Zeit geht es für mich darum, Schritt für Schritt ein bisschen dazuzulernen. Dass man Woche für Woche immer etwas mehr kann, finde ich sehr motivierend."

"Würden Sie im Beruf riskante Entscheidungen treffen?"

Hintergrund

Manchmal werden Azubis mit Situationen konfrontiert, die in keinem Lehrbuch stehen. Ein kleiner Abstecher in die Praxis: Sie sind Großhandels-Lehrling und werden von einem wichtigen Kunden, den Sie bereits kennen, um Mengenrabatt gebeten. Ihre Kollegen und Vorgesetzten haben leider alle schon Feierabend, und der Kunde geht morgen auf Geschäftsreise. Sagen Sie ihm den Rabatt zu – obwohl Sie das als Azubi eigentlich nicht dürfen –, oder weisen Sie ihn ab? Keine leichte Entscheidung, beides hat Vor- und Nachteile. Was machen Sie?

Worauf kommt es an?

Im geschilderten Szenario wäre es für den Azubi ratsam, den Rabatt zuzusagen – der Kunde ist schließlich bekannt: Lieber einen leichten Anpfiff in Kauf nehmen, als den wichtigen Kunden zu verprellen und dadurch erst Recht den Groll des Chefs auf sich zu ziehen. Leichtsinn hat im Berufsalltag nichts verloren! Doch auf Überraschungen, auf unvorhergesehene Ereignisse sollte man angemessen reagieren können. Wer Risiken kategorisch ablehnt, besitzt dazu wohl nicht die nötige Flexibilität. Vermitteln Sie, dass Sie Risiken abwägen können und in die Verantwortung gehen, wenn es darauf ankommt.

Ihre Antwort:

_____
_____
_____
_____
_____
_____
_____

Musterantworten

„Das kommt darauf an. In Bezug auf die Ausbildung verstehe ich ‚Risiko' so, dass ich in einer Situation handeln muss, die ich noch nicht kenne. Bei einem wichtigen Fall würde ich zuerst meine Kollegen fragen oder mich mit meinem Vorgesetzten abstimmen, wenn das möglich ist. Sollte das aus irgendeinem Grund nicht gehen, würde ich mir sehr genau überlegen, welche Konsequenzen meine Entscheidung hätte. Wenn ich die Auswirkungen abschätzen kann, würde ich auch mal eine riskantere Entscheidung treffen und die Verantwortung übernehmen. Man kann ja nicht jedem Risiko aus dem Weg gehen, und ich glaube, es wäre auch nicht gut, das zu versuchen."

Sozialkompetenz: Teamverhalten und Konfliktfähigkeit

Ohne Teamfähigkeit lässt sich beruflich kaum ein Blumentopf gewinnen, Arbeit heißt heute in erster Linie Zusammenarbeit. Hapert es an der Abstimmung mit den Kollegen, verpufft mitunter das größte Engagement völlig wirkungslos. Wer sein Können erfolgreich einbringen will, sollte die „Schnittstellen" zu seinen Mitarbeitern zu nutzen wissen – und dafür braucht er Sozialkompetenz. Genau genommen vereint diese Kategorie gleich eine ganze Reihe wichtiger Eigenschaften: darunter Teamfähigkeit, Verantwortungsbewusstsein, Kommunikationsvermögen, Kritikfähigkeit und Konfliktfähigkeit.

„Wie werden Sie von anderen Leuten eingeschätzt, zum Beispiel von Ihren Klassenkameraden?"

Hintergrund
Indem die Interviewer die Eigendarstellung des Kandidaten mit seiner Wahrnehmung „von außen" abgleichen, gewinnt ihr Bild des Bewerbers an Tiefenschärfe. Was denken Ihre Klassenkameraden über Sie, welche Eigenschaften schreiben andere Ihnen zu? Im Rahmen einer Stärken/Schwächen-Analyse vor dem Gespräch können Sie das von den Betreffenden aus erster Hand erfahren.

Worauf kommt es an?
Eigenschaften wie Zuverlässigkeit, Verantwortungsbewusstsein und Leistungsfähigkeit führen zu positiven Rückmeldungen Ihres Umfelds – beschreiben Sie diese. Sie müssen sich dabei nicht auf Ihre Klassenkameraden beschränken, sondern können auch auf andere Fürsprecher wie Freunde, Familienmitglieder oder Kollegen aus dem Nebenjob überleiten. Nennen Sie berufsrelevante Eigenschaften und achten Sie darauf, dass zwischen Fremd- und Eigenbewertung keine großen Lücken klaffen. Eine Prise Selbstkritik, die die Authentizität des Gesagten untermauert, kann zudem nicht schaden.

Ihre Antwort:

Musterantworten

+ „Darüber könnten Ihnen meine Mitschüler wahrscheinlich viel mehr erzählen als ich. Aber wenn Sie mich fragen, glaube ich, dass mich meine Klassenkameraden für aufgeschlossen und zuverlässig halten. Ich lasse keinen im Stich, und mir fällt niemand ein, der bei Gruppenarbeiten oder Ähnlichem nicht gern mit mir zusammenarbeitet, auch wenn ich manchmal ein bisschen penibel sein kann."

„Grundsätzlich würde ich sagen, dass mich andere für verantwortungsbewusst und motiviert halten. Das haben mir jedenfalls meine Freunde gesagt, die ich vor der Bewerbung gefragt habe, wie sie mich sehen und welche Eigenschaften ich in ihren Augen habe. Manche haben auch gemeint, dass ich gelegentlich ziemlich hartnäckig sein kann. Das finden sie wahrscheinlich nicht immer so angenehm, aber es gehört zu mir."

− „Puh, das weiß ich nicht. Das müssten Sie schon meine Klassenkameraden fragen. Ich glaube aber, dass ich bei meinen Mitschülern relativ beliebt bin."

Die Schnellkritik: Wer bei dieser Frage die Absicht der Interviewer nicht erkennt, wirkt unbeholfen – wer sie bewusst ignoriert, erscheint spröde und abweisend. Mit dem Allerwelts-Adjektiv „beliebt" kann der Personaler zudem nicht viel anfangen, der Kandidat hätte besser konkrete Eigenschaften genannt. Zur Orientierung eine kleine Liste positiv besetzter Charakterzüge: aufgeschlossen, zuverlässig, engagiert, hilfsbereit, gründlich, interessiert, kommunikativ, ehrgeizig …

"Wie kommen Sie mit Ihren Lehrern und Mitschülern zurecht?"

Hintergrund
Die eigenen Stärken kann man im Job nur dann voll zur Geltung bringen, wenn die Interaktion mit den Kollegen funktioniert. Für die Personaler ist es daher wichtig, dass ein Bewerber über die nötige Sozialkompetenz verfügt. Ein kleines Gedankenexperiment: Ersetzen Sie einfach „Lehrer und Mitschüler" durch „Vorgesetzte und Kollegen", und Sie erkennen, worauf es die Interviewer abgesehen haben.

Worauf kommt es an?
Ein gesunder Mix aus Anpassungsfähigkeit, Offenheit und Kommunikationsfähigkeit bestätigt den Personalern, dass sich der Kandidat reibungslos in die Belegschaft einfügen wird. Wer sich jedoch als „everybody's darling" beschreibt, macht sich verdächtig. Denn ganz abgesehen davon, dass diese Eigendarstellung ziemlich übertrieben klingt: Ist der selbsternannte Sympathiebolzen denn überhaupt in der Lage, auch unter widrigeren Umständen professionell zu arbeiten?

Ihre Antwort:
_____
_____
_____
_____
_____
_____
_____
_____

Musterantworten

+ „Im Allgemeinen komme ich mit meinen Lehrern und Klassenkameraden gut klar. Mit vielen Mitschülern habe ich auch privat viel zu tun. Manche sehe ich nur in der Schule, aber das ist in Ordnung. Wichtig ist, dass man sich respektiert, egal ob man eng befreundet ist oder nicht."

− „Ich komme mit all meinen Lehrern und Mitschülern sehr gut klar, auch mit den eher verschlossenen Typen. Irgendwie schaffe ich es, immer einen guten Draht zu allen zu finden. Ich finde es wichtig, dass die Stimmung gut ist, egal ob in der Schule oder bei der Arbeit."

Die Schnellkritik: Ein zu gut gemeinter Ansatz, der am Ende übers Ziel hinausschießt. Ein Betrieb stellt keine Gute-Laune-Maschinen ein, sondern Arbeitskräfte. Für die Personaler zählt weniger, ob das Stimmungsbarometer in der Belegschaft steigt – sie achten mehr auf die Produktivität.

„Was heißt für Sie ,Teamarbeit'?"

Hintergrund
Toll, **e**in **a**nderer **m**acht's: Wer „Team" so buchstabiert, hat im Berufsleben schlechte Karten. Arbeit ist heutzutage fast immer Teamwork im Kollektiv, folgt gemeinsamen Zielen und setzt ein hohes Maß an Kooperation voraus. Jeder Einzelne bringt sein Können zum Wohle aller ein, alle Ichs ergänzen sich zum Wir. Wo Führungsstärke gefragt ist, darf das Ich auch ein wenig dominanter sein.

Worauf kommt es an?
Einen teamfähigen Mitarbeiter erkennt man an verschiedenen Eigenschaften: Er orientiert sich am Gesamtergebnis, nicht am Eigennutzen; er hält Konflikte aus und löst sie; er ist kompromissbereit und zuverlässig; er ist lernwillig und engagiert. Lassen Sie ein paar dieser Eigenschaften unauffällig anklingen. Die Personaler suchen tendenziell eher Mannschaftsspieler, keine Egoisten im Teampelz. Selbstständig wiederum sollte der Azubi natürlich schon sein.

Ihre Antwort:

Musterantwort

„Teamarbeit ... wie sage ich das am besten ... Teamarbeit heißt für mich: zusammen arbeiten, um ans Ziel zu kommen. Gemeinsam lässt sich doch meistens mehr erreichen als alleine. Jeder kann unterschiedliche Dinge besonders gut. In einem Team kann man alle Stärken kombinieren, die einzelnen Schwächen ausgleichen und am Ende um ein Vielfaches besser arbeiten. Vorausgesetzt, die Gruppe funktioniert: Das setzt voraus, dass man sich auf seine Kollegen verlassen kann, dass man sich aufeinander einstellt und Probleme gemeinsam löst. Im Sinne der Gemeinschaft, des Teams, muss sich jeder an die eigene Nase packen und überprüfen, wo der Egoismus beginnt – dann klappt die Zusammenarbeit."

„Arbeiten Sie lieber im Team oder lieber alleine?"

Hintergrund
Schon starten die Interviewer den nächsten Anlauf, sich der Sozialkompetenz des Kandidaten zu nähern – diesmal mit einer besonders trickreichen Strategie: Sie versuchen Teamfähigkeit und Selbstständigkeit gegeneinander auszuspielen. Doch im Job geht es weder ohne das eine noch ohne das andere.

Worauf kommt es an?
Passen Teamfähigkeit und Selbstständigkeit nicht unter einen Hut? Angesichts der Fragestellung liegt dieser Schluss zwar nahe, aber eigentlich wissen es die Interviewer besser. Und darin sollten Sie Ihren Gesprächspartnern nicht nachstehen. Lassen Sie sich nicht auf das „entweder-oder"-Spielchen ein, verbinden Sie beide Aspekte mit einem „sowohl als auch"! Am wertvollsten sind Sie für den Betrieb, wenn Sie flexibel reagieren können: Je nachdem, wie es die Situation erfordert, bevorzugen Sie die Lösung in der Gruppe oder nehmen die Sache selbst in die Hand.

Ihre Antwort:

Musterantworten

+ „Je nachdem. In der Schule war es für mich zum Beispiel besser, wenn ich meine Hausaufgaben alleine gemacht habe und nicht in einer Lerngruppe, weil ich dann schneller und konzentrierter arbeiten konnte. Auf wichtige Klausuren habe ich mich aber meistens mit anderen zusammen vorbereitet. In der Gruppe kann man gut Fragen klären, Ideen austauschen und die Dinge aus ganz verschiedenen Perspektiven betrachten. Deswegen glaube ich, dass es auch im Beruf von der Aufgabe abhängt, wie man am besten vorgeht."

− „Besonders gern arbeite ich im Team, da ist die Atmosphäre besser und man kommt schneller zum Ergebnis."

Die Schnellkritik: Teamfähigkeit ist zweifellos eine lobenswerte Eigenschaft. Doch wie beim gleichermaßen extremen Äquivalent „Alleine kann ich am besten arbeiten" muss auch hier entgegnet werden: Erfolgversprechende Bewerber sind beides – teamfähig und selbstständig.

„Fällt Ihnen eine Situation ein, in der Sie erfolgreich im Team gearbeitet haben?"

Hintergrund

Die Arbeit in einem funktionierenden Team hat viele Vorteile: Man kann vom geballten Wissen der Mitglieder profitieren, ihre Kompetenzen kombinieren und aufkommende Fragen schnell ausräumen. Abgesehen davon ist es immer eine lehrreiche Erfahrung, wenn man eine Angelegenheit aus unterschiedlichen Sichtweisen beleuchtet. Gut also, wenn Sie an dieser Stelle ein geeignetes Erfolgsbeispiel parat haben.

Worauf kommt es an?

Um bei dieser Frage gut dazustehen, nehmen Sie einfach den Themenvorschlag Ihrer Gesprächspartner an: Erzählen Sie, in welcher Situation Sie erfolgreich mit anderen zusammengearbeitet haben. Nennen Sie am besten einen Fall aus Ihrem schulischen oder beruflichen Werdegang. Den Betriebsvertretern genügt eine knappe Beschreibung, wann und wie Sie Ihre Teamfähigkeit unter Beweis gestellt haben.

Ihre Antwort:

_____

_____

_____

_____

_____

_____

_____

Musterantwort

+ „Ja, in den letzten Schulmonaten zum Beispiel haben wir uns in einer Lerngruppe zusammen auf die Abschlussprüfung vorbereitet. Das hat uns allen viel gebracht. Wir haben unsere Unterlagen ausgetauscht, uns gegenseitig abgefragt und zusammen gelernt. Immer wusste einer von uns etwas, was die anderen nicht wussten. Ein anderer positiver Effekt: Wenn man jemandem etwas erklärt, versteht man es danach auch selbst besser. Die Vorbereitung in der Gruppe hat sich zum Schluss für alle ausgezahlt, weil jeder Einzelne von uns seine Noten verbessern konnte."

„Wie verhalten Sie sich als Teil eines Teams? Sind Sie eher ein Anführer oder ein Mitläufer?"

Hintergrund
„Anführer" und „Mitläufer" sind fürwahr keine besonders ausgefeilten Persönlichkeitskategorien. Man täte den Personalern aber Unrecht, wenn man ihnen deshalb Schubladendenken unterstellen wollte: Mit dieser holzschnittartigen Suggestivfrage möchten sie den Kandidaten wieder einmal nur auf die falsche Fährte locken.

Worauf kommt es an?
„Mitläufer", das signalisiert Passivität, mangelnde Motivation, wenn nicht sogar fehlendes Können. Schreiben Sie sich diese Rolle lieber nicht zu! „Anführer" hört sich schon besser an, aber bedenken Sie: Die Interviewer suchen keine Führungskraft, sondern einen Azubi, und als Lehrling geht es vor allem ums Zuhören und Lernen. Lassen Sie sich also nicht zu einer einseitigen Stellungnahme verleiten. Nur wer einzuschätzen weiß, welches Verhalten in einer Situation angebracht ist, kann seine Fähigkeiten zielführend einbringen.

Ihre Antwort:

Musterantwort

+ „Wie ich mich in einer Gruppe verhalte? Das hängt in erster Linie davon ab, worum es gerade geht und welche Vorgehensweise angemessen ist. Wenn ich mich in einem Thema gut auskenne, habe ich keine Probleme damit, die Initiative zu ergreifen. Wenn Andere allerdings bessere Ideen haben als ich oder ganz einfach mehr wissen, dann höre ich ihnen gerne erst einmal zu und überlege, wie ich mich am besten einbringen kann."

„Anführerin oder Mitläuferin? Also, wenn ich mich um meine kleinen Geschwister kümmere, dann bin ich meistens beides gleichzeitig. Manchmal spiele ich mit ihnen und vergesse dabei selbst die Zeit, aber in manchen Situationen muss ich als ältere Schwester auch Grenzen setzen und sagen, wo es langgeht. Deswegen würde ich sagen: Es kommt ganz auf die Situation an."

"Mit welchen Menschen würden Sie gern zusammenarbeiten – und mit welchen nicht so gern?"

Hintergrund

Hinter dieser Frage steckt nicht die Fürsorge der Personaler, dem Bewerber einen Mitarbeiterstab nach seinem Geschmack zur Seite zu stellen. In Wirklichkeit ist es natürlich genau anders herum: Ein Azubi sollte sich in bestehende soziale Strukturen einfügen und nicht als ewig nörgelnder Querulant den Betriebsfrieden gefährden.

Worauf kommt es an?

Sie kommen mit jedem gut aus? Das klingt selbst dann unglaubwürdig, wenn es stimmt. Es ist vollkommen akzeptabel zu behaupten, dass man mit zuverlässigen, engagierten, positiven Charakteren besonders gern zusammenarbeitet. Aber klagen Sie nicht über mürrische Drückeberger oder andere Miesepeter, denn auch mit komplizierteren Kollegen gilt es im Job reibungslos zu kooperieren.

Ihre Antwort:

_____

_____

_____

_____

_____

_____

_____

_____

Musterantwort

+ „Im Beruf finde ich es ideal, wenn man sich auf seine Kollegen verlassen kann und wenn alle an einem Strang ziehen, um ein Ziel zu erreichen. Klar, man kann nicht immer gut gelaunt sein und jeder Mensch hat seine Stärken und Schwächen – nobody is perfect. Wenn ich natürlich jemandem alles dreimal erklären müsste oder mich nie auf ihn verlassen könnte, hätte ich damit schon ein Problem. Mag sein, dass ich da etwas viel verlange, aber dasselbe können andere auch von mir verlangen. Wichtig ist, dass man sich so abstimmt, dass man am Ende zu einem guten Ergebnis kommt."

„Womit gehen Ihnen andere Menschen am meisten auf die Nerven?"

Hintergrund
Alle Teammitglieder arbeiten in perfekter Harmonie zusammen und verstehen sich auch privat hervorragend? Welch idyllische Vorstellung. Doch das Berufsleben ist keine Seifenoper und Teamfähigkeit keine „Schönwetter"-Kompetenz! Ab und zu geht einem auch mal etwas gegen den Strich. Als sozial intelligenter Mitarbeiter sollte man in der Lage sein, mit den eigenen Launen und denen seiner Kollegen angemessen umzugehen.

Worauf kommt es an?
Was stört den Bewerber an seinen Zeitgenossen? Hoffentlich nicht allzu viel, sonst könnten die Interviewer vermuten, dass der Kandidat seinerseits wohl etwas divenhaft veranlagt ist. Teamfähigkeit heißt eben auch, die kleinen Macken seiner Mitmenschen tolerieren zu können! Andererseits nehmen nur völlig gleichgültige und desinteressierte Charaktere alles auf die leichte Schulter. Was geht Ihnen auf den Geist? Beziehen Sie sich am besten auf eine allgemein verpönte Eigenschaft wie Unzuverlässigkeit oder Unehrlichkeit.

Ihre Antwort:

Musterantworten

+ „Worüber ich mich wirklich ärgern kann, ist, wenn man mit jemandem etwas abspricht und er sich am Ende nicht daran hält oder sich sogar überhaupt nicht mehr daran erinnert. Schließlich verlässt man sich auf das, was man besprochen hat. Ich habe zum Beispiel mal Konzertkarten für einen Freund mitbesorgt, die er dann einen Tag vorher plötzlich nicht mehr haben wollte, weil er sich spontan mit seiner Freundin verabredet hat. Ich finde, da hätte er doch wenigstens rechtzeitig Bescheid sagen können, damit ich die Chance gehabt hätte, noch jemand anderen zu fragen. So ist es halt ziemlich blöd gelaufen."

− „Ich finde es nicht gut, wenn jemand unehrlich ist."

Die Schnellkritik: Das Thema ist gut gewählt, aber das Stichwort allein reicht nicht. Wenn der Kandidat so unterkühlt aufsagt, was ihn doch angeblich nervt, wirkt seine Auskunft blutleer und wenig authentisch. Das Vorstellungsgespräch ist der falsche Ort für einen Temperamentsausbruch, doch an dieser Stelle darf die Antwort etwas lebhafter und persönlicher sein.

„Wie verhalten Sie sich, wenn Sie mit einem Kollegen überhaupt nicht klarkommen?"

Hintergrund
Keine Frage, mit sympathischen Menschen arbeitet man lieber zusammen als mit unsympathischen. Das Wesentliche steckt aber in den Wörtchen „arbeiten" und „zusammen": Der Arbeitgeber erwartet, dass die Kooperation im Betrieb stimmt. Und zwar vollkommen unabhängig davon, wie gut sich der Azubi mit seinen Kollegen und Kolleginnen auf persönlicher Ebene versteht.

Worauf kommt es an?
Die Interviewer gehen davon aus, dass der Bewerber Berufliches von Privatem zu trennen versteht. Auf den Job bezogen bedeutet „nicht klarkommen" nämlich das Gleiche wie „nicht zusammen arbeiten können", und damit haben die Personaler verständlicherweise ein Problem. Vermitteln Sie, dass Sie als aufgeschlossener, kompromissfähiger Kandidat Ihr Scherflein zu einem guten Betriebsklima beitragen. Dazu gehört, dass Sie auch mit denjenigen Kollegen sachlich und produktiv kooperieren, zu denen Sie persönlich keinen so guten Draht finden.

Ihre Antwort:

Musterantworten

+ „Grundsätzlich versuche ich, auf alle Menschen offen zuzugehen und gut mit ihnen auszukommen. Deshalb würde ich wahrscheinlich das Gespräch mit ihm suchen und ansprechen, was mich stört. Wenn das mit einem Kollegen gar nicht funktionieren würde, wäre das schade. Aber ich muss nicht unbedingt mit einem Menschen befreundet sein, um mit ihm arbeiten zu können. Auf einer sachlichen Ebene kann man sich immer aufeinander einstellen, glaube ich."

− „Ich würde versuchen, ihm möglichst aus dem Weg zu gehen. Es hat ja keiner was davon, wenn man sich den ganzen Tag nur auf die Nerven geht. Eventuell würde ich auch mit meinem Vorgesetzten reden."

Die Schnellkritik: Ob der Vorgesetzte davon begeistert sein wird? Für den Interviewer jedenfalls dürfte hier eines feststehen: nämlich, dass der Bewerber nicht in der Lage ist, persönliche Befindlichkeiten von beruflichen Notwendigkeiten zu trennen. Und darunter leidet die Arbeit. So ist am Ende unklar, wer überhaupt der Störenfried ist – der Kollege oder der Kandidat selbst?

„Was machen Sie, wenn Ihr Lehrer oder Ihr bester Freund anderer Meinung ist als Sie?"

Hintergrund
Die Interviewer pirschen sich über Umwege an ihr Ziel heran, das sich glücklicherweise relativ mühelos entlarven lässt: Tauschen Sie einfach „Lehrer" und „bester Freund" in Gedanken gegen „Vorgesetzter" und „Kollege", und schon wird sonnenklar, wie der Hase läuft.

Worauf kommt es an?
Konfliktfähig ist weder der notorische Rechthaber, der nicht dazulernen will, noch der ängstliche Hasenfuß, der ständig klein beigibt – von der dauerbeleidigten Leberwurst ganz zu schweigen. Bei dieser Frage ist Fingerspitzengefühl gefordert! Einerseits gehört es zu den unabdingbaren „soft skills", Meinungsverschiedenheiten sachlich und kompromissbereit austragen zu können. Weil aber andererseits die Azubi-Meinung im Betrieb nicht als Maß aller Dinge gilt, muss man als Lehrling auch mal zurückstecken können.

Ihre Antwort:
_____
_____
_____
_____
_____
_____
_____
_____
_____
_____

Musterantworten

+ „Naja, wenn mich ein Lehrer bei einer Wissensfrage korrigiert, dann gehe ich davon aus, dass er weiß, wovon er spricht. Sollte ich mir selbst nicht zu 100 Prozent sicher sein, gibt es da in meinen Augen wenig zu diskutieren. Sobald es allerdings um Meinungen geht, ist das etwas anderes. Man kann doch gar nicht immer und überall einer Meinung sein. Gerade unter Freunden gehört es für mich dazu, dass man auch über Dinge spricht, bei denen man sich nicht einig ist. Man sollte halt sachlich bleiben und nicht persönlich werden. Am Ende kommt es ganz einfach auf die Argumente an."

− „Damit kann ich leben. Man kann es doch nicht jedem Recht machen."

Die Schnellkritik: Und weiter? Sicher, Konfliktfähigkeit zeigt sich auch darin, dass man Meinungsverschiedenheiten nicht persönlich nimmt. Doch wird die Kontroverse bloß unter den Teppich gekehrt, gärt sie unterschwellig weiter. Manche Angelegenheiten bringt man besser offen auf den Tisch, um gemeinsam eine tragfähige Lösung zu suchen.

„Ich sage meine Meinung immer offen und ehrlich. Wenn ich etwas anders sehe als mein Lehrer oder mein Freund, dann mache ich daraus kein Geheimnis."

Die Schnellkritik: Zu offensiv! Wer glaubt, jede spontane Eingebung ungefiltert in die Welt posaunen zu müssen, besitzt wenig Taktgefühl. Manchmal ist eben Zurückhaltung angebracht – vor allem während der Lehrjahre.

„Was bedeutet Kritik für Sie?"

Hintergrund
Kritik bleibt im Berufsleben nicht aus. Mal kommt sie in Form eines harmlosen Verbesserungsvorschlags daher, mal als schonungslos offene Rüge. Wenn sich der Kandidat von jeder mehr oder weniger kritischen Anmerkung gleich aus der Bahn werfen lässt, wird er es im Job schwer haben.

Worauf kommt es an?
Wohl niemand kann glaubwürdig behaupten, über Kritik glücklich zu sein. Team- und konfliktfähige Kandidaten wissen mit kritischen Äußerungen allerdings umzugehen: Sie verstehen sie nicht als persönliche Herabsetzung, sondern als Ansporn zur Verbesserung. Gerade als Azubi sollte man hellwach sein, wenn einem die „alten Hasen" im Betrieb durch Rat und Tat auf die Sprünge helfen wollen.

Ihre Antwort:

Musterantwort

+ „Naja, kritisiert wird man ja in der Regel dann, wenn andere unzufrieden sind, weil etwas nicht so gelaufen ist, wie es hätte laufen sollen. Das ist natürlich zuerst einmal nichts Positives. Aber wenn man genau hinhört, kann man Kritik auch für sich nutzen, weil man erfährt, was man in Zukunft besser machen kann. Eine sachliche Kritik ist immer auch eine Art Hinweis oder eine Hilfe. Über ein Lob würde ich mich natürlich noch mehr freuen, denn das bedeutet, ich habe meine Arbeit gut gemacht. So sehe ich das."

„Wie reagieren Sie auf Kritik? Was ist, wenn man Sie zu Unrecht kritisiert?"

Hintergrund
Kritik steckt jeder hin und wieder ein. Der Hinweis auf Unsauberkeiten oder Patzer, die man selbst oft nicht einmal bemerkt, muss erlaubt sein und sollte nicht gleich zu feindseligen Abwehrreflexen führen. Sachliche Kritik bringt nicht nur das Team weiter, sondern verbessert auch das eigene Arbeitsverhalten.

Worauf kommt es an?
„Zu Unrecht kritisieren" ist als zweites Element der Doppelfrage nur ein ergänzendes Stichwort. Springen Sie nicht zu begeistert darauf an: Wird die unberechtigte Kritik als Normalfall angenommen, scheint es mit der Kritikfähigkeit des Bewerbers nicht sonderlich weit her zu sein. Wann ist Kritik berechtigt? Grundsätzlich immer, solange sie konstruktiv auf eine Verbesserung abzielt. Destruktive Kritik dagegen ist unsachlich, verletzend und vermittelt keine alternativen Ansätze. Sie ist selbst ein Problem, anstatt zur Problemlösung beizutragen.

Ihre Antwort:

Musterantwort

+ „*Eine sachliche und konstruktive Kritik nehme ich gerne an. Das Feedback von anderen finde ich wichtig, denn dadurch kann ich prüfen, wie sinnvoll oder nachvollziehbar mein Vorgehen war. Manchmal ist das, was man selbst für vollkommen logisch hält, für andere ja gar nicht so einleuchtend, wie man denkt. Wenn ich nicht verstehe, was jemand kritisiert, dann frage ich ihn, ob er das genauer erklären kann. Merke ich, dass jemand etwas nur falsch interpretiert hat, dann versuche ich, meine Perspektive noch einmal klarzustellen. Wenn jemand allerdings einfach nur destruktiv herummeckert und schlechte Laune verbreitet, kann ich damit wenig anfangen. Für mich sollte Sachlichkeit im Mittelpunkt stehen, denn es geht doch immer um ein konkretes Problem und ein bestimmtes Ziel. Jemanden zu kritisieren bedeutet ja nicht, ihn persönlich anzugreifen.*"

„Können Sie uns einen Fall nennen, in dem Sie kritisiert wurden?"

Hintergrund
Wer könnte das nicht? Dass der Kandidat schon einmal kritisiert wurde, setzen die Interviewer freilich voraus; ihnen geht es nicht um die bloße Bestätigung. Vielmehr wollen sie wissen, wie es dazu kam, wie der Bewerber damit umgegangen ist und was er für die Zukunft daraus gelernt hat.

Worauf kommt es an?
Wenn dem Kandidaten beim Stichwort „kritisiert" die Antwort schon auf der Zunge liegt oder er gleich mehrere Situationen zum Besten geben möchte, spricht das nicht gerade für sein Arbeitsverhalten. Bejahen Sie also nicht zu begeistert. Schildern Sie einen Fall, durch den Sie verdeutlichen können, dass Sie mit Kritik sachlich umzugehen wissen.

Ihre Antwort:

Musterantwort

+ „*Lassen Sie mich kurz überlegen … Ich kann mich an eine Situation in meinem Nebenjob im Supermarkt erinnern. Ich habe damals unter anderem Waren einsortiert. Eine Routinearbeit, die ich immer möglichst schnell erledigen wollte. Einmal musste ich zwei Artikel einräumen, die sehr ähnlich aussahen. Dass es zwei unterschiedliche Artikel waren, habe ich total übersehen und sie daher in dasselbe Fach eingeräumt. Darauf hat mich irgendwann der Abteilungsleiter angesprochen – peinlich. Natürlich hatte er recht, danach war ich aufmerksamer.*"

„Wie reagieren Sie in Konfliktsituationen?"

Hintergrund
Interne Reibereien sind Sand im Firmengetriebe, denn sie verschlechtern die Arbeitsatmosphäre und lähmen die Kooperation. Daher ist manchmal eine offene Auseinandersetzung nötig, um die Verhältnisse zu klären. Konfliktfähige Mitarbeiter wirken darauf hin, schwelende Problemherde sachlich anzusprechen und Meinungsverschiedenheiten zielorientiert zu lösen.

Worauf kommt es an?
Kein Personaler möchte sich einen streitsüchtigen Wüterich ins Haus holen – ein überempfindliches Sensibelchen allerdings auch nicht. Kurz und knapp: Die Nachwuchskraft sollte konfliktfähig sein! Zeigen Sie, dass Sie in der Lage sind, Kontroversen ergebnisorientiert zu führen und Konflikte erfolgreich beizulegen. Dies gelingt, wenn die beteiligten Parteien Ursachenforschung und Problemlösung in den Mittelpunkt stellen. Emotionen bleiben dabei außen vor, und gegenläufige Spezialinteressen ordnen sich dem Teamgedanken unter.

Ihre Antwort:

Musterantworten

+ „*Ganz wichtig finde ich, nicht davon auszugehen, dass man selbst immer recht hat und deswegen versucht, den eigenen Willen durchzusetzen. Meistens haben doch beide Seiten ein gemeinsames Ziel und bloß unterschiedliche Ideen, wie sie es erreichen wollen. Für sachliche Argumente bin ich deswegen immer offen. Wenn jemand aber einfach nur streiten will, mache ich ihm klar, dass mich das nicht interessiert. Das kostet nur Zeit und Kraft und bringt am Ende nichts.*"

− „*Ich versuche, gar nicht erst in Konfliktsituationen zu kommen. Das ist der beste Weg, um miteinander klarzukommen, finde ich.*"

Die Schnellkritik: Wer so antwortet, zeigt, dass er etwas Grundsätzliches falsch verstanden hat: Teamfähigkeit heißt nicht Harmoniesucht. Nicht immer lassen sich Konflikte durch Kompromisse im Vorfeld entschärfen – und dann gilt es, die unausweichliche Kontroverse vernünftig und sachbezogen auszutragen.

Stärken und Schwächen, Selbsteinschätzung

Den makellosen Kandidaten ohne Fehl und Tadel gibt es nicht, jeder Mensch hat seine Schwächen. Doch wie geht er damit um? Vor allem im Berufsleben? Ernste Defizite in jobrelevanten Kernbereichen (Muss-Kompetenzen) sehen die Personaler naturgemäß äußerst ungern. Bei geringen Mankos in Randgebieten (Kann-Kompetenzen) drücken sie aber normalerweise ein Auge zu. Lästige Angewohnheiten kann man sich abgewöhnen, fehlende Qualifikationen kann man sich aneignen. Ausschlaggebend ist der Wille, an sich zu arbeiten.

"Welche Stärken haben Sie, und in welchen Situationen zeigt sich das?"

Hintergrund
Wer andere von seinen Talenten überzeugen will, der sollte wissen, wovon er redet. Erst recht im Auswahlinterview – schließlich möchte das Unternehmen künftig von den Fähigkeiten des Kandidaten profitieren. Die Vorbereitung aufs Vorstellungsgespräch umfasst daher auch eine Stärken/Schwächen-Analyse; mehr dazu erfahren Sie in Kapitel 1 dieses Buchs (Abschnitt „Gesucht: Bewerber mit Profil").

Worauf kommt es an?
Nutzen Sie die Gunst des Augenblicks, selbstbewusst ein wenig Werbung für sich zu betreiben. Aber bitte in moderater Form: Selbstbewusstsein stammt ursprünglich von „sich selbst bewusst sein" – und das meint auch die Fähigkeit, die eigenen Stärken (und Schwächen) realistisch einzuschätzen. Stellen Sie hier diejenigen Stärken heraus, die für die ausgeschriebene Stelle am wichtigsten sind. Veranschaulichen Sie Ihre Ausführungen durch Beispiele.

Ihre Antwort:

Musterantworten

+ „*Eine meiner größten Stärken ist wahrscheinlich, dass ich sehr leicht mit Menschen ins Gespräch komme und gut mit ihnen reden kann. Ich kann sehr diplomatisch sein, habe aber auch keine Schwierigkeiten, meinen Standpunkt deutlich zu machen, wenn es sein muss. Zum Abschluss meines Schulpraktikums sollte ich zum Beispiel vor versammelter Belegschaft meine Eindrücke in einem kurzen Vortrag präsentieren – der Geschäftsleiter fand das so überzeugend, dass er meine Kommunikationsstärke im Praktikumszeugnis ausdrücklich gelobt hat. In meiner Schulklasse wurde ich außerdem zum Klassensprecher gewählt, weil meine Klassenkameraden überzeugt waren, dass ich Probleme ansprechen und gut lösen kann.*"

− „*Ich würde mich als sehr kommunikativen Menschen einschätzen. Außerdem arbeite ich gern im Team, bin gründlich, flexibel, konfliktfähig, zielstrebig und effizient. Und ich denke sehr analytisch, kann also auch gut Probleme lösen.*"

Die Schnellkritik: Eine stattliche Auflistung, die fast den gesamten Katalog an Kompetenzbereichen umfasst. Leider dürften sich die Interviewer davon nicht im Mindesten beeindruckt zeigen. Eher stellen sie sich die Frage, inwiefern die Selbstwahrnehmung des Kandidaten noch mit der Realität übereinstimmt. Besser: auf die wichtigsten positiven Eigenschaften konzentrieren und konkrete Beispiele geben.

„Wie unterscheiden Sie sich von Ihren Mitbewerbern?"

Hintergrund
Schwer zu sagen, wahrscheinlich kennen Sie ja nicht einmal die Namen Ihrer Konkurrenten. Mit einer barschen Abfuhr à la „Woher soll ich das wissen?" würden Sie die Gunst der Interviewer freilich verspielen. Lesen Sie ein wenig zwischen den Zeilen: Im Prinzip handelt es sich hier lediglich um eine weitere Variation des bei Personalern aller Branchen beliebten Grundthemas „Was zeichnet Sie aus?".

Worauf kommt es an?
Nennen Sie ein paar Eigenschaften, die für den Beruf wichtig sind. Bleiben Sie dabei fair, schwärzen Sie keinen Ihrer Mitbewerber an. Denn ganz abgesehen davon, dass derartige Schlechtmacherei nicht gerade von hoher Sozialkompetenz zeugt: Wie könnten Sie jemanden beurteilen, den Sie gar nicht näher kennen? Behaupten Sie also nicht, dass Sie etwas viel besser können als jeder andere. Betonen Sie vielmehr, dass Sie etwas besonders gut können! Als Referenzpunkte lassen sich höchstens Mitschüler anführen, von denen Sie sich in irgendeiner Hinsicht positiv abheben.

Ihre Antwort:

_____
_____
_____
_____
_____
_____
_____
_____

Musterantworten

+ „Hm, das ist jetzt für mich nicht so leicht zu beantworten, weil ich die anderen Bewerber ja gar nicht wirklich kenne. Aber ich denke, dass ich im Allgemeinen gut mit Menschen umgehen kann. Wenn ich zum Beispiel in einer fremden Umgebung unterwegs bin, finde ich schnell Anschluss und komme leicht mit Leuten ins Gespräch. Und als Klassensprecherin habe ich gelernt, wie man Themen in einer Gruppe anspricht und sachlich argumentiert. Dass ich gut kommunizieren kann, zeichnet mich schon aus, würde ich sagen."

„Was würden Sie als Ihren größten Erfolg bezeichnen?"

Hintergrund
Es lohnt sich, vorab eine geeignete Erfolgsgeschichte als Ass im Ärmel zu verstecken. Denn anhand dieser Episode können die Personaler nicht nur etwas über die Stärken eines Bewerbers erfahren (die ihn zum Erfolg geführt haben); Sie lernen auch dessen Prioritäten einzuschätzen. Was ist für den Kandidaten wichtig, worin hat er Zeit und Mühe investiert?

Worauf kommt es an?
Es muss gar keine weltgeschichtliche Glanztat sein, auf die Sie besonders stolz sind. Persönliche Highlights können auf den ersten Blick relativ unscheinbar daherkommen: Sie haben Ihre Deutschnote im letzten Halbjahr um zwei Stufen verbessert? Das dürfen Sie mit Fug und Recht als Erfolg verbuchen. Sie haben es geschafft, parallel zur Schule noch einen zeitintensiven Nebenjob auszuüben? Auch dann haben Sie etwas erreicht. Schildern Sie eine Geschichte, die berufliche Aussagekraft besitzt. Aber trumpfen Sie nicht maßlos auf, bleiben Sie ruhig und sachlich.

Ihre Antwort:

_____
_____
_____
_____
_____
_____
_____
_____
_____
_____

Musterantwort

„Da ich erst vor einem Monat die Schule abgeschlossen habe, bin ich im Moment besonders stolz darauf, dass ich es geschafft habe, in Deutsch und Mathe im Zeugnis auf eine ‚1' zu klettern. Dafür habe ich im letzten Jahr hart gearbeitet, weil ich in den wichtigen Fächern im Abschlusszeugnis möglichst gute Noten haben wollte. Und die Arbeit hat sich gelohnt."

„Naja, als meinen bisher größten Erfolg würde ich meine Mittlere Reife bezeichnen. Aber für mich ist es gar nicht so wichtig, welcher Erfolg jetzt der allergrößte ist. Für mich ist es viel wichtiger, im Leben insgesamt erfolgreich zu sein. Das heißt, dass ich die Dinge, die ich tue, gut tue. Für mich war es zum Beispiel ein großer Erfolg, als wir mit der Klasse für einen Kinderhort in Afrika 100 Euro sammeln konnten. Nicht gerade besonders viel, aber ein bisschen haben wir damit schon erreicht."

„Wo sehen Sie Ihre Schwächen?"

Hintergrund

Nobody is perfect, jeder Mensch hat seine Schwächen. Wer über eine realistische Selbstwahrnehmung verfügt, kennt seine Mankos und kann sich persönlich weiterentwickeln. Es gilt der Grundsatz: Als Bewerber wird man wegen seiner Stärken eingestellt und nicht deswegen, weil man keine Schwächen hat. Vorausgesetzt, die Stärken lassen sich beruflich ausspielen und die Defizite fallen im Job nicht besonders ins Gewicht. Ein Handwerks-Azubi mit zwei linken Händen dürfte es zum Beispiel schwer haben.

Worauf kommt es an?

Die Personalverantwortlichen erwarten keinen Seelenstriptease und auch keine Beichte. Beschränken Sie sich auf einen weniger bedeutenden Schwachpunkt und zeigen Sie, dass Sie ihn im Griff haben. Defizite im Bereich der Zusatzqualifikationen können durch Weiterbildungskurse leicht wettgemacht werden, negativ besetzte Charakterzüge hängen meist eng mit lobenswerten Tugenden zusammen: zum Beispiel Ungeduld mit Zielstrebigkeit, Perfektionismus mit Gründlichkeit, Unordnung mit Kreativität. Durch eine geschickt präsentierte Schwäche lassen sich Stärken hervorheben!

Ihre Antwort:

Musterantworten

„Unzufrieden machen mich meine Englischkenntnisse; die würde ich gerne verbessern. Ich kann mich zwar ohne Probleme unterhalten, aber schriftlich fällt es mir schwer, mich flüssig auszudrücken. In den Schulferien hat mir leider regelmäßig die Zeit gefehlt, um die Defizite auszubügeln – ich habe immer sehr viel gearbeitet, da blieb für Sprachkurse oder Sprachreisen einfach zu wenig Zeit. Das würde ich als Schwäche bezeichnen: dass ich zu kurzfristig gedacht und lieber ein bisschen Geld verdient habe, als etwas Zeit in meine Englischkenntnisse zu investieren. Aber das lässt sich ja nachholen. Bevor ich die Ausbildung beginne, möchte ich deshalb noch einen Intensivkurs belegen, nach entsprechenden Angeboten habe ich mich schon umgehört."

„Ich glaube, meine Ungeduld steht mir manchmal im Weg. Es kommt vor, dass ich zu viel auf einmal erledigen will, und das ist nicht immer gut. Denn es gibt ja meistens Aufgaben, die wichtiger sind als andere, und auf die sollte man sich dann auch besonders konzentrieren. Deswegen habe ich mir vorgenommen, in Zukunft mehr auf die Prioritäten zu achten."

„Ich glaube, meine Hartnäckigkeit in manchen Situationen, zum Beispiel bei der Lösung einer Aufgabe oder eines Problems, kann manchen auf die Nerven gehen. Daher schaue ich mittlerweile genauer hin, ob ich in einer Situation gerade zu penibel bin. Gründlichkeit ist für mich sehr wichtig, aber ich versuche auch, aus Kritik zu lernen. Auf ein positives Feedback zu meiner Arbeit lege ich großen Wert."

„Was macht Sie an sich unzufrieden, wie würden Sie sich gern verändern?"

Hintergrund
Das Stichwort „Schwächen" versetzt Bewerber oft in erhöhte Alarmbereitschaft. Viele greifen dann aus Selbstschutz zu verklausulierten Ausweichfloskeln mit geringer Aussagekraft. Daher gehen die Personaler hier etwas dezenter vor. Die Frage nach der Unzufriedenheit soll die Zunge des Kandidaten für eine persönlichere Auskunft lösen.

Worauf kommt es an?
Bleiben Sie positiv! Diese Frage ist dafür trotz ihrer negativen Formulierung hervorragend geeignet: Hinter der Unzufriedenheit mit eigenen kleinen Makeln steckt doch nichts wesentlich anderes als eine Kombination von Selbstkritik und Ehrgeiz, und diese Eigenschaften wissen die Personaler zu schätzen. Im Prinzip empfiehlt sich hier dieselbe Taktik wie bei der vorangegangenen Frage: erstens, auf einen – nicht direkt berufsrelevanten – Makel konzentrieren. Zweitens zeigen, dass man damit umzugehen weiß. Und drittens, eine positiv besetzte Eigenschaft anklingen lassen, wenn es sich anbietet.

Ihre Antwort:

Musterantworten

„Ich denke, ein bisschen mehr Sicherheit im Umgang mit Computern kann mir nicht schaden. Für mich sind PCs wichtige Hilfsmittel, aber mit den Feinheiten zum Beispiel von Word und Excel kenne ich mich noch nicht so gut aus. Daher habe ich mich im nächsten Monat für einen Computerkurs angemeldet. Ich möchte mich stärker in die wichtigen Programme einarbeiten, das hilft mir bestimmt auch während der Ausbildung."

„Meine Klassenkameraden meinen, dass ich manchmal zu gründlich bin, und da haben sie zum Teil sicher Recht. Manchmal komme ich nicht zum Schluss und gehe zum Beispiel eine Hausarbeit noch drei- bis viermal durch, damit alles perfekt aussieht. Das kostet viel Zeit, bringt aber in der Regel gar nicht so viel. Ich habe mir jetzt angewöhnt, immer genau aufzuschreiben, welche Arbeiten ich bis wann erledigt haben will. Danach ist diese Aufgabe für mich abgeschlossen."

*„Irren ist menschlich – jeder macht doch mal einen Fehler, oder nicht?!
Sind Sie deswegen in Konflikt mit anderen geraten?"*

Hintergrund

Wer arbeitet, macht Fehler – wer keine Fehler macht, tut im Umkehrschluss wohl nicht besonders viel. Ehrlicherweise werden also auch Sie bereits den ein oder anderen Lapsus begangen und andere auf Malheure aufmerksam gemacht haben. Dabei bleiben gelegentliche Konflikte nicht aus, wenn sich eine der Parteien auf den Schlips getreten fühlt.

Worauf kommt es an?

„Aus Fehlern wird man klug", sagt ein Sprichwort; die schlechteste Antwort wäre demnach „Ich mache alles richtig!". Gesucht werden starke Persönlichkeiten, die Kritik akzeptieren, Missgeschicke eingestehen und daraus lernen können. Die Interviewer fragen hier übrigens gar nicht ausdrücklich nach Ihren eigenen Fehlern. Sie können also auch erzählen, wie Sie als konfliktfähiger Mensch sachorientiert zur Lösung eines Streitfalls beigetragen haben.

Ihre Antwort:

Musterantwort

„Natürlich, jeder macht mal einen Fehler. Und es ist nicht immer klar, wer das gerade ist. Grundsätzlich versuche ich, mögliche Probleme schon früh anzusprechen und zu klären. Dadurch lassen sich viele Konflikte von vornherein vermeiden. Doch das klappt natürlich nicht immer. Wir hatten beispielsweise in der Schule mal das Problem, dass bei einer ziemlich aufwändigen Gruppenarbeit die Leute ganz unterschiedlich vorbereitet zu den Gruppentreffen kamen – manche hatten viel gemacht, andere ziemlich wenig. Da gab es natürlich gleich den Vorwurf, dass einige wohl nur durchgeschleppt werden wollen. Meine Meinung ist: Man muss solche Probleme offen diskutieren, darf aber nie persönlich werden. Bei uns hat sich herausgestellt, dass nur nicht ganz klar war, wer wofür zuständig ist. Also haben wir das noch einmal genau abgesprochen und darauf geachtet, wer was am besten kann. Danach hat unsere Gruppe super funktioniert. Ich denke, am Ende geht es immer darum, Probleme sachbezogen zu lösen. So gesehen können Konflikte dabei helfen, die optimale Lösung zu finden."

„Wie gehen Sie mit eigenen Fehlern um? Können Sie mir ein Beispiel geben?"

Hintergrund

Eine logische Konsequenz aus den vorherigen Fragen: Wenn jeder ab und zu Fehler macht, ist es für den Arbeitserfolg entscheidend, wie er oder sie damit umgeht. Ein musterhaftes Fehlermanagement sieht so aus: eigene Schnitzer offen eingestehen, die Fehler so schnell wie möglich korrigieren und Vorkehrungen treffen, um Ähnliches in Zukunft zu vermeiden.

Worauf kommt es an?

Spricht man Menschen auf ihre Fehler an, gleiten manche schnell ins Extreme ab: Der aggressive Streithahn bläst zum Gegenangriff ohne Rücksicht auf Verluste, das schüchterne Reh flüchtet sich in Passivität – beides keine guten Vorbilder. Schildern Sie anhand einer konkreten Begebenheit, dass Sie in der Lage sind, Fehler selbstkritisch einzusehen und daraus Ihre Lehren zu ziehen.

Ihre Antwort:

_____

_____

_____

_____

_____

_____

_____

_____

Musterantwort

➕ „Wie Sie vorhin gesagt haben, Irren ist menschlich. Ich müsste lügen, wenn ich sagen wollte, dass ich alles richtig mache. Ich erinnere mich an mein Praktikum im Steuerbüro, da habe ich mal ein Dokument versehentlich falsch abgeheftet. Wir haben dann dem Klienten einen Brief geschrieben mit der Bitte, uns das Schriftstück zuzusenden – der war ganz schön irritiert, weil wir es ja schon hatten. Noch dazu war es ein sehr wichtiger Klient, und gerade bei Steuersachen sollte man mit vertrauenswürdigen Unterlagen natürlich besonders sorgfältig umgehen. Der Vorfall ging hoch bis zum Geschäftsleiter. Durch Zufall haben wir das Dokument dann einen Tag später wiedergefunden. Peinlich für mich, ich war beim Abheften einfach nicht konzentriert genug, solche Ausrutscher sollten nicht passieren. Natürlich habe ich mich bei allen entschuldigt. Gerade bei Routinearbeiten schaue ich jetzt lieber zweimal hin."

"Wie reagieren Sie auf Misserfolge?"

Hintergrund
Ein gescheitertes Vorhaben, eine persönliche Pleite: meist das Resultat einer mehr oder weniger langen Kette von Entscheidungen, die sich im Nachhinein als ungünstig herausstellen. Man könnte auch sagen, ein Misserfolg ist ein fortgesetzter Fehler, der größere Dimensionen annimmt. Und da man aus Fehlern klug wird, lassen sich aus Misserfolgen besonders wertvolle Erkenntnisse gewinnen. Voraussetzung dafür ist eine realistische Selbstreflexion.

Worauf kommt es an?
In welchem Ausmaß andere Leute Schuld am eigenen Scheitern waren, interessiert die Interviewer nicht. Ihnen geht es um die Bewältigungsstrategie: Gefestigte Charaktere stehen nach einer Niederlage wieder auf, analysieren die Ursachen selbstkritisch und gehen fortan geschickter vor. Auf diese allgemein gehaltene Frage müssen Sie nicht unbedingt ein konkretes Beispiel geben, sondern können im Grundsätzlichen bleiben.

Ihre Antwort:

Musterantwort

„Naja, dass etwas nicht so klappt, wie man es sich vorgestellt hat, kommt vor. Zuerst bin ich in solchen Situationen immer ein bisschen geknickt. Aber dann fange ich an zu überlegen, woran es gelegen haben könnte und wobei ich möglicherweise falsch gelegen habe. Wenn ich mir selber keinen Reim auf die Situation machen kann, frage ich andere, die mich gut kennen, nach ihrer Meinung. Ich finde es wichtig, die Ursachen für einen Fehlschlag zu kennen, denn dann kann ich es in Zukunft besser machen. Grundsätzlich versuche ich, aus jedem Fehler etwas Positives zu ziehen. Aus Fehlern wird man klug, sagt man ja auch."

„Was würden Sie als Ihren größten Misserfolg, als Ihre größte Niederlage bezeichnen?"

Hintergrund

Nun erwarten die Interviewer ein konkretes Beispiel. Dabei sollte es sich nicht gerade um ein tragisches Drama handeln: Schildern Sie einen unverfänglichen Fall, der weder die Interviewer bestürzt zurücklässt noch Sie zu umständlichen Rechtfertigungen zwingt. Andererseits sollte er genug Tragweite besitzen, dass Sie daran demonstrieren können, aus begangenen Fehlern viel gelernt zu haben.

Worauf kommt es an?

Rücken Sie sich in ein positives Licht: Was haben Sie falsch gemacht, was haben Sie gelernt, wie können Sie es besser machen? Indem Sie sachlich berichten, zeigen Sie, dass Sie die Angelegenheit gut verarbeitet haben. Wenn Sie nicht ausdrücklich nach einem beruflichen Scheitern gefragt werden, können Sie hier auf ein Randgebiet ausweichen; mit Privatschicksalen können die Interviewer freilich wenig anfangen.

Ihre Antwort:

Musterantworten

„Mein größter Misserfolg? Da muss ich spontan an mein letztes Schuljahr denken, in dem ich eine entscheidende Physikarbeit ziemlich vermasselt habe. Ich bin damals im Unterricht sehr gut mitgekommen und habe deswegen gedacht, dass es reicht, wenn ich zwei Tage vorher mit der Vorbereitung anfange – hat es aber nicht. Wenn diese eine Arbeit besser ausgefallen wäre, hätte ich jetzt eine bessere Note im Abschlusszeugnis. Daraus habe ich zwei Dinge gelernt: Erstens, man darf sich seiner Sache nie zu sicher sein, sondern muss immer das Notwendige tun. Und zweitens, kleine Entscheidungen können große Folgen haben – das Zeugnis lässt sich jetzt nicht mehr ändern."

„Niederlage ist ein großes Wort, aber natürlich habe ich auch schon mal eine Schlappe einstecken müssen. Für ein Schulprojekt haben wir zum Beispiel einmal einen Schülerkiosk organisiert und Snacks verkauft. Den Gewinn wollten wir in die Abschlussfahrt der Stufe stecken. Komischerweise hatten wir anfangs aber gar keinen Gewinn – im Gegenteil, wir mussten sogar draufzahlen. Der Grund war, dass wir uns zu Beginn in der Gruppe oft selbst bedient haben. Und mit den ganzen versteckten Kosten, von der Parkplatzgebühr am Supermarkt bis zum kaputten Toaster, hat keiner von uns gerechnet. Wegen dem Minus in der Kasse gab es eine Menge Ärger in der Stufe. Danach haben wir über alle Einnahmen und Ausgaben von A bis Z genau Buch geführt, und mit der Selbstbedienung war auch Schluss. So haben wir am Ende doch noch ein paar hundert Euro für die Abschlussfahrt zusammenbekommen."

Allgemeinbildung und besondere Qualifikationen

Die wichtigsten Fakten wurden bis hierhin bereits abgehandelt. Sie wissen Bescheid über Ausbildungsinhalte und berufliche Anforderungen, sind charakterlich und fachlich geeignet und haben sich darüber in den vergangenen Minuten angeregt mit den Interviewern unterhalten: sehr gut! Aber noch ist das Gespräch nicht beendet. Durch wertvolle Zusatzqualifikationen und eine breite Allgemeinbildung können Sie Ihrem Auftritt den letzten Schliff verleihen und die finalen – unter Umständen ausschlaggebenden – Treffer landen.

„Verfolgen Sie die Nachrichten? Was interessiert Sie besonders?"

Hintergrund
Wer sich fürs gesellschaftliche Leben interessiert und über wichtige Ereignisse informiert, zeigt damit den Willen, über den sprichwörtlichen Tellerrand zu schauen. Gerade in Bereichen mit hohem Kommunikationsaufkommen braucht man aufgeschlossene Bewerber mit einem weiten Horizont und ausgeprägter „Small-Talk-Fähigkeit".

Worauf kommt es an?
Der Themenbereich Allgemeinwissen ist nahezu unerschöpflich. Natürlich muss (und kann) man nicht in jedem Bildungsgebiet immer auf dem neuesten Stand sein. Doch das aktuell relevante Geschehen in Politik und Gesellschaft lässt sich mühelos über die Medien verfolgen, egal ob es sich um international beachtete, deutschlandweit berichtete oder eher regional bedeutende Ereignisse handelt. In der Vorbereitungsphase sollten Sie den Nachrichten unbedingt besondere Aufmerksamkeit widmen. Bleiben Sie am Ball, halten Sie Ihr Allgemeinwissen via Zeitung, Rundfunk und Internet auf dem Laufenden!

Ihre Antwort:

Musterantworten

+ „Ja, ich verfolge die Nachrichten regelmäßig, damit ich weiß, was gerade auf der Welt passiert. Meistens gehe ich auf Newsportale im Internet, da kann ich mich sofort über die wichtigsten Neuigkeiten informieren. Ab und zu schaue ich mir die Fernsehnachrichten an. Im Moment kommt man am Thema Euro-Krise nicht vorbei – es gibt ja fast wöchentlich neue Meldungen, wo es gerade wieder Finanzierungsprobleme gibt und welches Land welche Hilfen braucht. Für mich ist die ganze Situation ehrlich gesagt ziemlich schwer zu überblicken. Dass viele Politiker und Experten unterschiedliche Meinungen vertreten, macht es nicht einfacher. Aber ich denke, jeder sollte zumindest versuchen, sich ein Urteil zu bilden. Wie es mit der Euro-Zone und der Europäischen Union weitergeht, betrifft uns am Ende schließlich alle. Abgesehen von der Euro-Krise interessieren mich im Moment besonders die Ereignisse in Syrien und der Bundestags-Wahlkampf."

– „Ehrlich gesagt, die Nachrichten sehe ich mir sehr selten an. Ich interessiere mich vor allem für Eishockey und Handball, und darüber erfährt man im Fernsehen oder im Radio so gut wie gar nichts. Auch in der Zeitung stehen meistens nur die Ergebnisse. Deswegen informiere ich mich hauptsächlich im Internet, da finden sich immer aktuelle Berichte."

Die Schnellkritik: Dass das Allgemeinwissen keine typische Kernkompetenz ist und im Interview eine Nebenrolle spielt, sei eingeräumt. Manchmal übergehen die Interviewer die Kategorie sogar und springen gleich zu den „besonderen Qualifikationen" weiter. Aber: Wenn die Personaler die Allgemeinbildung des Kandidaten abklopfen, wollen sie auch eine überzeugende Auskunft hören! Es spricht nichts dagegen, die Lieblingssportarten im Fragenkomplex „Hobbys, Freizeit, Interessen" zu erwähnen. Beim Stichwort „Nachrichten" geht es jedoch nicht um Spezialinteressen, sondern um aktuelle Ereignisse, die für die Allgemeinheit Bedeutung haben.

„Welche Zeitungen oder Zeitschriften lesen Sie?"

Hintergrund
Die Frage berührt zwar auch das Themenfeld „Freizeitgestaltung", ist aber im „Allgemeinwissen" besser aufgehoben, weil sie primär auf den Bildungsstand des Kandidaten abzielt. Der Interviewer kann sich hier übrigens auch nach den Lieblings-Fernsehsendungen oder den favorisierten Internetseiten erkundigen. „Spiegel" oder „Bunte", „FAZ" oder „Bild", „Arte" oder „RTL"? Je nachdem werden die Personaler Rückschlüsse auf den geistigen Horizont des Bewerbers ziehen.

Worauf kommt es an?
Nennen Sie Publikationen oder Sendungen, die Sie kennen, und sagen Sie kurz(!), was Sie daran besonders interessiert. Gegen eine gesunde Kombination aus Unterhaltung und Sachlichkeit ist nichts einzuwenden! Vertreibt man sich die Zeit allerdings am liebsten mit Krawall-Talkshows und Boulevardzeitungen, sorgt das für skeptische Personaler-Blicke. Eine Anmerkung: Da sich diese Frage auf den Privatbereich bezieht, muss sie nicht zu 100 Prozent wahrheitsgemäß beantwortet werden. Seine Glaubwürdigkeit sollte man als Bewerber allerdings nicht aufs Spiel setzen. Wer zum Beispiel mit der Lektüre von Fachzeitschriften imponieren möchte, muss damit rechnen, dass die Interviewer nachhaken („Welchen Artikel fanden Sie in der letzten Ausgabe denn am interessantesten?").

Ihre Antwort:

Musterantworten

\+ *„Ich lese regelmäßig die ‚Süddeutsche Zeitung'. Unter der Woche schaffe ich es natürlich nicht, jeden Tag die komplette Ausgabe durchzugehen. Aber ich blättere morgens immer zumindest durch den Politik-, den Wirtschafts- und den Sportteil und lese mir die interessantesten Artikel durch. Was Zeitschriften angeht, lese ich vor allem den ‚Stern', da gefällt mir der Mix aus Information und Unterhaltung."*

– *„Zeitungen und Zeitschriften lese ich selten. Ich verfolge lieber die Nachrichten im Fernsehen und schaue mir interessante Sendungen an."*

Die Schnellkritik: Falls die Interviewer konkret nach Zeitungen und Zeitschriften fragen, sollte man nicht so unversehens auf andere Medien ausweichen. Vielleicht legen die Personaler auf das Lesen besonderen Wert? Abgesehen davon kann sich hinter der Formulierung „interessante Sendungen" so ziemlich alles verbergen.

"Was sagen Sie zu Ihren Fremdsprachenkenntnissen? Wie nutzen Sie diese Kenntnisse?"

Hintergrund
Welche Fremdsprachen Sie beherrschen, haben Sie bereits in Ihrem Lebenslauf in der Rubrik „besondere Kenntnisse" oder „Zusatzqualifikationen" vermerkt. Wenn Sie einen Sprachkurs absolviert haben, gehört in Ihre Unterlagen außerdem das entsprechende Zertifikat. Je nach Tätigkeitsbereich sind fremdsprachliche Kompetenzen mal mehr, mal weniger wichtig – Vorteile im Bewerbungsgespräch bringen sie immer.

Worauf kommt es an?
Schildern Sie Ihre Kompetenzen im Einklang mit den Bewerbungsunterlagen. Führen Sie möglichst konkret an, wie Sie Ihre kommunikativen Fähigkeiten praktisch einsetzen bzw. eingesetzt haben – im Urlaub, auf der Arbeit, in der Schule, in der Freizeit. Was Sie noch nicht beherrschen, sehen Sie als Herausforderung, der Sie sich gerne stellen: Mit etwas persönlichem Engagement lassen sich Defizite im Bereich „Fremdsprachen" leicht ausbügeln.

Ihre Antwort:

Musterantwort

„Ich spreche Englisch und Französisch. Meine erste Fremdsprache in der Schule war Englisch, in der 7. Klasse kam als zweite Fremdsprache Französisch dazu. In der 10. Klasse habe ich an einem zweimonatigen Schüleraustausch nach Paris teilgenommen, danach war ich in Französisch eine der Besten in der Klasse. Zu meiner Gastfamilie und einigen französischen Freunden halte ich immer noch Kontakt. Außerdem fahre ich regelmäßig nach Frankreich, auch wenn es nur zu einem Kurzausflug reicht. Französisch liegt mir einfach. In Englisch bin ich vor allem im Mündlichen gut. Wenn ich im Urlaub bin, kann ich mich problemlos unterhalten. Schriftlich würde ich mich aber gerne verbessern. Deswegen habe ich mir überlegt, im nächsten Monat einen Intensivkurs zu machen, bevor die Ausbildung beginnt."

„Könnten Sie sich mit Kunden oder Kollegen auf Englisch unterhalten?"

Hintergrund
Fremdsprachenkenntnisse sind gefragt, besonders in kaufmännischen Berufen und in der IT-Branche. Zur Klassifikation der Kompetenzen im Lebenslauf hat sich eine mehrstufige Skala etabliert, die von „Grund-" bzw. „Schulkenntnissen" über „fließend" oder „gut" bzw. „sehr gut" (eventuell mit Zusatz „in Wort und Schrift") bis hin zu „verhandlungssicher" reicht. Dabei heißt „fließend", sich problemlos unterhalten zu können, und „verhandlungssicher", auch das Spezialvokabular für komplexe Fachthemen zu beherrschen. Lässt sich aus den persönlichen Angaben nicht ableiten, mit welcher Sprache man aufgewachsen ist, kann man dies mit dem Etikett „Muttersprache" kennzeichnen.

Worauf kommt es an?
Hier kommt es darauf an, die eigenen Fähigkeiten gut zu verkaufen, ohne unrealistisch hohe Erwartungen zu wecken. Behauptet man, sich ohne Schwierigkeiten über alle möglichen Themen verständigen zu können, liegt für ambitionierte Interviewer der nächste Schritt nahe: Sie könnten die nächsten Fragen auf Englisch stellen – "What computer skills do you have and what programs are you comfortable using?".

Ihre Antwort:

Musterantwort

„Ja, mündlich bin ich ziemlich gut in Englisch. Ich merke das immer, wenn ich im Urlaub bin, da fällt es mir leicht, nach dem Weg zu fragen oder beim Einkaufen mit den Verkäufern zu reden. Unterwegs kommt es öfter vor, dass ich mich mit wildfremden Leuten auf Englisch über dies und jenes unterhalte. Wenn es spezielle Fachthemen zu besprechen gibt, würde ich mich am Anfang sicher wohler fühlen, wenn ich Unterstützung hätte – bis man die richtigen Ausdrücke und Formulierungen kennt, dauert es wahrscheinlich ein bisschen."

„Wie haben Sie sich Ihre PC-Kenntnisse angeeignet?"

Hintergrund
PC-Kenntnisse sind heute fast genauso elementar wie Lesen, Schreiben und Rechnen. Die zentralen Basisfertigkeiten im Umgang mit Hard- und Software werden in der Schule vermittelt. Abgesehen davon kann man sich natürlich auch in der Freizeit wichtige Kenntnisse aneignen. Wie die Sprachkompetenzen sind die PC-Fähigkeiten im Lebenslauf zu nennen und je nach Beherrschungsniveau abzustufen: So kann man sich als Anfänger „Grundkenntnisse", als Fortgeschrittener „gute Kenntnisse" und als erfahrener Nutzer „sehr gute Kenntnisse" bescheinigen.

Worauf kommt es an?
Besonders die grundlegenden Office-Anwendungen zur Textverarbeitung (Word), Tabellenkalkulation (Excel) oder Mailverwaltung (Outlook) erfreuen sich branchenübergreifend großer Popularität. Verfügt man über entsprechende Kompetenzen, sollte man diese jetzt erwähnen – und gleichzeitig erklären, wie man sie erworben hat: durch die intensive private Nutzung, in der Schule, durch Fortbildungskurse oder bei Jobs bzw. Praktika? Für technische IT-Berufe muss man meist noch einschlägige Spezialsoftware beherrschen und Programmierfertigkeiten mitbringen.

Ihre Antwort:

Musterantwort

"Ich würde mich als erfahrenen Computernutzer einschätzen. Die wichtigen Office-Programme – also Outlook, Word und Excel – haben wir in den letzten Jahren in der Schule durchgenommen, aber vor allem arbeite ich privat sehr viel damit. Vor ein paar Jahren habe ich angefangen, Bilder mit Photoshop zu bearbeiten, weil ich es spannend fand, was damit alles möglich ist. Und im Internet bin ich sowieso jeden Tag unterwegs, um mich darüber zu informieren, was es Neues gibt."

„Welche Software nutzen Sie wofür? Welche PC-Kenntnisse würden Sie gern vertiefen?"

Hintergrund
Nachdem der allgemeine Rahmen zum Thema Computernutzung abgesteckt wurde, gehen die Personaler meist noch etwas näher ins Detail. Wie versiert der Bewerber die relevanten Programme zu nutzen versteht, ist für die Betriebsvertreter ziemlich aufschlussreich: Dadurch können sie bereits im Voraus abschätzen, wie lange es ungefähr dauern wird, bis der Kandidat in die anfallenden PC-Tätigkeiten eingearbeitet ist.

Worauf kommt es an?
Führen Sie aus, welche PC-Anwendungen Sie für welche Zwecke nutzen oder genutzt haben. Selbstredend kommt es dabei nicht auf jedes kleine Tool oder Dienstprogramm an – interessant ist vor allem die wichtige Office-Software. Wer sich um eine IT-Ausbildung bewirbt, sollte natürlich schwerere Geschütze auffahren können und beispielsweise seine Erfahrungen mit Content-Management-Systemen oder Programmiersprachen beschreiben.

Ihre Antwort:

Musterantwort

„Word nutze ich am häufigsten, damit habe ich zum Beispiel meine Hausarbeiten für die Schule geschrieben. Es macht das Leben leichter, wenn man weiß, wie man Formatvorlagen und Inhaltsverzeichnisse anlegt oder Fußnoten automatisch setzt. Wenn ich Diagramme oder Tabellen einbauen wollte, habe ich die zuerst in Excel erstellt. In dem Programm kenne ich mittlerweile auch Funktionen wie Makros oder den Formel-Editor. Aber ich denke, insbesondere in Excel gibt es für mich noch eine Menge zu entdecken. Bestimmt verwenden Sie neben dem Office-Paket auch einige speziellere Programme, zum Beispiel zur Buchhaltung. In die würde ich mich natürlich gerne einarbeiten."

Stressfragen

Was geht hinter der kontrollierten Fassade eines Bewerbers wirklich vor? Wie robust ist sein Nervenkostüm unter Extrembedingungen? Um das herauszufinden, setzen manche Personaler die Technik der Stressfrage ein. Bei diesem Griff in die Trickkiste geht es nicht immer vollkommen fair zu, doch die oberste Grundregel lautet: kühlen Kopf bewahren, nicht einschüchtern lassen und keine Gegenangriffe starten. Es handelt sich immer noch um eine Prüfungssituation, und eine Stressfrage ist nichts anderes als eine spezielle Form von Prüfungsaufgabe. Bei der die Personaler mit nüchternem Blick beobachten, wie sich der in die Enge getriebene Kandidat verhält.

„Können Sie uns sagen, warum wir uns für Sie entscheiden sollten? Bis jetzt sind wir noch nicht überzeugt."

Hintergrund

Bei Stressfragen ist Verunsicherung Programm. Der hämisch klingende Begleitkommentar „Bis jetzt sind wir noch nicht überzeugt" ist also nicht als Zwischenbewertung Ihres bisherigen Auftritts zu sehen, sondern als taktisches Mittel. Die Interviewer kennen Ihre Qualifikationen. Sehen Sie die (vermeintliche) Kritik als Ansporn zu einem überzeugenden Plädoyer in eigener Sache.

Worauf kommt es an?

Lässt man den zweiten Satz als bloßen „Stresserzeuger" beiseite, kommt die unspektakuläre Kernfrage zum Vorschein: „Können Sie uns sagen, warum wir uns für Sie entscheiden sollen?" Natürlich können Sie das! Ihre Gesprächspartner sollten sich für Sie entscheiden, weil Sie für den Beruf – und speziell für den Ausbildungsplatz im gewählten Betrieb – sehr gut geeignet sind. Sie dürfen also noch einmal mit persönlichen Kompetenzen, schulischen Qualifikationen, Praktika und anderen Vorkenntnissen auftrumpfen. Aber übertreiben Sie es nicht, und beziehen Sie sich konkret auf den Betrieb und die Stelle.

Ihre Antwort:

Musterantworten

+ „Den Beruf des Bürokaufmanns finde ich äußerst interessant. Speziell Ihr Angebot spricht mich sehr an – deswegen habe ich mich schließlich beworben. Und ich denke, dass ich auch die Voraussetzungen dafür mitbringe. In Ihrer Stellenanzeige stand: Sie suchen Bewerber, die einen guten Schulabschluss und Spaß am Organisieren haben, und beides trifft auf mich zu. Was Büroarbeit heißt und wie gewisse Abläufe funktionieren, darüber weiß ich schon ein bisschen Bescheid durch mein dreiwöchiges Praktikum bei einem Gastronomie-Großhändler. Außerdem kenne ich die typische Büro-Software, vor allem Office-Programme: Die haben wir zum einen im Informatik-Unterricht durchgenommen, zum anderen nutze ich sie auch privat ziemlich häufig. Beim Tag der offenen Tür im Oktober habe ich mich über Ihren Betrieb genauer informiert. Danach stand für mich fest, dass ich die Ausbildung zum Bürokaufmann hier absolvieren will – und daran hat sich nichts geändert. Ich würde mich daher sehr freuen, wenn es klappt."

− „Wirklich? Ehrlich gesagt, überrascht mich das ein bisschen. Bis jetzt hatte ich nämlich eigentlich den Eindruck, dass die Stelle, die Sie anbieten, sehr gut zu mir passt. Schade, dass ich Sie wohl doch nicht überzeugen konnte. Meine Praktika habe ich bereits erwähnt, meine Schulnoten liegen alle im grünen Bereich, und das Betriebsklima gefällt mir auch. Aber ich wüsste nicht, was ich Ihnen jetzt noch erzählen sollte."

Die Schnellkritik: Am Anfang zu abgebrüht, am Ende zu wortkarg. Der Kandidat lässt seine Gesprächspartner zunächst zu offensichtlich ins Leere laufen. Danach hält er es augenscheinlich für überflüssig, seine Qualifikationen noch einmal ins Rampenlicht zu rücken. Ein leichter Hang zur Überheblichkeit lässt sich nicht leugnen. Leider verträgt sich dieses Charaktermerkmal überhaupt nicht mit entscheidenden Kerneigenschaften eines aussichtsreichen Bewerbers: Leistungsbereitschaft, Teamfähigkeit und Kommunikationsvermögen.

„Wer hat Ihnen denn diese Hose ausgesucht?"

Hintergrund

Um es kurz zu machen: Woher ein Kandidat seine Kleidung bezieht, interessiert die Interviewer nicht. Warum fragen sie dann danach? Dafür gibt es zwei mögliche Erklärungen: Entweder, die Betriebsvertreter wollen den Bewerber einfach nur aus der Reserve locken. Oder sie halten sein äußeres Erscheinungsbild tatsächlich für verbesserungsfähig. Empfehlungen zur angemessenen Kleiderwahl finden Sie in Kapitel 1 dieses Buchs („Wie treten Sie überzeugend auf?", Abschnitt „Gut in Form: das Outfit").

Worauf kommt es an?

Sie haben die Absichten Ihrer Gesprächspartner entschlüsselt? Dann können Sie angemessen antworten. Falls Sie sicher sind, dass die Interviewer Sie nur verunsichern wollen, können Sie sie jetzt beim Wort nehmen. Sie wissen natürlich, wer Ihnen die Hose ausgesucht hat – höchstwahrscheinlich Sie selbst. Damit dürfte das Thema bereits erledigt sein. Wenn Sie allerdings zugeben müssen, bei der Kleiderwahl wirklich etwas danebengegriffen zu haben, machen Sie klar, dass daran ein Missverständnis schuld war. Und keine Schludrigkeit.

Ihre Antwort:

Musterantworten

+ „Die Hose habe ich mir selbst ausgesucht – genau wie das Sakko, das Hemd und die Schuhe."

„Da muss ich zugeben: Das war ich selbst. Man fragt sich ja vor einem Bewerbungsgespräch immer, was man anziehen soll. Ich habe versucht, mich daran zu orientieren, wie sich der Betrieb im Internet und in Broschüren präsentiert. Jetzt muss ich sagen, dass ich die Kleiderfrage wohl doch ein bisschen falsch eingeschätzt habe."

„Warum stellen Sie sich so in den Vordergrund? Machen Sie das immer so?"

Hintergrund
Stopp, einen Schritt zurück: Sie sollen begründen, warum Sie sich in den Vordergrund stellen? Damit wird doch glatt eine heikle Behauptung als Tatsache präsentiert – nämlich, dass Sie sich in den Vordergrund stellen. Solche kleinen Mogeleien sind bei Suggestivfragen gängig und sollten nicht unkommentiert bleiben.

Worauf kommt es an?
Eine knifflige Zwickmühle. Sucht man eine Begründung, geht man den Prüfern auf den Leim. Konzentriert man sich auf die letzte Teilfrage („Machen Sie das immer so?"), bleibt der unvorteilhafte Vorwurf im Raum stehen. Widerspricht man rundheraus („Ich stelle mich doch gar nicht in den Vordergrund!"), riskiert man eine offene Konfrontation – auch die führt hier nicht weiter. Ein eleganter Ausweg: Man drehe die Argumentationsrichtung einfach um und nutze die Unterstellungen der Interviewer für eigene Zwecke. Ein motivierter Bewerber, dem seine Ausbildung wichtig ist, hat doch schließlich einen sehr nachvollziehbaren Grund, im Auswahlverfahren engagiert aufzutreten. Mit Rücksichtslosigkeit hat das nichts zu tun.

Ihre Antwort:

Musterantwort

„Also, es ist überhaupt nicht meine Absicht, mich hier in den Vordergrund zu drängen. Das passt auch gar nicht zu mir. Aber natürlich ist mir die Ausbildung sehr, sehr wichtig – deswegen will ich im Auswahlverfahren einen möglichst guten Eindruck hinterlassen. Daher versuche ich, mich einzubringen und etwas von mir zu zeigen. Ich hoffe, dass ich dadurch niemandem auf die Füße getreten bin."

„Ihr Schulabschluss ist über ein halbes Jahr her. Warum bewerben Sie sich erst jetzt? Haben Sie es woanders nicht geschafft?"

Hintergrund

Der jüngste Eintrag im Lebenslauf ist der Schulabschluss vor mehreren Monaten? Dann möchte der Personaler bestimmt wissen, wie der Bewerber die Zwischenzeit verbracht hat. Dass der Übergang in den Beruf nicht nahtlos abläuft, kommt übrigens relativ häufig vor; 2–3 Monate „Leerlauf" nach dem Schulende im Juni/Juli sind völlig normal. Zwar stellen viele Betriebe schon zum 1. August ein – viele andere aber erst zum September, Oktober oder sogar November. Die Bewerbungsfristen können indes schon lange vor Ausbildungsbeginn ablaufen!

Worauf kommt es an?

Wie bei jeder Lebenslauf-Lücke heißt die Devise auch hier: Leerstellen gilt es zu füllen. Mit sinnvollen Beschäftigungen, die den Kandidaten persönlich oder beruflich weitergebracht haben, etwa Sprachreisen, Praktika oder Computerkurse. Wiederholte Absagen in anderen Bewerbungsverfahren bleiben hingegen besser außen vor: Zum einen lassen sie die Personaler vermuten, dass der Kandidat wohl doch ein paar ernste Defizite hat. Zum anderen hören es die Interviewer nicht gern, wenn der eigene Betrieb in der Bewerbergunst nur die dritte, vierte oder gar fünfte Geige spielt.

Ihre Antwort:

_____

_____

_____

_____

_____

_____

Musterantworten

➕ „Ich hatte es mir nicht so schwierig vorgestellt, einen guten Ausbildungsplatz zu finden. Vor allem, weil ich in den wichtigen Fächern gute Noten habe und auch schon in der Branche gearbeitet habe. Im Rückblick denke ich: Ich hätte mich früher um die Stellensuche kümmern müssen. So hatte ich aber immerhin noch ein paar Monate Zeit, um ein Praktikum zu machen."

„Im April habe ich angefangen, nach Stellenangeboten zu suchen. Zu einem früheren Ausbildungsbeginn war aber irgendwie nicht das richtige dabei. Damals habe ich mir gesagt: Lieber etwas warten und dann gezielt auf die Stellen bewerben, die mich wirklich interessieren. In der Zwischenzeit habe ich bei einem Lebensmittelhändler gejobbt und einen Englischkurs gemacht."

„Finden Sie nicht, dass Sie schon etwas zu alt für eine Ausbildung sind?"

Hintergrund
Mit 23 doch noch die lang angestrebte Lehre beginnen? Mit 28 auf die Erst- noch eine Zweitausbildung draufsatteln? Warum nicht! Statistisch gesehen ist fast jeder zehnte Lehrling 24 oder älter. Und auch mit Anfang 30 zählt man noch lange nicht zum alten Eisen, nur zur Einordnung: Die gesetzliche Renteneintritts-Schwelle liegt im Moment bei 67 Jahren. Egal, ob man sich beruflich umorientieren möchte, nach einer Krankheit wieder ins Berufsleben einsteigen will oder aus anderen Gründen zu den „Spätzündern" gehört: Es bleibt auf jeden Fall noch genug Zeit, um sich in den Betrieb einzubringen.

Worauf kommt es an?
Bei genauerem Hinsehen steckt hinter der recht uncharmanten Stressfrage eine deutliche Bestätigung: Wenn man tatsächlich schon „zu alt" wäre, säße man nicht im Auswahlinterview. Sicher, höheres Alter kann ein Nachteil sein, vor allem, wenn man in den vergangenen Jahren nichts Berufsrelevantes gelernt hat. Es kann aber auch ein Vorteil sein – wenn damit ein Plus an charakterlicher Reife, Lebens- und Arbeitserfahrung einhergeht. Hat man beispielsweise mehrere Jahre als Kellnerin gejobbt, verfügt man über wertvolle Praxiskenntnisse in der Gastronomie. Nicht nur in Hotels und Restaurants können es sehr junge Bewerber sogar manchmal schwerer haben, weil das Jugendarbeitsschutzgesetz den Arbeitseinsatz von unter 18-Jährigen beschränkt.

Ihre Antwort:

_____

_____

_____

_____

_____

_____

Musterantwort

„Das finde ich nicht. Natürlich werde ich mit meinen 29 Jahren wohl nicht die Jüngste in der Berufsschulklasse sein. Aber dafür habe ich wahrscheinlich auch einige Erfahrungen gemacht, die meine Klassenkameraden erst noch machen müssen. Ich bin ja schon seit einigen Jahren berufstätig und habe unter anderem als Kellnerin in einem Ausflugslokal gearbeitet. Da lernt man zum Beispiel, was Belastbarkeit heißt. Ich denke, meinen Mitschülern in der Berufsschule bekäme es vielleicht gar nicht schlecht, wenn ich als Vertreterin einer etwas älteren Generation mit ihnen zusammen lerne. Viele junge Leute nehmen eine Ausbildung heute doch auf die leichte Schulter. Denen könnte ich sicher ein bisschen auf die Sprünge helfen."

"Sie legen Wert auf Teamwork, sagen Sie. Warum können Sie nicht selbstständig arbeiten?"

Hintergrund
Hier werden Sie scheinbar vor die Wahl gestellt: Können und wollen Sie im Team arbeiten? Oder sind Sie in der Lage, eigenständig anzupacken? Doch warum sollte das eine das andere überhaupt ausschließen? An dieser Stelle können Sie ansetzen, denn dafür gibt es keinen vernünftigen Grund.

Worauf kommt es an?
Der Vorwurf mangelnder Selbstständigkeit soll sie zu unbedachten Reaktionen provozieren – nehmen Sie den kleinen Seitenhieb gelassen hin! Lassen Sie sich auch nicht dazu verleiten, einen Rückzieher zu machen und Ihre vorherigen Aussagen zum Thema Teamwork zu relativieren. Ihre Aufgabe lautet: Bringen Sie Mannschaftsgeist und Eigenständigkeit unter einen Hut. In vielen Situationen ist Kooperation Trumpf; vor allem Projektarbeiten erfordern gesteigertes Gruppendenken. Routinetätigkeiten beispielsweise erledigt man aber oft am effektivsten im Alleingang.

Ihre Antwort:

Musterantwort

„Dass ich Teamwork wichtig finde, stimmt. Ich glaube, dass es als Bürokauffrau sehr wichtig ist, dass man mit anderen zusammenarbeiten kann. Wenn man zum Beispiel eine Veranstaltung organisiert oder verschiedene Termine koordiniert, gibt es sicher eine Menge abzusprechen. Das steht aber gar nicht im Widerspruch zum selbstständigen Arbeiten, finde ich. Wie man am besten vorgeht, hängt doch immer von der Aufgabe ab, die man gerade hat. Wenn ich eine Kundenanfrage beantworte, muss ich dafür nicht unbedingt noch andere Kollegen mit ins Boot holen."

Stressfragen

Berufliche Zukunft

Eine Berufsausbildung verlangt nicht nur Job-Neulingen einiges ab. Auch der Betrieb investiert viel, um seinen Fachkräfte-Nachwuchs zu qualifizieren. Verständlich, dass er am Ende auch die Früchte seiner Arbeit ernten will. Manchmal geht der Arbeitgeber allerdings leer aus – etwa wenn der Azubi die Lehre abbricht oder nach der Abschlussprüfung das Unternehmen wechselt. Die Personaler schätzen es daher, wenn sich ein Bewerber mit seinen beruflichen Möglichkeiten im Betrieb intensiv befasst hat. Denn das signalisiert, dass er sich mit dem Beruf und der Arbeitsstelle identifiziert.

„Wo sehen Sie sich in drei bis fünf Jahren?"

Hintergrund
Anders ausgedrückt: Wie soll es nach der Ausbildung weitergehen? Ehrgeizigen Kandidaten öffnen sich meist viele Wege zur Weiterbildung und Spezialisierung. Wer darüber Bescheid weiß, zeigt, dass es ihm mit der Berufswahl ernst ist. Natürlich sollten die Zukunftspläne grundsätzlich zur anvisierten Ausbildung passen. Und darüber hinaus nicht zu festzementiert sein. Denn nur selten läuft alles nach Plan – flexibel bleiben, heißt die Devise.

Worauf kommt es an
Welche beruflichen Wünsche und Ziele haben Sie? Mittelfristig wollen Sie natürlich erst einmal Ihre Ausbildung erfolgreich abschließen. Und danach dürfen Sie auf eine unbefristete reguläre Anstellung hoffen, denn fähige Mitarbeiter, die den Betrieb aus dem Effeff kennen, lässt kein Arbeitgeber gerne ziehen. Doch der Berufseinstieg steht erst am Anfang Ihrer Karriere. Danach können Sie die nächsten Schritte in Angriff nehmen und sich eventuell für höhere Aufgaben qualifizieren (Projektmitarbeit, Projektleitung …). Bleiben Sie dabei realistisch und machen Sie deutlich, dass Sie auf eine langfristige Betriebsbindung abzielen. Günstigerweise lässt sich hier die Frage unterbringen, welche Wege zur Weiterqualifikation das Unternehmen bietet.

Ihre Antwort:

Musterantworten

+ „Also, zuerst möchte ich natürlich meine Ausbildung hier bei Ihnen absolvieren und mit guten Bewertungen abschließen. Das ist mein Ziel, das hat für mich absolute Priorität. Was danach kommt? Ich habe darüber nachgedacht, mich zur Handelsfachwirtin fortzubilden. Hier und da habe ich mir dazu schon ein paar Informationen zusammengesucht. Soweit ich weiß, kann man die Fortbildung auch parallel zum Beruf machen. Das wäre für mich natürlich ideal, dann wäre ich weiterhin in die täglichen Abläufe eingebunden. Ob das funktioniert, hängt aber natürlich auch davon ab, wie es die Situation im Betrieb zulässt. Insofern bin ich da nicht eindeutig festgelegt. Auf Ihrer Internetseite habe ich gelesen, dass das Thema Fortbildung von Fachkräften bei Ihnen eine große Rolle spielt. Welche Möglichkeiten gäbe es denn da?"

− „Wo ich mich in drei bis fünf Jahren sehe? Ehrlich gesagt: Damit habe ich mich bis jetzt noch gar nicht beschäftigt. Das Einzige, was für mich im Moment zählt, ist der Ausbildungsplatz. Und wenn ich die Zusage bekommen habe, sehe ich zu, dass ich meinen Job so gut wie möglich erledige. Nach der Ausbildung kann ich ja immer noch überlegen, was ich später machen möchte. Vielleicht gehe ich ja auch studieren."

Die Schnellkritik: Auf die Abschlussprüfung folgt das große Vakuum? Das könnte zu Missverständnissen führen. Nicht vergessen: Die Personaler suchen motivierte Nachwuchskräfte, die ihre Berufswahl aus Überzeugung getroffen haben und den Ausbildungsbetrieb nicht als reine Durchgangsstation zu vermeintlich attraktiveren Arbeitgebern sehen. Die Interviewer honorieren es, wenn der Kandidat das Unternehmen in seiner provisorischen Karriereplanung zumindest berücksichtigt. Dabei schadet es nicht, wenn er den Blick etwas weiter in die Zukunft richtet: Die Ausbildung ist zwar eine wichtige und wegweisende Episode des Berufslebens – aber nicht die einzige.

"Wie lange möchten Sie denn bei uns bleiben?"

Hintergrund
Gerade eben haben sich die Interviewer über Umwege angenähert, jetzt kommen sie ohne Umschweife zur Sache: Lohnt sich die Zeit, lohnt sich die Mühe, die der Betrieb in Ihre Ausbildung steckt? Oder profitiert davon letztlich ein anderes Unternehmen – womöglich noch ein Konkurrent?

Worauf kommt es an?
"Bis dass der Tod uns scheidet"? Keine Bange: Übertriebene Treueschwüre wie diesen müssen Sie sich nicht abringen. Eine Ausbildung verpflichtet nicht zur lebenslangen Gefolgschaft, erst recht nicht im Zeitalter dynamischer Arbeitsmärkte. Auch der Betrieb vergibt im Vorstellungsgespräch bestimmt keine Blanko-Beschäftigungsgarantie. Aber er möchte auf Nummer sicher gehen: Kann der Kandidat sich vorstellen, seine Qualifikationen längerfristig zum Wohl des Unternehmens einzubringen? Falls nicht, scheint er die Stelle wohl doch nicht so attraktiv zu finden.

Ihre Antwort:

Musterantwort

+ *„Da kann und will ich gar keine zeitliche Grenze ziehen. Im Prinzip fände ich es ideal, wenn ich länger in dem Unternehmen bleiben könnte, in dem ich meine Ausbildung mache. Davon haben beide Seiten etwas, würde ich sagen. So wie ich Sie bisher verstanden habe, suchen Sie eher nach Mitarbeitern, die langfristig orientiert sind und sich hier im Betrieb entwickeln möchten. Wenn es passt, sehe ich überhaupt keinen Grund, warum ich unbedingt zu einem anderen Unternehmen wechseln sollte."*

"Wie flexibel sind Sie? Würden Sie für die Ausbildung umziehen?"

Hintergrund

Ein gutes Zeichen! Die Mobilität eines Kandidaten steht meist nur dann zur Debatte, wenn er es in die engere Auswahl geschafft hat. Rein beruflich bringt örtliche Flexibilität einem Bewerber immer Vorteile: Sie erweitert nicht nur den Einzugsbereich bei der Stellensuche, sondern belegt auch Motivation und Einsatzbereitschaft. Allerdings sollten die Rahmenbedingungen klar sein – was sagt der Partner zu einem eventuellen Umzug, wie reagieren die Eltern, wie steht es um den Finanzbedarf? Ein Tipp: Wer während der Ausbildung nicht mehr bei den Eltern wohnt, kann beim Arbeitsamt Berufsausbildungsbeihilfe beantragen.

Worauf kommt es an?

Sie bewerben sich nicht im näheren Umkreis Ihres aktuellen Wohnorts? Dann haben Sie sicher schon konkrete Umzugspläne geschmiedet. Unter Umständen kommt diese Frage allerdings aus heiterem Himmel auf Sie zu: zum Beispiel, wenn der gewählte Standort im Moment keinen Azubi-Bedarf mehr hat, aber eine andere Niederlassung händeringend Nachwuchs sucht. Eventuell steht Ihnen in Ihrer Karriere sogar der eine oder andere längere Auslandsaufenthalt bevor, z. B. im Rahmen von Geschäftsreisen. Bei allen Umzugs- und Reiseplänen nicht zu vernachlässigen: die Rückendeckung des persönlichen Umfelds.

Ihre Antwort:

Musterantworten

„Zurzeit wohne ich ja noch bei meinen Eltern in Althausen. Das ist natürlich zu weit weg, um jeden Tag hin- und herzupendeln. Als ich mich bei Ihnen beworben habe, habe ich mich im Internet schon einmal umgeschaut, wie das Wohnangebot hier in der Umgebung aussieht und welche Kosten auf mich zukämen. Am sinnvollsten wäre es, wenn ich in eine WG ziehe. Das könnte ich mir wahrscheinlich sogar komplett selbst finanzieren. Meine Eltern haben aber auch schon angeboten, mich zu unterstützen."

„Sicher, wenn es nötig ist, würde ich für meine Ausbildung auch umziehen. Ich hätte kein Problem, mich in einem neuen Umfeld einzuleben. Auf die Ausbildung bei Ihnen bezogen, müsste es aber funktionieren, wenn ich in meiner jetzigen Wohnung bleibe. Ich brauche ja nur eine Dreiviertelstunde bis hierhin. Über einen Umzug wollte ich in ein bis zwei Jahren nachdenken, im Moment habe ich noch keine konkreten Pläne. Natürlich müsste ich zuerst mit meinen Eltern darüber sprechen und klären, welche Kosten da auf mich zukämen."

„Haben Sie einen Plan B, wenn es mit der Ausbildung bei uns nicht klappt?"

Hintergrund
Finden Ihre Gesprächspartner Sie sympathisch? Im Idealfall ja. So sympathisch, dass sie nun um Ihre gesamte Zukunftsplanung besorgt sind? Das nun wiederum bestimmt nicht. Die Interviewer wollen lediglich herausfinden, wie sicher Sie in Ihrer Berufsentscheidung sind. Kandidaten, die sich ihrer Fähigkeiten bewusst sind und verantwortlich planen, haben ein klares Ziel vor Augen – aber setzen nicht gleich alles auf eine Karte.

Worauf kommt es an?
Ihre Enttäuschung im Fall einer Absage müssen Sie nicht verhehlen: Es handelt sich schließlich um Ihren Wunsch-Arbeitgeber. Doch das Leben geht auch nach einem negativen Bescheid weiter. Eventuell haben Sie noch andere Eisen im Feuer, möglicherweise gibt es weitere interessante Stellenangebote im gleichen Berufsfeld? Für Misstrauen sorgt, wer nach einer Absage die Flinte ins Korn werfen und gleich auf eine ganz andere Tätigkeit umsatteln will. Besonders stark kann der Berufswunsch dann wohl nicht gewesen sein.

Ihre Antwort:

_____

_____

_____

_____

_____

_____

_____

Musterantwort

„Wenn ich den Ausbildungsplatz bei Ihnen nicht bekommen würde, wäre ich mit Sicherheit schon ein bisschen geknickt. Es wäre wirklich schade, weil ich überzeugt bin, dass die Ausbildung hier für mich genau das Richtige wäre. Von diesem Unternehmen habe ich einen sehr guten Eindruck gewonnen, und ich habe viel Zeit in meine Bewerbung gesteckt. Natürlich weiß ich, dass im Moment auch einige andere Unternehmen eine Ausbildung zum Industriekaufmann anbieten. Meine Parallelbewerbung hatte ich ja bereits erwähnt. Aber ich müsste mir noch einmal genau überlegen, welche Alternative für mich am ehesten infrage kommt. Ihr Angebot, das muss ich ehrlich sagen, ist für mich am attraktivsten."

Berufliche Zukunft

Zum Gesprächsausklang

Das Vorstellungsgespräch neigt sich seinem Ende zu. Von Ihren Hard und Soft Skills brauchen Sie nun niemanden mehr zu überzeugen. Jetzt geht es den Personalern nur noch um eine abschließende Einordnung Ihrer Ausbildungsambitionen: Wie war das Gespräch für Sie? Welchen Eindruck von Ihrem potenziellen neuen Arbeitgeber haben Sie gewonnen? Standen bzw. stehen Sie noch anderweitig in Kontakt zum Betrieb, abgesehen vom aktuellen Bewerbungsverfahren?

„Welchen Eindruck haben Sie durch das Gespräch von unserem Betrieb gewonnen?"

Hintergrund
Eine derart durchschaubare Frage sollte man eigentlich auch mit einer simplen Antwort abhandeln können. Aber im Vorstellungsgespräch herrscht nun einmal keine Waffengleichheit. Nun liegt es an Ihnen, die von den Interviewern erhoffte Positivantwort in wohlgewählte Worte zu verpacken, ohne zu plump rüberzukommen. Falls Sie die Stelle weiterhin reizt, haben Sie bislang natürlich einen sehr guten Eindruck gewonnen, können nun berichten, was genau Ihnen gefallen hat und dadurch das Interesse am Ausbildungsplatz bekräftigen.

Worauf kommt es an?
Lassen Sie das bisherige Bewerbungsverfahren im Allgemeinen und das Gespräch im Besonderen Revue passieren. Bedanken Sie sich für die informative Unterhaltung und heben Sie die für Sie spannendsten Punkte hervor: Ist der Betrieb besonders Azubi-freundlich, international aufgestellt, regionsverbunden, sozial engagiert oder serviceorientiert? Falls Sie das Gespräch eher abgeschreckt hat, können Sie auch Kritik äußern – der Ausbildungsplatz ist dann selbstredend höchstwahrscheinlich passé.

Ihre Antwort:

_____

_____

_____

_____

_____

_____

_____

Musterantworten

+ „Ich habe einen sehr positiven Eindruck gewonnen, der meine bisherigen Erfahrungen bestätigt. Als ich das Ausbildungsangebot gelesen habe, hatte ich gleich ein gutes Gefühl, weil ich dachte: ‚Das ist genau das, was ich will'. Vielen Dank, dass Sie sich die Zeit genommen haben, mir die Ausbildung heute so genau vorzustellen. Die Aufgaben, die Sie mir beschrieben haben, entsprechen ziemlich genau dem, was ich mir vorgestellt habe und was ich kann beziehungsweise lernen möchte. Neben der Ausbildung an sich reizen mich auch die Weiterbildungsmöglichkeiten. Außerdem haben Sie ja gemeint, dass man hohe Chancen hat, übernommen zu werden, wenn man gute Leistungen bringt. Ich kann mir deswegen sehr gut vorstellen, hier zu arbeiten."

− „Puh, also ich glaube, ich war ganz schön aufgeregt. Es kann sein, dass mir an der einen oder anderen Stelle die Worte gefehlt haben. Ich habe das Gefühl, dass ich nicht immer das sagen konnte, was ich eigentlich sagen wollte. Aber ich hoffe, dass ich Sie trotzdem überzeugen konnte."

Die Schnellkritik: Bescheidenheit mag eine lobenswerte Tugend sein, aber dieser Schuss geht leider nach hinten los. Die Interviewer erwarten positive Signale, die vermitteln, dass man weiterhin ernsthaft am Ausbildungsplatz interessiert ist. Hier erhalten sie stattdessen ein negativ grundiertes Feedback, das sich ausschließlich um persönliche Unzulänglichkeiten dreht. Es gibt keinen Grund, sich am Ende des Interviews kleinlaut für das Gesprächsverhalten zu entschuldigen. Es sei denn, man möchte hauptsächlich mit seinen Schwächen in Erinnerung bleiben.

„Haben Sie sich vor der aktuellen Bewerbung schon einmal bei uns beworben?"

Hintergrund
Hartnäckige Kandidaten versuchen gegebenenfalls mehrmals, die erhoffte Zusage bei ihrem Wunsch-Unternehmen zu ergattern. Sollte dies nicht auf Anhieb geklappt haben, gibt es dafür allerdings Gründe: ein schlechtes Abschneiden im schriftlichen Test, ein unsicheres Auftreten im Vorstellungsgespräch – woran hat es gelegen?

Worauf kommt es an?
Diese geschlossene Frage gibt Ihnen genau zwei Antwortmöglichkeiten: ja oder nein. Im ersten Fall sollten Sie etwas weiter ausholen und die Interviewer ins Bild setzen. Warum hatten Sie beim ersten Mal keinen Erfolg? Woran sind Sie gescheitert? Wie haben Sie eventuelle Schwächen in der Zwischenzeit wettgemacht?

Ihre Antwort:

Musterantworten

„Nein, ich habe mich noch nicht bei Ihnen beworben. Das ist das erste Mal, dass ich mich überhaupt für einen Ausbildungsplatz bewerbe, ich habe die Schule ja erst vor kurzem beendet."

„Ja, ich habe mich im letzten Jahr schon einmal bei Ihnen beworben, aber da hat es leider nicht geklappt. Damals bin ich am schriftlichen Test gescheitert; es lag am Rechtschreibteil. Nach der Absage habe ich eine Weile gejobbt und eine Sprachreise nach Spanien gemacht – für mich stand fest, dass ich mich hier unbedingt noch einmal bewerben würde. An meinen Schwächen habe ich gearbeitet, dank einer guten Vorbereitung fiel mir der Test in diesem Jahr wesentlich leichter. Vielleicht war das letzte Jahr einfach noch nicht der richtige Zeitpunkt, um die Ausbildung zu beginnen. Jetzt fühle ich mich auf jeden Fall bereit dazu."

„Kennen Sie jemanden, der bei uns arbeitet? Was haben Sie denn von ihm erfahren?"

Hintergrund

Die Interviewer wollen klären, ob Sie über persönliche Beziehungen mit dem Unternehmen verknüpft sind und wie Sie diese Kontakte genutzt haben. Ein gutes Netzwerk schadet im Berufsleben grundsätzlich nicht. Doch eine zu hohe Dosis „Vitamin B" stößt den Interviewern eventuell auf den Magen: Schließlich bewerben Sie sich nicht, weil Ihr Onkel, bester Freund oder Vereinskumpan das mit Nachdruck empfohlen hat oder gar Ihre Einstellung durchpauken möchte.

Worauf kommt es an?

Obacht: Hier lauert ein letztes Fettnäpfchen. Sind Sie nicht gerade mit dem Betriebsleiter auf du und du, sollten Sie Namen nur mit Bedacht fallen lassen. Wer weiß, ob die Personaler auf Ihren Bekannten gut zu sprechen sind? Haben Sie Ihre Beziehungen spielen lassen, um Informationen über die Stelle zu erhalten, kann das Ihr Engagement unterstreichen – mehr aber auch nicht. Und schneiden Sie keine betriebsinternen Diskussionen oder Gerüchte an. Wenn Sie niemanden kennen, ist das kein Nachteil.

Ihre Antwort:

Musterantworten

+ „Nein. Ich habe zwar eine Tante, die als Bürokauffrau arbeitet und mir viel über den Beruf erzählen konnte. Die ist allerdings in einer ganz anderen Branche beschäftigt, nämlich bei einem Mobilfunk-Anbieter. Natürlich habe ich sie gründlich ausgefragt, was sie so zu tun hat, wie ihr Alltag aussieht usw. Das hat mir bei der Berufswahl auch weitergeholfen. Aber hier in diesem Unternehmen kenne ich niemanden."

„Ja, ich kenne jemanden aus der IT-Abteilung, er spielt in der Seniorenmannschaft in meinem Handballverein. Das habe ich durch Zufall erfahren, als wir vor kurzem bei einem Turnier allgemein über das Thema Arbeit und Beruf gesprochen haben. Er hat mir erzählt, dass die Azubis hier gut betreut würden. Zu dem Zeitpunkt hatte ich meine Bewerbung aber sowieso schon längst abgeschickt."

Fragen, die Sie selbst stellen können

„Wir haben Ihnen bis hierhin eine Menge Fragen gestellt. Jetzt lassen Sie uns den Spieß einmal umdrehen: Möchten Sie denn noch etwas von uns wissen?"

In der Endphase des Interviews geben die Personaler Ihnen das Wort. Betrachten Sie das nicht als reine Höflichkeitsgeste: Sie erhalten dadurch eine günstige Gelegenheit, Aufmerksamkeit und Berufsinteresse abschließend noch einmal unter Beweis zu stellen. Nutzen Sie diese Chance! Mit Sicherheit ist in den vergangenen Minuten nicht alles zur Sprache gekommen, was Sie wissen wollen. Anschlussfragen zu unklaren Details können natürlich nur Kandidaten stellen, die während des Gesprächs gut aufgepasst haben.

Unproblematische Themen

Professionell vorbereitet, haben Sie sich bereits vor der Unterhaltung wichtige eigene Fragen auf einem Zettel notiert. Viele davon werden bereits beantwortet worden sein, manche noch nicht – die können (und sollten) Sie nun stellen. Vermeiden Sie Belanglosigkeiten, unangemessene Themen (Gehalt, Urlaub) und Wiederholungen, die Sie unaufmerksam wirken lassen. Anstelle von „warum"-Fragen – die auf Rechtfertigung aus sind – erkundigen Sie sich lieber mithilfe von „wie", „was" oder „wer".

Im Allgemeinen recht risikoarme, zum Nachhaken geeignete Stichpunkte sind: das weitere Vorgehen im Bewerbungsverfahren, Weiterbildungsangebote, der genaue Ausbildungsablauf, betriebsspezifische Arbeitsschwerpunkte etc. Konfrontieren Sie Ihre Gesprächspartner zum Ende des Interviews aber nicht noch mit einem ganzen Fragenkatalog. Haken Sie gezielt bei den Angelegenheiten nach, die für Sie besonders interessant sind.

Als Vorschlag ein paar generell unproblematische Themen:

- In welchen Abteilungen wird die Ausbildung genau absolviert?
- Gibt es die Möglichkeit, die Ausbildung zu verkürzen? Unter welchen Voraussetzungen?
- Wer sind die Vorgesetzten? Wen kann man bei Fragen oder Problemen ansprechen?
- Wie viele Ausbildungsplätze bietet der Betrieb an?
- Wo befindet sich die Berufsschule?
- In welcher Form findet der theoretische Unterricht statt (Teilzeit- oder Blockunterricht)?
- Welche betriebsspezifischen Anforderungen stellt die Ausbildung in dem betreffenden Unternehmen?
- Welche Weiterbildungsmöglichkeiten gibt es?
- Wie wahrscheinlich ist es, dass Sie nach der Ausbildung übernommen werden?
- Wann können Sie mit einer Antwort des Betriebs rechnen?

Und wenn alles besprochen ist? Dann können Sie es mit Goethes „Faust" halten: „Der Worte sind genug gewechselt, lasst mich auch endlich Taten sehen!" Nun liegt es an den Betriebsvertretern, das Gespräch auszuwerten und Ihnen eine Rückmeldung zu geben. Sie können jetzt nur noch eines tun: Sich freundlich für das Gespräch bedanken, das Angebot zum finalen Händeschütteln annehmen und sich entspannt auf den Nachhauseweg machen.

Unerlaubte Fragen und heikle Situationen

„Im Krieg und in der Liebe ist alles erlaubt", meinte Napoleon. Im Berufsleben auch, möchte man mit Blick auf das Ellenbogenverhalten mancher (Möchtegern-)Karrieremacher hinzufügen. Bei der Stellenvergabe gibt es allerdings klare Grenzen. Das 2006 in Kraft getretene Allgemeine Gleichbehandlungsgesetz (AGG) bestimmt: Niemand darf aufgrund von ethnischer Herkunft, Geschlecht, Religion, Weltanschauung, Behinderung, Alter oder sexueller Identität benachteiligt werden. Eine legitime Entscheidungsgrundlage bilden im Auswahlverfahren nur solche Aspekte, die für die angestrebte Position wirklich von Bedeutung sind. Übrigens: Medizinische oder psychologische Tests, Handschrift-Analysen und Sicherheitsüberprüfungen dürfen Betriebe nur dann durchführen, wenn der Bewerber damit ausdrücklich einverstanden ist.

Welche Fragen müssen Sie nicht beantworten?

Wenn jeder eine gerechte Chance bekommt, fördert das nicht nur die Fairness: Durch eine objektive, rein eignungsbezogene Personalauswahl steigt im Endeffekt auch das Leistungsniveau der Belegschaft. Manche Unternehmen haben deshalb inzwischen sogar auf die sogenannte „anonyme Bewerbung" umgestellt. Hier bleiben alle Bewerber zunächst inkognito, da Lebenslauf und Anschreiben ohne Name, Foto, Alter, Geschlecht, Nationalität und Familienstand auskommen.

Spätestens beim ersten Händeschütteln wird das Geheimnis um die Identität natürlich gelüftet. Doch der Kernbereich der Privatsphäre ist im Interview tabu. Streng genommen müssten sogar Hobbys und kulturelle Interessen außen vor bleiben. Wer sich freilich zu diesen normalerweise recht harmlosen Punkten ausschweigt, hat die Gunst der Personaler schnell verspielt. Vorstrafen, Krankheiten, Schwangerschaften und andere Privatangelegenheiten dürfen die Interviewer aber prinzipiell nicht ansprechen – mit einer Einschränkung: Nachfragen ist erlaubt, falls die Angaben unmittelbar stellenrelevant sind. Trifft das nicht zu, ist man als Bewerber nicht zur wahrheitsgemäßen Antwort verpflichtet. Man darf die Auskunft dann verweigern oder zur Notlüge greifen, ohne dass der Arbeitgeber den Arbeitsvertrag deswegen später anfechten kann.

Schwangerschaft

Weil sie gegen das Gebot der geschlechtlichen Gleichbehandlung verstoßen, sind Fragen nach einer aktuellen oder geplanten Schwangerschaft generell unzulässig. Und zwar selbst dann, wenn das Mutterschutzgesetz für die anvisierte Stelle ein Beschäftigungsverbot vorsieht (z. B. im Fall der Nachtarbeit). Fragt der Personaler trotzdem nach, können sich Bewerberinnen mit einer Lüge behelfen. Die sollte man jedoch nach Ausbildungsbeginn in einem Gespräch mit dem Chef zugeben, um die Arbeitsbeziehung nicht nachhaltig zu belasten.

Familienstand und -planung

Ledig oder verheiratet? Wer damit konfrontiert wird, sollte ehrlich antworten – die Frage nach dem Familienstand darf der Interviewer nämlich ungehindert stellen. Ob Sie allerdings Heiratspläne oder Kinderwünsche hegen, geht ihn wiederum nichts an. Anhand dieser Informationen könnten nämlich Rückschlüsse auf die sexuelle Identität oder auf bevorstehende Schwangerschaften gezogen werden. Beides muss im Interview grundsätzlich nicht aufgedeckt werden.

Krankheit

Krankheiten muss man dem Betrieb nur dann mitteilen, wenn sie die Gesundheit anderer Mitarbeiter gefährden oder die Ausübung des angestrebten Berufs behindern. Als Schmiermittel-Allergiker beispielsweise kommt man für eine Mechaniker-Ausbildung kaum infrage, ein schweres Bandscheibenleiden steht einer Pflegetätigkeit im Weg. Im öffentlichen Dienst wird man in der Regel sogar zu einer ärztlichen Untersuchung gebeten: Dabei prüft ein Amtsarzt die gesundheitliche Berufseignung der Kandidaten auf Herz und Nieren.

Politische und religiöse Überzeugung, Gewerkschaftsmitgliedschaft

Mit welcher Partei man sympathisiert, wie man zu religiösen Fragen steht, ob man sich gewerkschaftlich engagiert – all das spielt keine Rolle, solange man sich nicht gerade bei einem sogenannten „Tendenzarbeitgeber" bewirbt: dazu zählen neben parteilichen oder kirchlichen Einrichtungen auch Gewerkschaften, Arbeitgeberverbände sowie bestimmte Zeitungen und Verlage. Hier kann man von Bewerbern berechtigterweise eine bestimmte politische, ethische oder religiöse Einstellung erwarten. Als angehender Beamter muss man sich überdies zur freiheitlich-demokratischen Grundordnung bekennen. Mitglieder antidemokratischer Parteien oder Sekten werden im öffentlichen Dienst nicht eingestellt.

Nationalität, Abstammung

Die Staatsangehörigkeit gilt nur im öffentlichen Dienst als legitimes Auswahlkriterium, manche Beamtenjobs stehen nämlich nur deutschen Staatsbürgern offen. Die Abstammung, das heißt die ethnische Herkunft, muss aber grundsätzlich nirgendwo aufgedeckt werden – mit Ausnahme ethnischer Verbände. Unter Umständen kann die Abstammung indes Vorteile bringen: zum Beispiel, wenn man dank eines Migrationshintergrunds eine Fremdsprache auf muttersprachlichem Niveau beherrscht.

Vorstrafen

Beim Thema Vorstrafen gilt: Der Personaler darf zwar nie allgemein, aber manchmal nach spezifischen Delikten fragen. Einschlägige Vergehen können einer Einstellung entgegenstehen, wenn sie direkten Bezug zur angestrebten Tätigkeit haben. Typische Beispiele: der Außendienstler, dem der Führerschein wegen Trunkenheit am Steuer wiederholt entzogen wurde, oder der wegen Scheckbetrugs verurteilte Bankbewerber. Bei Kreditinstituten wie auch bei staatlichen Behörden muss man meist sogar ein (polizeiliches) Führungszeugnis vorlegen. Juristisch gesehen gilt man übrigens dann als vorbestraft, wenn man wegen einer Straftat verurteilt wurde. Solange es keinen Eintrag im Führungszeugnis gibt, darf man sich dem Arbeitgeber gegenüber aber als nicht vorbestraft bezeichnen.

Vermögensverhältnisse

„Über Geld redet man nicht", empfiehlt der Volksmund. Im Vorstellungsgespräch sollte man sich daran halten. Wie es um den Kontostand bestellt ist oder ob der

Lohn schon einmal gepfändet wurde, das gehört normalerweise nicht an den Gesprächstisch. Nur in Arbeitsbereichen mit besonderer Vertrauensstellung – etwa bei Banken oder im öffentlichen Dienst – dürfen geordnete wirtschaftliche Verhältnisse zu den Einstellungskriterien zählen.

Behinderung

Muss man eine Schwerbehinderung zugeben? Die Rechtsprechung hat noch nicht zu einem endgültigen Urteil gefunden. Zusammenfassen lässt sich die Lage im Moment so: Die Nachfrage ohne konkreten Bezug zur Position („Sind Sie schwerbehindert?") ist unzulässig. Der Interviewer darf sich allerdings nach gesundheitlichen, psychischen oder anderen Beeinträchtigungen erkundigen, die der Aufnahme der spezifischen Tätigkeit entgegenstehen. In diesem Fall müssen Bewerber wahrheitsgemäß antworten.

Sexuelle Identität

Was Sie an dieser Stelle preisgeben möchten, entscheiden Sie allein. Die Homo-, Hetero-, Trans- oder sonstige Sexualität eines Bewerbers hat den Arbeitgeber prinzipiell nicht zu interessieren. Dass Menschen wegen ihrer sexuellen Orientierung im Beruf diskriminiert werden, kommt leider immer noch vor. Obwohl es das Allgemeine Gleichbehandlungsgesetz eindeutig verbietet.

Ehrenamt, Vereinsmitgliedschaft

Ehrenämter und Vereinstätigkeiten beanspruchen Zeit und Energie. Ein künftiger Arbeitgeber kann sie daher als unnötige Konkurrenz zur Erwerbstätigkeit betrachten – oder andererseits als Beispiele lobenswerten gemeinschaftlichen Engagements. Wägen Sie Vor- und Nachteile ab, die Auskunft ist nicht verpflichtend.

Wie retten Sie sich aus der Klemme?

Auch Personaler sind Menschen, und Menschen haben Vorurteile: Ältere gegenüber Jüngeren, Städter gegenüber Dörflern, Einheimische gegenüber Zugezogenen und umgekehrt. Engstirnige Kleingeister, die ihren Personalnachwuchs nach fachfremden Kriterien auswählen, schneiden sich freilich immer ins eigene Fleisch: Bei ihnen kommen nämlich nicht die geeignetsten Bewerber zum Zuge, sondern die, gegen die zufällig gerade kein Ressentiment vorliegt. Manche Unbelehrbare lassen ihren Aversionen trotzdem freien Lauf.

Wer die Lehrstelle unbedingt will, muss in heiklen Situationen wohl oder übel in den sauren Apfel beißen. Aber niemand braucht sich alles gefallen zu lassen. Ein paar bewährte Taktiken, falls Sie in Bedrängnis geraten:

- **Wechseln Sie die Gesprächsebene.**
  Betonen Sie, dass Sie über Ihre Bewerbung sprechen möchten – nicht über Ihr Privatleben, Ihre Herkunft oder andere Themen, die mit der Stelle nichts zu tun haben („Es tut mir leid, aber mir ist noch nicht klar, inwiefern meine Abstammung für die Ausbildung relevant wäre. Können Sie mir das erklären, damit ich den Zusammenhang verstehe?").

- **Wahren Sie die Fassung.**
  Möglicherweise wird nur getestet, wie Sie auf Provokationen reagieren. Versuchen Sie unangenehme Äußerungen als Scherz abzutun, verweisen Sie ganz nüchtern auf Ihre Qualifikationen.

- **Sie haben das Recht zu lügen.**
  Unzulässige Fragen muss man nicht beantworten. In solchen Fällen darf man zur Notlüge greifen oder schweigen – Letzteres ist allerdings die schlechtere Alternative. Wenn Sie nichts zu befürchten haben, können Sie natürlich auch die Wahrheit sagen.

- **Sprechen Sie Diffamierungen an.**
  Fühlen Sie sich durch derbe Kommentare vor den Kopf gestoßen („Haben Sie auf dem Land eigentlich Schreiben und Rechnen gelernt?", „Können

Sie sich denn als Frau überhaupt in der Arbeitswelt durchsetzen?"), dann machen Sie darauf aufmerksam.

¬ **Beschweren Sie sich beim Vorgesetzten.**
Verständlich, wenn Sie nach Beleidigungen oder Diskriminierungen nicht mehr in dem betreffenden Betrieb arbeiten möchten. Berichten Sie dem Vorgesetzten Ihres Gesprächspartners sachlich von Ihrer schlechten Erfahrung.

Wann kommt die Zusage?

„Auf Wiedersehen!": Im Erfolgsfall ist diese Jobinterview-Abschiedsfloskel mehr als nur eine bloße Formalie – dann darf man sie wortwörtlich nehmen. Bis es aber tatsächlich zu einem Wiedersehen im Betrieb kommt, vergehen in der Regel einige Wochen. Gerade bei hohen Bewerberzahlen ist mit etwas längeren Wartezeiten zu rechnen. Denn fairerweise können die Personalverantwortlichen erst dann ihre endgültige Entscheidung treffen, wenn alle Interviews geführt worden sind.

Geschickt nachhaken

Wann dürfen Sie ungefähr mit einer Nachricht des Unternehmens rechnen? Am besten, Sie stellen diese Frage selbst, und zwar am Ende des Bewerbungsinterviews – dann erhalten Sie die gewünschte Information aus erster Hand. Wer den vorläufigen Zeitrahmen nicht auf diese Weise erfährt, hält sich am besten an eine bewährte Faustregel: Frühestens zwei Wochen nach dem Interview darf man Eigeninitiative ergreifen und beim Ansprechpartner nachhaken.

Dass ein Betrieb nach dem Gespräch überhaupt nichts mehr von sich hören lässt, ist die seltene (und unhöfliche) Ausnahme. Egal, wie gut oder schlecht es um die Bewerbung bestellt ist: Zumindest eine förmliche Zu- oder Absage dürfen Bewerber erwarten. Gelegentlich erhält man sogar schon nach ein paar Tagen einen ersten Zwischenbescheid, sei es auch nur in Form eines nüchternen „Danke für das Gespräch, wir informieren Sie". Wenn sich der Personaler Zeit lässt, bedeutet das übrigens nicht automatisch etwas Schlechtes – wahrscheinlich hat er einfach nur sehr viel um die Ohren. Aber was tun bei totaler Funkstille?

Grundsätzlich gilt: Spannt man Sie zu lange auf die Folter, haben Sie das Recht nachzuhaken. Da das Auswahlverfahren immer noch läuft, sollten Sie dies allerdings sehr überlegt tun. Setzen Sie Ihren Ansprechpartner nicht unter Druck, sparen Sie sich die Kritik an der vermeintlich trödelnden Personalstelle.

Wenn Sie „telefonsicher" genug sind, rufen Sie Ihre Kontaktperson zum Nachhaken an; andernfalls schreiben Sie ihr eine E-Mail. Ein paar wohlmeinende Worte zum positiven Verlauf des Jobinterviews sind auf jeden Fall angebracht:

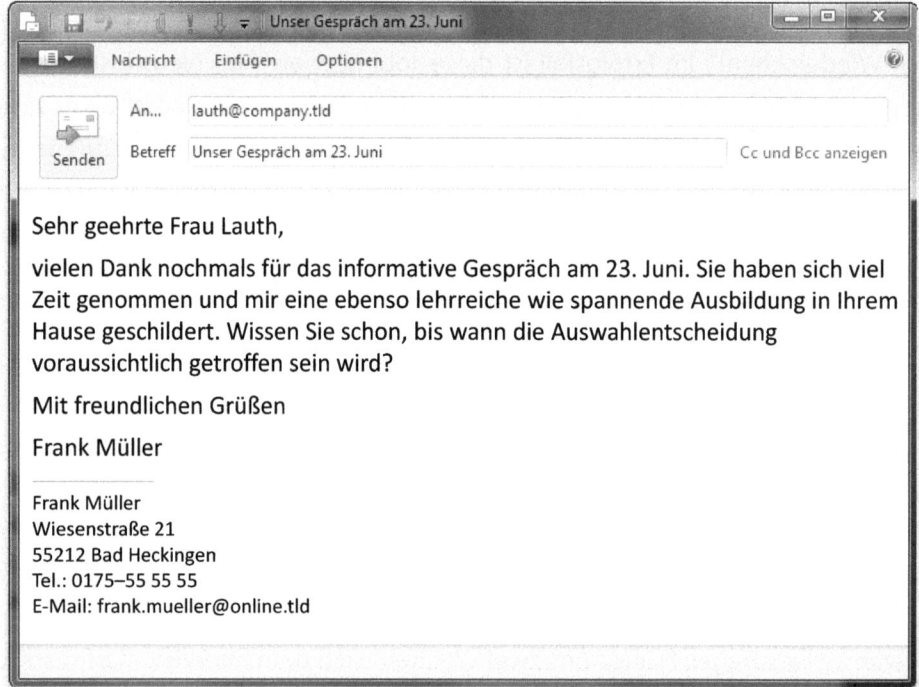

Nachfass-Schreiben: ja oder nein?

Berufserfahrenen Bewerbern wird häufig empfohlen, etwa zwei bis drei Tage nach dem Jobinterview ein Nachfass-Schreiben in Brief- oder Mailform aufzusetzen. Darin bedankt man sich noch einmal für das Gespräch, erinnert dezent an besonders gelungene Passagen und bekräftigt das Interesse an der Stelle. Der erhoffte Lohn der Mühen: eine besonders nachhaltige Verankerung im Gedächtnis des Personalers, frei nach dem Motto „Wer schreibt, der bleibt!". Im engen Rennen um einen gehobenen Posten kann ein Nachfass-Schreiben durchaus den entscheidenden Vorsprung bringen. Im Rahmen einer Ausbildungsbewerbung wirkt der Aufwand allerdings meist etwas übertrieben. Der Zusatznutzen für den Personaler hält sich jedenfalls in Grenzen, den zusätzlichen Zeitaufwand wird er nicht unbedingt gerne leisten. Ohnehin empfiehlt sich ein Nachfass-Schreiben nur für Könner, die in Tonfall und Wortwahl den Drahtseilakt zwischen selbstbewusst und unaufdringlich sicher meistern.

Wichtige Angaben für den Ausbildungsvertrag

„Herzlichen Glückwunsch, wir würden Sie gerne als Auszubildenden bei uns begrüßen!" Wer diese Nachricht erhält, der hat es geschafft und den Ausbildungsplatz in der Tasche. Jetzt geht es nur noch um den „Papierkram" – das heißt, um die Formalitäten. Zum Aufsetzen des Arbeitsvertrags braucht der Personaler noch einige wichtige Angaben.

- **Kontoverbindung:** Bargeld lacht? Nicht beim Thema Ausbildungsvergütung – die wird nämlich auf ein Girokonto überwiesen. Die meisten Banken und Sparkassen haben für Azubis spezielle vergünstigte Angebote in petto, z. B. ohne Kontoführungsgebühr. Minderjährige brauchen zur Eröffnung eines Girokontos meist das Einverständnis ihrer Eltern.

- **Steuer-ID-Nummer:** Jeder Steuerpflichtige erhält in Deutschland eine eindeutige Steuer-Identifikationsnummer, und zwar meist schon lange vor dem Berufseinstieg: Laut Gesetz sind „natürliche Personen" – im Klartext: Menschen – mit Wohnsitz in Deutschland bereits von Geburt an einkommensteuerpflichtig.

- **Mitgliedsbescheinigung der Krankenkasse:** Azubis sind nicht mehr über ihre Eltern abgesichert und müssen sich bei einer gesetzlichen Krankenkasse selbst versichern. In welcher, darf man sich aussuchen: vorausgesetzt, man teilt die gewählte Kasse dem Arbeitgeber bis spätestens zum 14. Tag nach Ausbildungsbeginn mit. Danach wird man vom Arbeitgeber bei der vorherigen Versicherung – in der Regel derjenigen der Eltern – „zwangsangemeldet".

- **Rentenversicherungsnummer:** Die Rentenversicherungsnummer – landläufig auch „Sozialversicherungsnummer" genannt – finden Sie in Ihrem Sozialversicherungsausweis. Dieses Dokument erhalten Sie über die Krankenkasse oder direkt vom jeweiligen Rentenversicherungsträger.

Kapitel 3

Wie geht es weiter?

Das Assessment Center – Casting für den Job 356
    Die Bausteine eines ACs 356
    Worauf achten die Prüfer? 357

**AC-Aufgabenblock 1: Kurzvortrag und
Präsentation** 359
    Die Selbstvorstellung 359
    Ergebnis- und Themenpräsentationen 360
    „Ähmm, also …" – 10 Tipps für eine
    überzeugende Rede 360

AC-Aufgabenblock 2: Gruppenaufgaben 365
    Die richtige Strategie: zielorientiertes Teamwork 365
    Die Vorstellungsrunde 367
    Die Gruppendiskussion 367
    Die Gruppenarbeit 369
    Das Rollenspiel 371
    Das Mittagessen 372

AC-Aufgabenblock 3: Einzelaufgaben 373
    Die Postkorbübung 373
    Das Abschlussgespräch 374

Gute Tage, schlechte Tage: Absage, und jetzt? 376
    Wie gehe ich mit einer Absage um? 376
    Wie sage ich einem Unternehmen ab? 376

Das Assessment Center – Casting für den Job

In vielen Betrieben bildet das Bewerbungsgespräch nur eine von mehreren Hürden auf dem Weg zum Ausbildungsplatz. Häufig müssen sich die vielversprechendsten Bewerber nach ihrem Interview-Auftritt noch einem mehrstufigen Assessment Center (AC) – vom englischen *to assess* („beurteilen") – stellen. Mithilfe dieses populären Auswahlinstruments können die Personalverantwortlichen alle Kandidaten in berufsnahen Situationen beobachten. Verschiedene praktische Aufgaben fordern bei diesem „Casting" die sozialen und methodischen Kompetenzen der Bewerber heraus: Wie verhalten sie sich untereinander, wie gehen sie bei der Problemlösung vor?

Ein Assessment Center zur Besetzung von Führungspositionen dauert – je nach Branche und Betrieb – heute nicht selten mehrere Tage. Doch selbst diese Verfahren wirken noch relativ überschaubar, wenn man sie mit den internen Manager-Förderprogrammen mancher Großbanken vergleicht: Hier verteilen sich die einzelnen AC-Prüfungsstufen bisweilen über ein ganzes Jahr. Zur Auswahl von Azubis veranstalten die Betriebe natürlich wesentlich kompaktere Assessment Center. Auch diese Mini-ACs sind fordernd, aber in der Regel maximal innerhalb eines halben Tages zu bewältigen.

Die Bausteine eines ACs

Bei der Konzeption eines Assessment Centers werden je nach Anforderungsprofil unterschiedliche Prüfungsmodule zusammengestellt. Diese AC-Bausteine sind zum Teil einzeln zu absolvieren (Kurzvortrag, Präsentation, Postkorbübung, Abschlussgespräch und praktische Übung), zum Teil muss man sie im Kollektiv bewältigen (Gruppenvorstellung, Gruppendiskussion und Rollenspiel). Auch Vorstellungsgespräche und schriftliche Einstellungstests kann man im weiteren Sinne zum Assessment Center rechnen. Sie nehmen jedoch eine klare Sonderstellung im Auswahlprozess ein.

Das Unternehmen, bei dem Sie sich bewerben, wird Sie sicher nicht mit dem im Folgenden vorgestellten Maximalkatalog an Modulen konfrontieren. Als vergleichsweise umfangreich gelten zum Beispiel die ausgedehnten Assessment Center der Bankbranche mit bis zu drei Stationen: Bei manchen Kreditinstituten absolvieren angehende Bankkaufleute zusätzlich zum Interview eine Einzelpräsentation, eine Gruppendiskussion und ein Rollenspiel.

Module des Assessment Centers

¬ Gruppenvorstellung
¬ Kurzvortrag/Präsentation
¬ Gruppenarbeit/Gruppendiskussion (mit oder ohne Präsentation)
¬ Rollenspiel
¬ Praktische Übung
¬ Postkorbübung
¬ Abschlussgespräch

Andernorts ist das Auswahlverfahren bereits nach dem Bewerbungsgespräch planmäßig beendet. Fragen Sie nach, womit Sie zu rechnen haben – normalerweise machen die Betriebe daraus kein größeres Geheimnis.

Worauf achten die Prüfer?

¬ **Erscheinung und Umgangsformen:** Ein gepflegtes Äußeres und gute Manieren sind Trümpfe, die immer stechen. Wer seinen Mitbewerbern aufgeschlossen gegenübertritt und eventuell sogar beim Small Talk mit den Prüfern Parkettsicherheit beweist, zeigt eindrucksvoll, dass er das Zeug zur Ausbildung hat.

¬ **Ausdrucksfähigkeit und Urteilsvermögen:** Gut, wenn sich ein Kandidat Gehör verschaffen und seine Ansichten verständlich machen kann. Besser, wenn er dabei auch noch nachvollziehbar und zielführend argumentiert. Sachverhalte sprachlich auf den Punkt zu bringen, gehört zu den beruflichen Basisfähigkeiten – erst recht in beratungsintensiven Tätigkeitsfeldern.

¬ **Engagement und Eigeninitiative:** Beteiligt sich ein Stellenaspirant aktiv an Gruppenaufgaben? Spricht er von selbst aus an, was er für wichtig hält? Oder ruht er sich auf der Arbeit anderer aus, muss ständig zum Mitmachen animiert werden und klinkt sich selbst dann nur sporadisch ein?

- **Berufsmotivation:** Was überzeugt Sie an der anvisierten Ausbildung, was fasziniert Sie an dem Job? Ihren beruflichen Ehrgeiz können Sie unter anderem während der Selbstvorstellung oder in Einzelgesprächen durchblicken lassen.

- **Sozialkompetenz:** Ohne Kontaktvermögen, Kommunikationsstärke und Konfliktfähigkeit kommt man im Berufsleben heute kaum auf einen grünen Zweig. Daher haben die Prüfer ein wachsames Auge darauf, wie sich ein Kandidat im Kreis seiner Mitbewerber verhält: Integriert er sich, bringt er sich ein, trägt er zur konstruktiven Lösung von Konflikten bei?

- **Verantwortungsbewusstsein und Zuverlässigkeit:** Diese Eigenschaften kann man im Assessment Center an verschiedenen Stellen demonstrieren: etwa, wenn es um die Präsentation eines Planspiels geht oder um allgemeine Organisationsfragen („Ich glaube, die Zeit wird knapp – vielleicht sollten wir langsam unser Fazit besprechen?").

- **Leistungsfähigkeit und Belastbarkeit:** Im Auswahlverfahren gilt es, auch unter Druck klaren Kopf zu behalten und jederzeit sein Bestes zu geben: bei hitzigen Gruppendebatten, umfangreichen Postkorbübungen, anspruchsvollen Rollenspielen und komplexen Themenpräsentationen.

- **Fachliche Tauglichkeit:** Den fachlichen Grundqualifikationen kommen die Personaler zum einen mithilfe von Schulzeugnissen und Arbeitsnachweisen auf die Spur. Zum anderen beobachten sie bei Vorstellungsgesprächen, Gruppenarbeiten und Gruppendiskussionen, ob ein Kandidat die nötigen Vorkenntnisse mitbringt.

AC-Aufgabenblock 1: Kurzvortrag und Präsentation

Dauer: ca. 5–10 Minuten für den Kurzvortrag inkl. Vorbereitung; ca. 15–25 Minuten für die Präsentation inkl. Vorbereitung

Der individuelle Kurzvortrag und seine „große Schwester", die Präsentation, stellen den Einzelnen in den Mittelpunkt. Der Arbeitsauftrag lautet, zu einem vorgegebenen Thema nach kurzer Vorbereitungszeit ein logisch gegliedertes, inhaltlich schlüssiges Referat zu halten.

Die Selbstvorstellung

Oft wird man im Rahmen der Vorstellungsrunde gebeten, in Form einer Selbstpräsentation ein paar Worte über sich zu verlieren. Wie für jede Vortragsform gilt auch hier: Kurze Sätze vermitteln prägnante Informationen, aufgereiht an einem roten Faden. Natürlich sind die Prüfer nicht an jedem Aspekt der Biografie gleichermaßen interessiert. Erwähnen sollte man vor allem den bisherigen Werdegang (Schule, Berufserfahrung), Stärken und Interessen (Lieblingsfächer), die persönliche Ausbildungsmotivation sowie die Zukunftsvorstellungen.

Falls Sie schon vorher wissen, dass im Assessment Center eine Selbstpräsentation ansteht, bleibt Ihnen einige Zeit zur Vorbereitung. Die sollten Sie nutzen! Üben Sie das freie Sprechen, trainieren Sie Ihre rhetorische Sicherheit vor Freunden, Eltern oder Geschwistern. Legen Sie sich griffige Formulierungen zurecht und vermeiden Sie Negativsätze: besser „Ich möchte das noch lernen" als „Das kann ich nicht", lieber „Ich freue mich auf die Herausforderung" statt „Damit habe ich mich bisher gar nicht beschäftigt". Bleiben Sie auf dem Boden der Tatsachen und versuchen Sie nicht, Ihre Mitbewerber durch übertriebenes Auftrumpfen auszustechen.

Ergebnis- und Themenpräsentationen

Präsentationen beziehen sich oft auf vorangegangene Assessment-Center-Aufgaben, zum Beispiel Gruppendiskussionen oder Gruppenarbeiten. Die Prüfer erwarten dann einen kurzen Überblick über den Ablauf und die Ergebnisse: Welche Argumentationslinien bzw. Lösungswege standen gegeneinander, welche Ansichten haben sich durchgesetzt, zu welchen Resultaten ist das Team gekommen? Solche Ergebnispräsentationen werden meist nicht alleine, sondern in einer kleinen Vortragsgruppe gehalten. In diesem Fall kommt es auf eine gute Abstimmung der Referenten an.

Bei themenbezogenen Präsentationen erfahren Sie die Fragestellung meist recht lange im Voraus, häufig bereits im Einladungsschreiben. Anschließend begeben Sie sich selbstständig auf Informationsrecherche, um sich mit dem Sachverhalt vertraut zu machen. Eine Themenpräsentation gleicht in Aufbau und Inhalt einem Schulreferat und lässt sich dank der Vorlaufzeit besonders gründlich vorbereiten. Vielleicht sogar so gründlich, dass Sie zusätzlich noch Powerpoint-Folien oder Handouts anfertigen können? Falls der Einsatz solcher Extras möglich ist, können Sie Ihrer Präsentation dadurch geschickt den letzten Schliff verleihen.

„Ähmm, also …" – 10 Tipps für eine überzeugende Rede

Die mathematische Informationstheorie versteht Kommunikation als Nachrichtenübermittlung von Sender zu Empfänger. Dass dieser Vorgang in der Praxis ziemlich kompliziert sein kann, wussten schon die alten Griechen: Sie entwickelten die Rhetorik, die Kunst der Rede. Geschickte Rhetoriker sprechen nicht nur, sie überzeugen – heute zum Beispiel in Gerichtssälen und Parlamenten. Ausschlaggebend ist dabei zum einen das „was", also der Inhalt des Vortrags, zum anderen das „wie", das heißt die Art und Weise der Vermittlung. Mit ein paar Grundregeln im Hinterkopf können Sie die Prüfer bei Kurzvorträgen und Präsentationen leicht für sich einnehmen.

Tipp 1: Struktur!

Ein guter Vortrag braucht eine klare Gliederung. Sie hilft dem Redner, seine Gedanken zu sortieren, und den Zuhörern, dem Gedankenfluss zu folgen. Oft erhalten Sie begleitendes Informationsmaterial zur Vorbereitung: Ordnen Sie es und sammeln Sie Ihre Ideen, bevor Sie die Kernthese des Vortrags formulieren. In Anlehnung an die antiken Rhetoriker können Sie sich an folgendes Grundschema halten:

- **Einleitung:** Der Redner bittet um Aufmerksamkeit und stellt sicher, dass alle Anwesenden zuhören.

- **Erzählung:** Der Redner umreißt den Sachverhalt, um den es geht. Bei einer Selbstvorstellung im AC kann man diesen Part getrost übergehen; wird jedoch z. B. eine Gruppenarbeit analysiert, gehört die knappe Wiedergabe des Arbeitsauftrags dazu.

- **Beweisführung:** Der Redner kommt zum Kern der Sache. Bei der Präsentation einer Gruppenarbeit oder Gruppendiskussion vollzieht man nun den Arbeits- bzw. Gesprächsverlauf nach, setzt sich mit Thesen und Argumenten auseinander oder präsentiert seinen Lösungsweg zu einem vorgegebenen Problem. Bei einer Selbstvorstellung skizziert man stattdessen den eigenen Werdegang.

- **Schluss:** Wenn es sich anbietet, steht am Ende der Rede ein knappes Resümee: Darin fasst der Redner die Hauptpunkte des Referats noch einmal zusammen und zieht eine kurze Bilanz. Abschließend bedankt er sich bei seinem Publikum freundlich für die Aufmerksamkeit.

Beschränken Sie sich – je nach Länge des Vortrags – auf die zentralen Motive und Leitgedanken. Wer zu viel in zu kurzer Zeit sagen will, überfordert seine Zuhörer.

Tipp 2: Klar und verständlich

Umständliche Satzkaskaden, Fremdwort-Feuerwerke und verwirrende Schachtelungen machen dem Publikum das Leben schwer. Kennt der Zuhörer am Ende eines Satzes dessen Anfang nicht mehr, hat der Redner sein Ziel verfehlt. Manch ein Politiker spricht daher bei öffentlichen Auftritten fast nur noch in simplen

Hauptsätzen aus Subjekt, Prädikat und Objekt. So weit müssen Sie natürlich nicht gehen, aber achten Sie auf eine deutliche, verständliche Sprache: logische Satzanschlüsse, klare Argumentationsfolgen, lieber mehrere kurze Sätze als ein endloser Bandwurmsatz, wichtige Informationen nicht in langen Nebensatzreihen versenken.

Tipp 3: Nervös?

Nervosität ist keine Schande und erst recht kein Grund für noch größere Aufregung. Der Großteil Ihres Publikums dürfte ein leichtes Zittern in Ihrer Stimme durchaus nachvollziehbar finden. Wichtig ist, dass der Vortrag nicht unter der Anspannung leidet: Sprechen Sie langsam und deutlich, vermeiden Sie Verlegenheits-Einschübe wie „äähh" oder „ja halt". Solche und andere lästige Stress-Automatismen schleichen sich meist unbemerkt ein. Bei einer Generalprobe vorab können Freunde oder Familienmitglieder darauf aufmerksam machen.

Und wenn Sie während des Vortrags einmal nicht weiterwissen? Dann dürfen Sie bedenkenlos zu einem bewährten Stilmittel greifen und eine wortlose „rhetorische" Kurzpause einstreuen. Sie gibt Ihnen die Gelegenheit, Ihre Gedanken zu sammeln, und Ihren Zuhörern den Raum, das Gesagte sacken zu lassen.

Tipp 4: Rhythmus, bei dem man mit muss

Eine Rede ist kein Wettlauf. Der überhastete Sprachsprint von der Themenvorstellung zum Fazit führt dazu, dass die Inhalte in der Wahrnehmung der Hörerschaft keinerlei Eindruck hinterlassen. Ebenso fatal wäre es, ohne Betonung und Tempovariation monoton durch den Text zu leiern. Choreografieren Sie Ihren Vortrag wie ein Konzert: Schnelle und langsame, laute und leisere Passagen wechseln sich ab; wichtige Stellen werden besonders hervorgehoben, eventuell sogar wiederholt und durch anschließende rhetorische Pausen gezielt unterstrichen.

Tipp 5: Der Körper spricht mit

Kommunikation funktioniert nicht nur über Kehlkopf, Zunge und Mund – der ganze Körper spricht mit. Gewiefte Redner machen schon durch ihren Auftritt unmissverständlich klar, dass nun jemand etwas Wichtiges zu sagen hat: Sie bringen sich in Positur und nehmen eine aufrechte, unverkrampfte Haltung ein.

Meist werden Präsentationen im Stehen gehalten. Die Hände dabei in den Hosentaschen zu verstecken, ist ungeschickt – sie werden schließlich gebraucht: Kleine, präzise Gesten verleihen dem Gesprochenen Nachdruck. Die richtige Dosis an Bewegung (kein ausuferndes Gefuchtel!) können Sie vor dem heimischen Spiegel einüben. Das Rednergesicht sollte keine starre Maske sein, sondern freundlich, seriös und aufgeschlossen wirken. Ein dann und wann eingeworfenes Lächeln lockert die Stimmung auf.

Tipp 6: Das Publikum im Auge behalten

Ein Vortrag ist ein Monolog? So steht es vielleicht im Wörterbuch. In der Praxis ist das jedoch nur die halbe Wahrheit – die Interaktion mit dem Publikum ist die andere Seite der Medaille. Knüpfen Sie gleich zu Beginn durch Blicke in die Runde eine Verbindung zum Publikum und frischen Sie sie regelmäßig auf: Das bezeugt nicht nur Ihre Souveränität, es animiert auch zum aufmerksamen Zuhören. Gleichzeitig merken Sie dadurch, ob die Hörerschaft Ihren Ausführungen folgen kann oder ratlose Gesichter eher das Gegenteil befürchten lassen.

Tipp 7: Die Uhr im Auge behalten

Wie, schon vorbei? Die von den Prüfern veranschlagte Vortragsdauer zieht häufig schneller vorbei als gedacht. Teilen Sie sich Ihre Redezeit gut ein, damit Sie im Rhythmus bleiben können und nicht übereilt zum Ende kommen müssen. Wer viel zu kurz redet oder deutlich überzieht, riskiert Abzüge in der Bewertung.

Tipp 8: Ich hab' da mal was vorbereitet ...

Manchmal ist es möglich, eine Präsentation durch Powerpoint-Projektionen, Flipcharts und ergänzende Materialien wie Handouts oder Thesenpapiere zu unterstützen. Nehmen Sie die Chance wahr: So können Sie komplexe Zusammenhänge noch verständlicher aufbereiten und Ihrem Vortrag zusätzlichen Schwung verleihen. Doch verzetteln Sie sich nicht in einem Wirrwarr an Blättern und Grafiken.

Tipp 9: Mit Rückfragen rechnen

Rückfragen am Ende des Vortrags sollten Sie nicht überraschen. Bereiten Sie sich darauf vor, besonders schwierige oder strittige Punkte noch einmal näher zu erläutern.

Tipp 10: Übung macht den Meister

Wie man eine Rede geschickt gliedert und souverän vorträgt, das lässt sich trainieren. Die nötige Sicherheit gewinnt man durch Trockenübungen, etwa vor dem heimischen Spiegel – am besten aber vor Familienmitgliedern oder Freunden, die eine ehrliche Rückmeldung geben können. Clevere Kandidaten gewöhnen sich dabei mit der Uhr im Blick zugleich an feste Zeitvorgaben.

AC-Aufgabenblock 2: Gruppenaufgaben

Gruppenarbeiten rücken die sozialen, persönlichen und methodischen Kompetenzen der Teilnehmer in den Vordergrund. Gewünscht ist eine aktive, zielorientierte Beteiligung, nicht zu verwechseln mit selbstdarstellerischer Dominanz: Wer aus der Gruppen- eine Einzelaufgabe machen will, erweist sich als wenig teamfähig. Und diese Eigenschaft schreiben die Personaler erfahrungsgemäß groß.

Die richtige Strategie: zielorientiertes Teamwork

Was kommt bei den Prüfern gut an?

- Selbstständig Ideen einbringen, eigene Vorschläge unterbreiten
- Andere Teilnehmer einbeziehen, aufmerksam auf ihre Beiträge und Argumente eingehen
- Moderieren, zwischen unterschiedlichen Standpunkten vermitteln
- Die Führung des Protokolls übernehmen, sich zur Präsentation bereit erklären
- Konstruktiv kritisieren und konstruktive Kritik aufgeschlossen akzeptieren
- Offen, freundlich und seriös auftreten
- Die Aufgabenstellung im Fokus behalten, ein optimales Ergebnis anstreben
- Die Zeitvorgaben beachten, abdriftende Debatten zum Thema zurückführen

Was kommt bei den Prüfern nicht gut an?

¬ Passivität: keine eigenen Vorschläge machen, sich nicht beteiligen

¬ Zeit und Thema aus den Augen verlieren, zu weit abschweifen

¬ Keine klaren Aussagen machen, substanzlos schwafeln

¬ Sich auf Kosten anderer profilieren, Mitbewerber unterbrechen, Diskussionen an sich reißen

¬ Nur die eigene Meinung durchboxen wollen

¬ Auf Kritik eingeschnappt und uneinsichtig reagieren

¬ Unfreundlich bzw. unsachlich argumentieren oder kritisieren

Die Vorbereitungszeit nutzen

Oft räumen die Prüfer etwas Vorbereitungszeit ein, bevor die Diskussionen, Gruppenarbeiten oder Rollenspiele beginnen. Nutzen Sie diese Phase sinnvoll: Sammeln Sie Ideen und Vorschläge, ordnen Sie Ihre Argumente, formulieren Sie einen eigenen Standpunkt. Den müssen Sie nicht auf Gedeih und Verderb bis zum Ende verteidigen – bleiben Sie kritikfähig und offen für andere Argumente. Doch Sie sollten gedanklich aufgeräumt in die Gruppenarbeit starten. Zwei erprobte Techniken helfen:

¬ **Brainstorming:** Schreiben Sie alles auf, was Ihnen zu einem Thema in den Sinn kommt. Den inneren Zensor schalten Sie in dieser Phase am besten aus, ausgefeilte Argumente und stichhaltige Beweisführungen spielen hier noch keine Rolle. Spontane Einfälle, forsche Assoziationen, gewagte Thesen – alles ist erlaubt. Als Ergebnis erhalten Sie eine Aufstellung unverbundener Stichworte, die Sie mithilfe einer Mind-Map strukturieren können.

¬ **Mind-Map:** Eine „Gedankenlandkarte" verleiht Ihren intuitiven Einfällen eine grobe Gliederung: Logisch verknüpfte Stichworte werden durch Linien oder Pfeile verbunden, besonders wichtige Kernpunkte umkringelt oder unterstrichen. So bildet eine Mind-Map in Diagrammform ab, was in Ihrem Kopf vorgeht – einzelne Ideen und Ansätze verdichten sich zu begründeten Meinungen und schlagkräftigen Argumenten.

Die Vorstellungsrunde

Dauer: ca. 3–10 Minuten pro Teilnehmer

Ein Gebot der Höflichkeit: Wenn Fremde miteinander arbeiten wollen, schließen sie erst einmal Bekanntschaft. Ein Assessment Center macht da keine Ausnahme. Bei der obligatorischen Kennenlernrunde übernehmen in der Regel die Prüfer die Initiative: Sie stellen sich mit Namen und Funktion vor, skizzieren den Ablauf des Assessment Centers und stecken den organisatorischen Rahmen ab. Danach sind die Bewerber an der Reihe, sich entweder selbst (in Form eines Kurzvortrags) oder gegenseitig zu präsentieren. Diese interaktive Variante ist seltener und ein bisschen anspruchsvoller, denn sie beinhaltet eine zusätzliche Vorbereitungsphase, in der sich die Kandidaten untereinander absprechen.

Die Gruppendiskussion

Dauer: ca. 45–60 Minuten

In Gruppendiskussionen achten die Prüfer besonders auf das Teamverhalten, die Urteilsfähigkeit und das Kommunikationsvermögen der Bewerber. Wie gut geht ein Kandidat auf seine Mitbewerber ein, wie aufmerksam hört er ihnen zu? Wie geschickt drückt er sich aus, wie ausgefeilt sind seine Argumente? Traut er sich etwas zu oder hält er sich eher zurück?

In der Regel dreht sich die Diskussion um einen mehr oder weniger aktuellen gesellschaftsrelevanten Sachverhalt. Was die Themenfindung angeht, haben sich verschiedene Vorgehensweisen eingebürgert: Manchmal legen allein die Prüfer die Aufgabenstellung fest, gelegentlich stellen sie eine Liste mit mehreren Vorschlägen zur Auswahl. In selteneren Fällen dürfen die Bewerber das Diskussionsthema völlig selbstständig untereinander absprechen.

Der Ablauf

Wenn die Prüfer das Thema vorgeben, verteilen sie zu Beginn meist ein Hinweisblatt mit einer Arbeitsanleitung. Nach einer kurzen Einarbeitungsphase bringen sie dann das Gespräch in Gang. Oder sie warten, bis es einer der Kandidaten tut: Wer dann seine trödelnden Mitstreiter freundlich auf den Beginn der Diskussionsphase hinweist, zeigt sich von seiner aufmerksamsten Seite. Oft wird außerdem ein Protokollant gesucht, der den Gesprächsverlauf dokumentiert – eine verantwortungsvolle Aufgabe, durch die man Extrapunkte sammeln kann.

Nach dem Start führen die Bewerber die Unterhaltung in Eigenregie. Die Prüfer schreiten für gewöhnlich nur im absoluten Notfall ein, wenn überhaupt nichts mehr vorangeht. In welche Richtung das Gespräch läuft, lässt sich nicht von vornherein planen, bleiben Sie also flexibel. Im Idealfall ergibt sich aus den unterschiedlichen Standpunkten ein konstruktiver Pro-und-Contra-Schlagabtausch.

Zum Schluss erwarten die Prüfer meist eine Zusammenfassung oder eine Präsentation der Gesprächsergebnisse. Freilich findet man nicht immer zu einer allgemein akzeptierten Lösung: Dann enthält das abschließende Resümee Übereinstimmungen ebenso wie strittige Punkte, über die man sich nicht einigen konnte. Das Gesprächsfazit ist entweder von allen Teilnehmern gemeinsam oder von einem Freiwilligen im Alleingang vorzustellen. Wer diese Aufgabe übernimmt, beweist Verantwortungsbewusstsein, Einsatzbereitschaft und Teamfähigkeit – sofern er seinen Part nicht aggressiv an sich gerissen hat. Selbstredend dürfen sich weder Präsentatoren noch Protokollanten während einer laufenden Debatte auf Ihren Vorschusslorbeeren ausruhen!

Beispielthemen

- Soll Deutschland finanziell angeschlagenen EU-Staaten mit Krediten helfen?
- Soll Deutschland aus der Atomkraft aussteigen?
- Ist die Einführung von Schuluniformen sinnvoll?
- Wie gefährlich sind Gewaltspiele auf dem PC?
- Wie lässt sich die Beliebtheit von TV-Casting-Shows erklären?

Die Gruppenarbeit

Dauer: ca. 45–60 Minuten

Der Übergang von Gruppendiskussion zu Gruppenarbeit ist in der Assessment-Center-Praxis fließend – welche Teamarbeit kommt schon ohne die gemeinsame Absprache aus? Im Vergleich beider Prüfungsmodule besitzt die Gruppenarbeit jedoch einen deutlich praxisnäheren Zuschnitt: Hier gilt es nicht nur zu debattieren, sondern darüber hinaus konkrete Lösungsstrategien zu entwickeln bzw. kleine imaginäre Projekte auf die Beine zu stellen.

Der Ablauf

Bei den meisten Gruppenarbeiten sind die Arbeitsschritte genau vorgegeben. Rückfragen zur Vorgehensweise sollte man sich daher besser verkneifen. Am besten, man bespricht Unklarheiten im Team, Kooperation ist schließlich Sinn und Zweck einer Gruppenarbeit. Dem Organisationsvermögen Ihrer Arbeitsgruppe können Sie durch diskrete Hinweise auf die Sprünge helfen („Habt Ihr auch die Zeit im Auge, müssen wir nicht in einer Minute fertig sein?"). Auf dem Prüfstand stehen vor allem das Sozialverhalten und das Koordinationsvermögen der Bewerber: Funktioniert die Runde, und zu welchen Ergebnissen gelangt sie? Wie im Gruppengespräch gibt es auch hier meist den Posten des Protokollanten und Präsentators zu besetzen – denken Sie darüber nach.

Musteraufgaben

¬ Betriebsausflug
Bitte stellen Sie für Ihre Abteilung eine dreitägige Betriebsreise in eine europäische Großstadt auf die Beine. Überlegen Sie sich, in welche Stadt die Reise gehen soll, wie das Programm vor Ort aussieht und wie Sie die gesamte Tour – von der Abreise zur Rückkehr – organisieren wollen.

¬ Fremder Planet
Denken Sie, dass eine Besiedlung fremder Planeten sinnvoll wäre? Warum? Welche (wirtschaftlichen, politischen) Auswirkungen hätte das auf der Erde? Welche Funktion würden Sie bei einer Besiedlung fremder Planeten gern übernehmen?

¬ Reisevermarktung
Eine bis dahin unbekannte Südseeinsel wurde entdeckt – für die dürfen Sie sich nun ein Vermarktungskonzept ausdenken. Was muss die Insel bieten, um Touristen anzulocken? Wie überzeugen Sie die Insulaner von den Vorteilen des Tourismus?

¬ Brückenbau
Eine Aufgabe mit handwerklichem Charakter: Bauen Sie aus Papier eine stabile Brücke, über die sich verschiedene Gegenstände transportieren lassen.

¬ NASA-Weltraumspiel
Nach der Bruchlandung Ihrer Raumfähre auf dem Mond haben Sie und die anderen Besatzungsmitglieder 200 Kilometer Fußmarsch bis zur rettenden Basis auf der hellen Seite des Erdtrabanten vor sich. Sortieren Sie die noch intakten 15 Gegenstände nach ihrer Wichtigkeit: Lebensmittelkonzentrat, ein 50-Meter-Nylonseil, Fallschirmseide, ein tragbares Heizgerät, zwei Pistolen, Trockenmilch, zwei 50-Kilo-Sauerstofftanks, ein Mondkonstellations-Atlas zur Navigation, ein selbstaufblasendes Lebensrettungsfloß, ein Magnetkompass, 20 Liter Wasser, Signalleuchtkugeln, ein Erste-Hilfe-Koffer mit Injektionsnadeln, ein solarbetriebener UKW-Sender/Empfänger.

Das Rollenspiel

Dauer: ca. 10–15 Minuten

Rollenspiele simulieren fast immer realitätsnahe Arbeitssituationen. In der Regel sind dabei 2–3 verschiedene Charaktere zu besetzen – manchmal spielt sogar einer der Prüfer mit. Als Ausgangsszenario dient häufig eine heikle soziale Situation, zum Beispiel ein Streitgespräch mit einem Kunden oder ein Konflikt unter Kollegen. Etwas harmloser verläuft die Rollenspiel-Variante „Verkaufsgespräch", bei der man seinem Mitspieler ein bestimmtes Produkt schmackhaft machen muss.

Der Ablauf

Vor dem Start erhalten die Akteure meist ein Aufgabenblatt mit einer Situationsbeschreibung und mehr oder weniger detaillierten Handlungsanweisungen. Die Kandidaten arbeiten sich kurz ein und spielen den Fall dann interaktiv mit einem oder mehreren Partnern durch – was mal mehr, mal weniger reibungslos vonstattengeht.

Insbesondere unter strittigen Voraussetzungen kommen die rollenbedingten Unterschiede meist voll zum Tragen, und nicht immer können sich die Parteien am Ende auf einen goldenen Mittelweg einigen. Doch eines gilt es unbedingt zu verhindern: dass die Situation aus dem Ruder läuft. Nur durch ein sensibles, diplomatisches Vorgehen kann man seinem Gegenüber den Wind aus den Segeln nehmen, die Eskalation abwenden und zu einem gemeinsamen Ziel finden, nämlich der einvernehmlichen Bewältigung der Lage. Den Ausschlag geben dabei die Grundkompetenzen Konfliktfähigkeit und Kommunikationsvermögen.

> **Beispielszenarien**
>
> ¬ **Verärgerter Kunde**
>   Sie arbeiten in einem großen Elektronik-Fachmarkt. Plötzlich stürmt ein wütender Kunde in das Geschäft, beschwert sich lautstark über die „minderwertige Kaffeemaschine", die er vor einem Monat bei Ihnen gekauft zu haben meint, und verlangt sein Geld „auf der Stelle" zurück.

¬ **Mitarbeitergespräch**
Als Betriebsleiter kommen Ihnen mehrere Beschwerden über einen Ihrer wichtigsten Mitarbeiter zu Ohren: Seine Kollegen klagen, er erscheine häufig völlig übermüdet, habe anscheinend private Probleme und ziehe die Leistung der ganzen Abteilung in Mitleidenschaft. Nun bitten Sie ihn zum Gespräch.

¬ **Verkaufsgespräch**
Beweisen Sie Ihr Verkaufstalent – hier müssen Sie Ihrem Spielpartner unspektakuläre Dinge wie z. B. einen handelsüblichen Kugelschreiber, ein Würstchen oder ein Zeitschriftenabo schmackhaft machen. Oder ein Produkt aus dem Sortiment des Ausbildungsbetriebs.

¬ **Kollegenkonflikt**
Sie arbeiten in der Verkaufsabteilung eines renommierten Gastronomie-Großhändlers. Ihr Kollege wirft Ihnen vor, dass Sie bei der Erstellung des letzten Angebots zu schlampig vorgegangen seien, weil sich ein langjähriger Kunde aus heiterem Himmel für einen anderen Lieferanten entschieden habe.

Das Mittagessen

Nach zwei Stunden Gruppendiskussion und Teamarbeit endlich die Füße ausstrecken: Sie haben es sich verdient. Doch die Augen und Ohren der Prüfer – sofern sie am Essen teilnehmen – bleiben weiterhin offen und beobachten das Sozialverhalten der Bewerber genau. Obwohl sie keine „echten" AC-Module sind, können Mittagspausen und andere Unterbrechungen daher mit Fug und Recht als Teile des Auswahlverfahrens gelten. Wer jedenfalls schlagartig vom sachlich-seriösen Bewerber zum grölenden Schreihals mutiert, relativiert den guten Eindruck vom Vormittag und hat womöglich schon verspielt. Halten Sie sich an die Tischmanieren, pflegen Sie einen unverbindlichen Small Talk.

AC-Aufgabenblock 3: Einzelaufgaben

Die Postkorbübung

Dauer: ca. 30-90 Minuten

Dieser AC-Klassiker stellte früher die Bearbeitung von Posteingangskörben nach. Heutzutage kann es dabei auch um die Abwicklung von E-Mails oder Telefongesprächen gehen. Das Prinzip bleibt das gleiche: Eine Postkorbübung konfrontiert Sie auf einen Schlag mit jeder Menge Anfragen und/oder einlaufenden Aufträgen, die allesamt zur Disposition stehen. Die Zeit drängt. Können Sie auch unter hohem Druck analytisch denken, plausibel handeln und Ihre Arbeit selbstständig koordinieren? Geprüft werden Zeitmanagement, Urteilsvermögen, Organisationsfähigkeit und Entscheidungsfreude.

Wie gehen Sie vor?

Oberstes Gebot: Ruhe bewahren – Sie können nicht alles auf einmal erledigen. Setzen Sie Prioritäten, arbeiten Sie effizient und systematisch. Schlüpfen Sie in die Rolle der handelnden Person, sichten Sie alle vorhandenen Unterlagen und bestimmen Sie nachvollziehbare Richtlinien für die Wichtigkeit der verschiedenen Vorgänge. Am besten, Sie sortieren die einzelnen Anliegen in Kategorien ein und arbeiten sie entsprechend ab. Bei der Einteilung hilft das probate Eisenhower-Prinzip, benannt nach dem chronisch überbeschäftigten amerikanischen Präsidenten:

	Wichtig	**Nicht wichtig**
Dringend	**Dringend und wichtig:** Sie erledigen die Aufgabe unverzüglich selbst.	**Dringend, aber nicht wichtig:** Sie können die Aufgabe an einen kompetenten Mitarbeiter delegieren.

Nicht dringend	Nicht dringend, aber wichtig:	Nicht dringend und nicht wichtig:
	Sie legen einen genauen Termin fest, den Sie persönlich wahrnehmen.	Die Aufgabe lässt sich getrost auf unbestimmte Zeit verschieben – oder gleich in den Papierkorb entsorgen.

Die Übersicht über Briefe, Mails und eventuell beigefügte Infomaterialien (Organigramme, Statistiken) behalten Sie leichter, wenn Sie sich beim Durchlesen Notizen machen. Achten Sie auf zeitliche Überschneidungen und inhaltliche Zusammenhänge. Versehen Sie jeden Vorgang mit einem adäquaten Bearbeitungsvermerk. Eine allgemeingültige Lösung gibt es nicht, nur eine musterhafte Lösungsstrategie: Unterlagen sichten, Relevanzkriterien bestimmen, zielsicher entscheiden.

Eventuell erhalten Sie im Abschlussgespräch die Gelegenheit, Ihren Postkorb-Lösungsweg kurz zu erläutern. Achten Sie also darauf, Ihre Vorgehensweise durch gute Argumente abzustützen.

Das Abschlussgespräch

Dauer: ca. 30 – 45 Minuten

Mit dem Abschlussgespräch haben Sie die letzte Station des Assessment Centers erreicht. Nun lassen Prüfer und Geprüfte die Erlebnisse der vergangenen Stunden Revue passieren. Sie tauschen ihre Eindrücke über den Verlauf des ACs aus, schildern ihre Erfahrungen und besprechen das weitere Vorgehen. Die Unterhaltung findet entweder im Gruppenrahmen oder – weitaus häufiger – einzeln mit den Prüfern statt.

Das abschließende Gespräch gibt beiden Seiten noch einmal die Möglichkeit, Fragen zu klären und die gegenseitige Zuneigung zu bestätigen. Doch Vorsicht: Es lauern letzte Fettnäpfchen. Am Ende eines langen Prüfungstages wird der Tonfall meist etwas ungezwungener, aber bleiben Sie wachsam. Sie haben es zwar fast geschafft – aber eben nur fast. Bis zur finalen Verabschiedung verhalten Sie sich nach wie vor: positiv, freundlich, aufmerksam, zuvorkommend und selbstkritisch.

Welche Themen spielen eine Rolle?

Lassen Sie sich von der lockeren Atmosphäre nicht einlullen und bleiben Sie wachsam, wenn die Prüfer folgende Bereiche anschneiden:

- **Subjektives Feedback:** „Wie haben Sie das Bewerbungsverfahren erlebt?" „Was hat Ihnen gefallen, was hat Ihnen nicht gefallen, was würden Sie an unserer Stelle ändern?" Zeigen Sie Anerkennung für die Etappen des Auswahlverfahrens, selbst wenn einige sehr anspruchsvoll oder irritierend gewesen sein sollten. Kritisieren Sie höchstens dezent und nur dann, wenn Sie einen ernstzunehmenden Verbesserungsvorschlag in petto haben.

- **Zufriedenheit mit eigener Leistung:** „Inwiefern sind Sie mit Ihrer Leistung im Bewerbungsverfahren zufrieden?" Ein gesundes Maß an Selbstkritik ziert Sie auch hier. Nennen Sie, was Ihnen gut oder nicht so gut gelungen ist, doch machen Sie dabei aus kleineren Schwächen kein großes Drama.

- **Meinung über die Mitbewerber:** „Wie würden Sie Ihre Mitbewerber beurteilen?" Sparen Sie nicht mit Lob, heben Sie Positives hervor. Die negativen Seiten Ihrer Mitstreiter sollten Sie – wenn überhaupt – in diplomatische Höflichkeit verpacken. Gehen Sie nicht ins Persönliche! Sie wollen schließlich niemanden schlechtmachen.

Im Abschlussgespräch geben Ihnen die Personaler ein Feedback zu Ihrer Leistung. Sehen Sie diese Rückmeldung, eine professionelle Fremdbewertung Ihrer Stärken und Schwächen, als kostenloses, willkommenes „Extra": Mit Sicherheit helfen Ihnen die Tipps der Personaler bei künftigen Auswahlverfahren weiter.

Gute Tage, schlechte Tage: Absage, und jetzt?

Wer in einem intensiven Auswahlverfahren alles gegeben hat, der möchte auch für seine Mühen belohnt werden. Aber der Erfolg lässt sich nicht vollständig planen: Er hängt ab von einer Vielzahl von Einflussgrößen – Schlaf, private Lebenssituation, Verlauf der Anreise – die nur zum Teil in unseren eigenen Händen liegen. So kann es passieren, dass uns Kopf und Körper im Stich lassen und wir am entscheidenden Tag trotz guter Vorbereitung scheitern. Dann gilt es, auf eine Absage sachlich und professionell zu reagieren.

Wie gehe ich mit einer Absage um?

Wenn ein Absageschreiben ins Haus flattert, ist das für viele niederschmetternd, für manche sogar Anlass zu bohrenden Selbstzweifeln: Schaffe ich solche Auswahlverfahren nicht? Fehlt mir etwa das Zeug für die Ausbildung, tauge ich überhaupt für den Beruf? Doch eine Absage bescheinigt weder charakterliche Fehler noch eine generelle berufliche Unfähigkeit. Vielleicht haben Sie einfach nur einen schlechten Tag erwischt – oder eine extrem starke Gruppe von Mitbewerbern.

Betrachten Sie eine gescheiterte Bewerbung daher nicht als persönliche Katastrophe, sondern als hilfreichen Probelauf. Nutzen Sie das Feedback der Personaler: Was ist in der Vorbereitung und im Test schlecht gelaufen, was können Sie künftig besser machen? Die gesammelten Erfahrungen können Ihnen im nächsten Auswahlverfahren möglicherweise den entscheidenden Vorsprung verschaffen.

Wie sage ich einem Unternehmen ab?

Natürlich können Sie auch in die Situation geraten, selbst eine Absage erteilen zu müssen oder zu wollen: beispielsweise dann, wenn Sie im Nachhinein nicht mit dem Verlauf des Auswahlverfahrens zufrieden sind, wenn Ihnen die Atmosphäre nicht zugesagt hat oder wenn Sie ein attraktiveres Angebot mehr reizt. Nennen

Sie in Ihrer Absage auf jeden Fall einen triftigen Grund für Ihre Ablehnung; Sie müssen aber kein seitenlanges Entschuldigungsschreiben formulieren. Und stellen Sie sich nicht durch Vorwürfe, Schuldzuweisungen oder leichtsinnige Formulierungen selbst ein Bein: Unter Umständen möchten Sie sich bei dem betreffenden Unternehmen irgendwann ja doch noch einmal bewerben.

Eine Absage könnten Sie wie folgt formulieren:

> *Sehr geehrte Frau Lauth,*
>
> *im Vorstellungsgespräch und im Assessment-Center habe ich Ihren Betrieb als sehr ausbildungsfreundlich kennen gelernt. Sie haben mir eine spannende Ausbildung mit interessanten Perspektiven geschildert.*
>
> *Inzwischen hat mich jedoch die Zusage eines anderen Unternehmens erreicht, das mir eine Ausbildung ermöglicht, die meinen Fähigkeiten und Interessen perfekt entspricht. Daher kann ich Ihr Ausbildungsangebot nicht mehr wahrnehmen.*
>
> *Ich bitte um Verständnis für meine Entscheidung und möchte Ihnen noch einmal herzlich für Ihr Angebot – und die freundlichen Gespräche mit Ihnen – danken.*
>
> *Mit freundlichen Grüßen*
> *Frank Müller*

Ausbildungspark Verlag GmbH

Bettinastraße 69 • 63067 Offenbach am Main
Tel. +49 (69) 40 56 49 73 • Fax +49 (69) 43 05 86 02
E-Mail: kontakt@ausbildungspark.com
Internet: www.ausbildungspark.com

Copyright © 2025 Ausbildungspark Verlag GmbH.
Alle Rechte liegen beim Verlag.

Das Werk, einschließlich aller seiner Teile, ist urheberrechtlich geschützt. Jede Verwertung außerhalb der engen Grenzen des Urheberrechtsgesetzes ist ohne Zustimmung des Verlages unzulässig und strafbar. Das gilt insbesondere für Vervielfältigungen, Übersetzungen, Mikroverfilmungen und die Einspeicherung und Verarbeitung in elektronischen Systemen.

Erfolgreich bewerben mit Ausbildungspark

Prüfungspakete mit Testsimulation

Sicher durch den Einstellungstest in deinem Wunschberuf: Originale Prüfungen mit echten Testaufgaben, allen Lösungswegen, Hintergründen, Tipps und Tricks – hier bleiben keine Fragen offen!

34,90 €

Alles für dein Auswahlverfahren

Speziell zugeschnitten auf deinen Beruf: Bewerbung, Vorstellungsgespräch, Einstellungstest, Assessment Center – alles in einem Handbuch.

24,90 €

Erfolgreich im Einstellungstest

Lerne, wann und wo du willst: Unsere kompakten Testtrainer im praktischen Kleinformat machen dich fit für deinen Test. Natürlich in bewährter Ausbildungspark-Qualität und mit allen Lösungen.

18,90 €

alle Bücher und Berufe

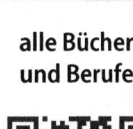

Testtrainer spezial

Prinzip verstanden, Aufgabe gelöst!

Optimal vorbereitet – für alle Prüfungsthemen: Die „Testtrainer spezial" zeigen kompakt und verständlich, wie du jede Aufgabe „knackst".

Zahlreiche Aufgaben: mit Erklärungen, Beispielen und Bearbeitungstipps.

Kommentierte Lösungen: Hintergründe und Zusammenhänge auf dem aktuellen Stand.

Originale Musterprüfungen: Bist du fit für deinen Test?

Testtrainer Allgemeinwissen
364 Seiten
ISBN 978-3-95624-047-8

Testtrainer Konzentration und Merkfähigkeit
306 Seiten
ISBN 978-3-95624-045-4

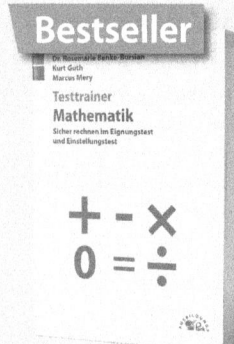

Testtrainer Mathematik
308 Seiten
ISBN 978-3-95624-027-0

Testtrainer Deutsch
230 Seiten
ISBN 978-3-95624-042-3

Testtrainer Logisches Denken
304 Seiten
ISBN 978-3-95624-050-8

Testtrainer Technisches Verständnis und Visuelles Denken
324 Seiten
ISBN 978-3-95624-090-4

je 18,90 €

Die Bewerbung zur Ausbildung

**Anschreiben, Lebenslauf, Online-Bewerbung –
die besten Bewerbungsmuster für über 40 Berufe**

Der Türöffner zum Ausbildungsplatz: Erfahre, wie du aussagekräftige Bewerbungen verfasst, die deine Stärken wirksam transportieren! Maßgeschneiderte Musterbeispiele mit Tipps aus der aktuellen Bewerbungspraxis zeigen, wie du überzeugst – egal ob per Online- oder Post-Bewerbung.

378 Seiten
ISBN 978-3-95624-017-1
24,95 €

Das Vorstellungsgespräch zur Ausbildung

Die Pflichtlektüre fürs Bewerbungsgespräch: Praxisnah und verständlich zeigt dieses Handbuch, wie du dich in deinem Auswahlinterview sicher in Szene setzt. Ohne Standardfloskeln – denn nur individuelle Antworten überzeugen den Personaler!

378 Seiten
ISBN 978-3-95624-000-3
24,95 €

Der Testtrainer

Testerfolg ist keine Glückssache!
… sondern eine Frage der Übung
– mit dem Testtrainer.

Das unverzichtbare Handbuch für Ausbildung, Studium und Beruf zeigt, wie du deine Prüfung souverän meisterst. Geeignet für alle Arten von Eignungs- und Einstellungstests, Fähigkeits- und Intelligenztests.

548 Seiten
ISBN 978-3-941356-03-0
24,95 €

alle Bücher und Berufe

YouBot –
Der smarte Bewerbungsassistent

Gestalte deinen **kostenlosen Lebenslauf** und dein **persönliches Anschreiben** für die Berufsausbildung: Der YouBot führt dich schnell und einfach zur perfekten Bewerbung.

„Herausragendes Bildungsmedium"
Comenius EduMedia

Clever, schnell, individuell!

1. Starte deine Bewerbung
2. Folge dem Assistenten
3. Versende deine PDFS

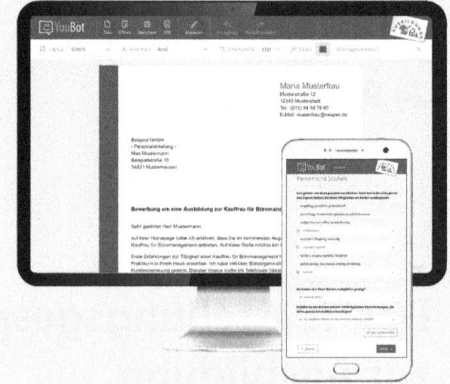

- Individueller Text mit deinen Zielen, Stärken und Erfahrungen
- Anschreiben und Lebenslauf im passenden Design
- Fachwissen in über 350 Ausbildungsberufen
- Intelligenter Dolmetscher in 28 Sprachen
- Bewerbung speichern, bearbeiten und als PDF herunterladen

ab 1,99 € pro Anschreiben

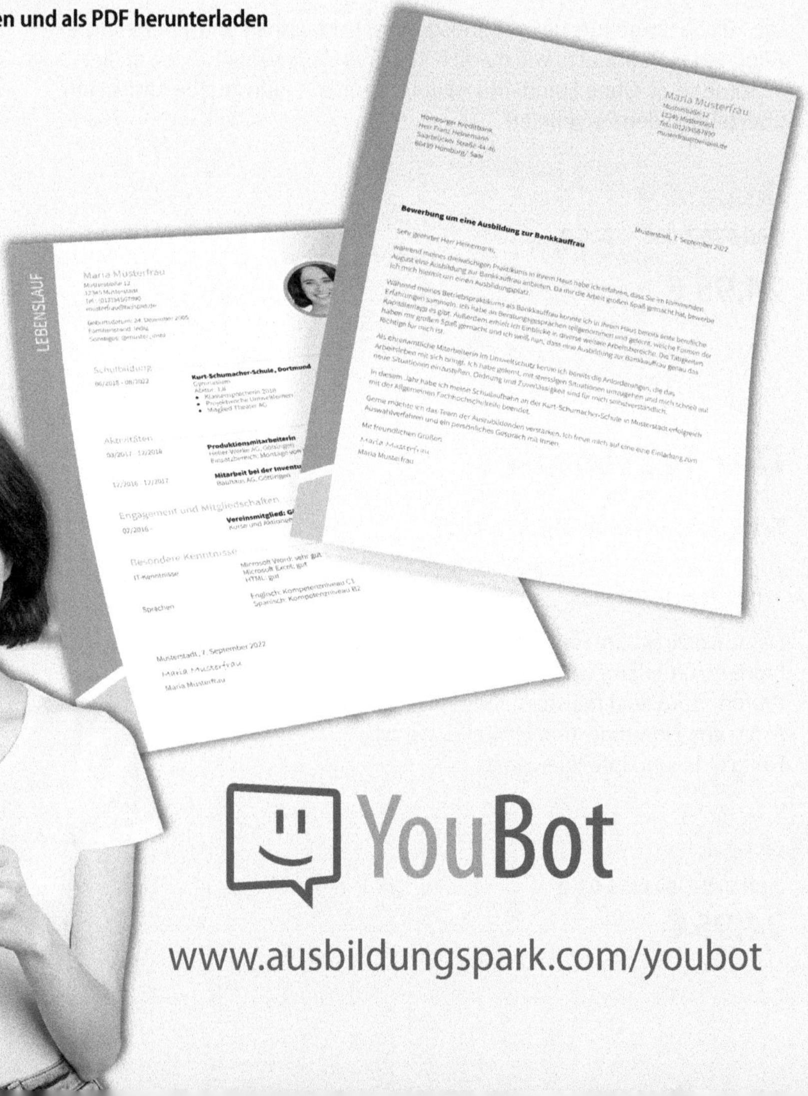

YouBot

www.ausbildungspark.com/youbot